浙江省高等教育重点建设教材
应用型本科规划教材

控制工程基础

（第二版）

主　编　徐　立

副主编　刘　健　叶　军　范细秋

ZHEJIANG UNIVERSITY PRESS
浙江大学出版社
·杭州·

内 容 简 介

本书主要介绍自动控制基本理论及其工程应用方法。全书安排有绪论、控制系统的数学模型、时域分析法、频域分析法、控制系统的设计与校正等章节，包括的内容有控制系统的基本概念、拉普拉斯变换和反变换、传递函数、方块图、时间响应性能分析、代数稳定性分析、稳态误差分析、频率特性法、串联校正与反馈校正、PID调节等。重点是强调基本概念的分析掌握和在实践中予以应用的能力。本书还对 MATLAB 工具软件作了重点介绍。书中每章均有例题、习题及 MATLAB 应用例。附录中有相关工具及习题答案。

本书适用于应用型高等院校机械工程本、专科各相关专业，也可供相关工程技术人员参考。

图书在版编目（CIP）数据

控制工程基础 / 徐立主编. 2 版. —杭州：浙江大学出版社，2007.3（2025.7 重印）

浙江省高等教育重点建设教材. 应用型本科规划教材
ISBN 978-7-308- 05209-2

Ⅰ. 控… Ⅱ. 徐… Ⅲ. 自动控制理论－高等学校－教材
Ⅳ. TP13

中国版本图书馆 CIP 数据核字（2007）第 032102 号

控制工程基础（第二版）

主　编　徐　立

副主编　刘　健　叶　军　范细秋

丛书策划	樊晓燕
责任编辑	王　波
封面设计	刘依群
出版发行	浙江大学出版社
	（杭州市天目山路 148 号　邮政编码 310007）
	（E-mail：zupress@mail. hz. zj. cn）
	（网址：http://www.zjupress.com）
排　　版	杭州好友排版工作室
印　　刷	杭州钱江彩色印务有限公司
开　　本	787mm×1092mm　1/16
印　　张	15
字　　数	374 千
版 印 次	2010 年 7 月第 2 版　2025 年 7 月第 12 次印刷
书　　号	ISBN 978-7-308-05209-2
定　　价	39.00 元

应用型本科院校机械专业规划教材

编 委 会

总　序

近年来我国高等教育事业得到了空前的发展，高等院校的招生规模有了很大的扩展，在全国范围内涌现了一大批以独立学院为代表的应用型本科院校，这对我国高等教育的全方位、持续、健康发展具有重大的意义。

应用型本科院校以着重培养应用型人才为目标，开设的大多是一些针对性较强、应用特色明确的本科专业，但与此不相适应的是，作为知识传承载体的教材建设远远滞后于应用型人才培养的步伐。应用型本科院校所采用的教材大多是直接选用普通高校的那些适用于研究型人才培养的教材。这些教材往往过分强调系统性和完整性，偏重基础理论知识，而对应用知识的传授却不足，难以充分体现应用类本科人才的培养特点，无法直接有效地满足应用型本科院校的实际教学需要。对于正在迅速发展的应用型本科院校来说，抓住教材建设这一重要环节，是实现其长期稳步发展的基本保证，也是体现其办学特色的基本措施。

浙江大学出版社认识到，高校教育层次化与多样化的发展趋势对出版社提出了更高的要求，即无论在选题策划，还是在出版模式上都要进一步细化，以满足不同层次的高校的教学需求。应用型本科院校是介于普通本科与高职之间的一个新兴办学群体，它有别于普通的本科教育，但又不能偏离本科生教学的基本要求，因此，教材编写必须围绕本科生所要掌握的基本知识与概念展开。但是，培养应用型与技术型人才又是应用型本科院校的教学宗旨，这就要求教材改革必须有利于进一步强化应用能力的培养。

为了满足当今社会对机械工程专业应用型人才的需要，许多应用型本科院校都设置了相关的专业。而这些专业的特点是课程内容较深、难点较多，学生不易掌握，同时，行业发展迅速，新的技术和应用层出不穷。针对这一情况，浙江大学出版社组织了十几所应用型本科院校机械工程类专业的教师共同开展了"应用型本科机械工程专业教材建设"项目的研究,共同研究目前教材的不适应之处,并探讨如何编写能真正做到"因材施教"、适合应用型本科层次机械工程类专业人才培养的系列教材。在此基础上,组建了编委会,确定共同编写"应用型本科院校机械工程专业规划教材"系列。

本套规划教材具有以下特色:

在编写的指导思想上,以"应用型本科"学生为主要授课对象,以培养应用型人才为基本目的,以"实用、适用、够用"为基本原则。"实用"是对本课程涉及的基本原理、基本性质、基本方法要讲全、讲透,概念准确清晰。"适用"是适用于授课对象,即应用型本科层次的学生。"够用"就是以就业为导向,以应用型人才为培养目的,达到理论够用,不追求理论深度和内容的广度。突出实用性、基础性、先进性,强调基本知识,结合实际应用,理论与实践相结合。

在教材的编写上重在基本概念、基本方法的表述。编写内容在保证教材结构体系完整的前提下,注重基本概念,追求过程简明、清晰和准确,重在原理,压缩繁琐的理论推导。做到重点突出、叙述简洁、易教易学。还注意掌握教材的体系和篇幅能符合各学院的计划要求。

在作者的遴选上强调作者应具有应用型本科教学的丰富的教学经验,有较高的学术水平并具有教材编写经验。为了既实现"因材施教"的目的,又保证教材的编写质量,我们组织了两支队伍,一支是了解应用型本科层次的教学特点、就业方向的一线教师队伍,由他们通过研讨决定教材的整体框架、内容选取与案例设计,并完成编写;另一支是由本专业的资深教授组成的专家队伍,负责教材的审稿和把关,以确保教材质量。

相信这套精心策划、认真组织、精心编写和出版的系列教材会得到广大院校的认可,对于应用型本科院校机械工程类专业的教学改革和教材建设起到积极的推动作用。

系列教材编委会主任 潘晓弘

2007 年 1 月

前　言

　　本书是为应用型高等院校机械工程本、专科各相关专业而编写的。

　　机械工程中的技术问题是多种多样的,包括从设计、加工到装配、从机理到应用、从切削到检测、从工艺到装备、从单机到整个制造系统、从超精密及微细加工到超重型设备以及从数控机床到智能控制机器等。把控制工程、信息处理技术和机械工程技术相结合是解决这些问题的一个有效途径。自动控制原理及应用这门课程的目的在于使学生了解和掌握自动控制的基本原理和工程应用。在机电一体化技术水平高度发展的今天,掌握并运用自动控制技术的必要性已不言而喻。

　　自动控制理论的教学体系涵盖的内容是庞大的。本书介绍的是自动控制理论的基本内容,从应用的观点来看,已可满足一般工程控制系统的实际需求。全书共分五章,包括控制系统的数学模型、时域分析法、频域分析法和控制系统的设计与校正等内容。书中以反馈控制原理为基点,重点介绍了作为经典控制理论核心的频率响应法。

　　为适应应用型高等院校培养方案的要求,本书在编写体例上的特点是:讲求循序渐进地展开内容,简化数学推导,增加例题的数量和类型,着重培养分析思路和思考的训练以及过硬的计算能力。为适应专业特点,有机地结合机电工程的概念,并从自动控制原理的角度分析和设计与专业知识相关的工程实例,从而在概念分析和计算能力两方面为读者在工程实践中应用自动控制理论打下良好的基础。同时,在本书附录2中加入了MATLAB应用简介,并在每章中均配置了MATLAB应用方法,可使读者有效地掌握这个有用的工具。

　　本书第一章由徐立编写,第二章由叶军、刘健编写,第三章由刘健编写,第四章由徐立、范细秋编写,第五章由徐立编写,书中有关MATLAB的内容由王贤成编写。研究生叶晓光协助参加了本书的编写工作。

　　本书由浙江大学丁凡教授主审。浙大出版社的樊晓燕、王波也做了大量工作。

　　由于编者的水平有限,书中的缺点和错误之处,希望广大读者和专家提出宝贵意见。

编　者

2007 年 1 月

目　　录

第1章 绪 论

1.1 引 言

20世纪中叶以来,在军事和工程技术应用领域,自动控制技术的发展起着越来越重要的作用。所谓自动控制就是在没有人直接参与的情况下,利用控制器操纵受控对象,使受控对象的被控物理量按照指定的规律运行。例如,航天飞机进入太空按某个轨道运行并重返地球,雷达装置跟踪飞行器,数控机床正确加工工件,等等。

随着机电一体化技术的发展,在机电装备中也越来越多地应用了自动控制工程技术,常见的被控物理量有:行程、位置、速度、力、力矩、功率、压力、流量、温度等。这些物理量的控制,是自动控制理论的重要工程应用。而计算机硬软件技术的发展,更促使了工程控制技术应用的普及,可以毫不夸张地说,控制理论的工程应用,已成为提高我国工业生产力水平的不可缺少的组成部分。

自动控制理论一般可分为"经典控制理论"和"现代控制理论"。经典控制理论以传递函数为基础,主要研究单输入、单输出控制系统的建模、分析与设计校正,理论比较成熟,早已作为国内大学许多工科专业的课程,受过此教育的工程师活跃在工业产业的第一线,为提高生产力水平做出了极大贡献,创造了许多工程控制系统的实际成功范例。目前,经典控制理论在工程实际中的应用仍是最实用和方便的。这也是本书介绍的内容。

而现代控制理论是在经典控制理论基础上发展起来的,主要依靠状态空间分析方法,研究多输入、多输出、非线性时变控制系统。它在空间技术等高科技领域中发挥了重要作用。

1.2 自动控制系统基本概念

在工程技术领域,有许多应用自动控制技术的装置装备,图1-1是一个原理性示意图。

图中,控制器可以是电子电路装置,也可以是计算机硬软件,它对给定值信号进行处理,经某种算法后去控制驱动受控对象的某个物理量——称为被控量。检测装置时刻对被控量进行检测,并将检测值反馈给控制器,通常是把非电物理量以电信号形式呈现。控制器将给定值与检测值进行比较得到偏差值,进而调节控制输出量,使被控量按所希望的规律运行。这就构成了一个自动控制系统。

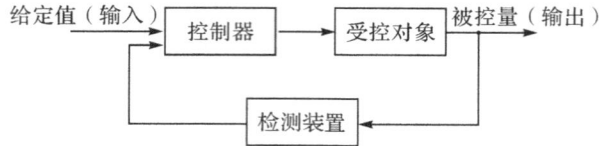

图 1-1 自动控制系统原理图

为了更能说明问题,先看一个有人直接参与的控制系统。

例 1-1 水温人工控制系统见图 1-2。该系统的功能是保证从水箱中能流出具有一定温度的热水。为了简化问题,假定流入水箱的水总是冷水,而流出水箱的水总是热水,换言之,流出的水温总是高于流入的水温,因此只需要对水箱中的水进行加热(即不需要冷却)。又假定即便在某段时间内不需要用水,放置在水箱中已加热好的水也会因自然冷却而降温,这时也需要加热以补充热量损失。

根据控制目的,确定水箱中的水温是被控量(也是输出量)。加热通过蒸汽进行,蒸汽经调节阀门流经水箱的热传导器件,通过热传导作用将水箱中的水加热,加热后的水流出水箱。同时,蒸汽冷却成水后由排水口排出。由此可见,调节阀的开度大小将对水温起调节作用。如果出水温度低了,可以由人手来开大调节阀门,即加大蒸汽流量,从而可使出水温度提高。反之,如果出水温度高了,可以由人手来减小调节阀门开度,即减小蒸汽流量,使出水温度降低。

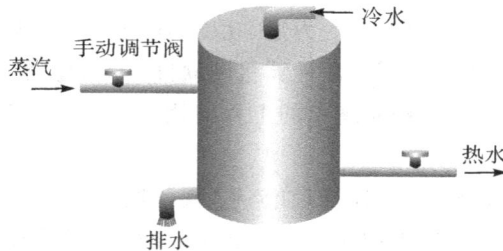

图 1-2 水温人工控制系统

这种控制方式中,人起到了关键作用。例如检测装置是人(如用手检测水温),控制器是人(如大脑),控制驱动装置也是人(如手)。由于人介入了控制过程,因此不能称为"自动"控制系统。且不说占用了人力,如果对于水温的控制精度要求比较高的话,人工控制方式还不能满足控制需求。

可以设法用物理装置来取代人的作用,形成水温自动控制系统。见例 1-2 示意。

例 1-2 水温自动控制系统见图 1-3。调节阀的开度大小可以由某种电驱动的机械执行机构进行调节,水温的检测可以由一只水温传感器完成,而控制器可以是某种电路形式。这样输入的给定值就是电量,例如电压,水温传感器的输出形式也是电压,并反馈给控制器。控制器将给定值和检测值比较之后,发出控制信号。当水温检测值低于输入给定值时,执行机构将调节阀的开度增大,使更多的蒸汽流入,以提高水温。反之,当水温检测值高于给定值时,同样可进行相应的调节。这样,就实现了没有人直接参与的自动水温控制。

为了分析方便,常用方块图来表示系统各个部件及变量之间的关系。图 1-4 为例 1-2 中描述的水温自动控制系统的方块图。

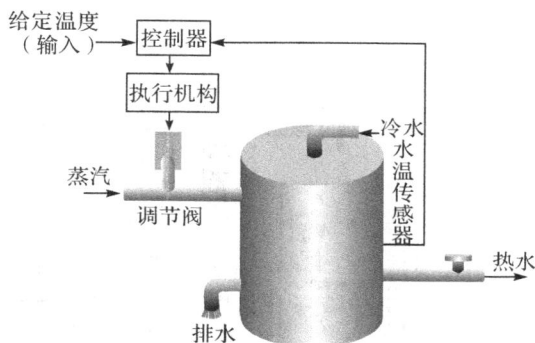

图 1-3 水温自动控制系统

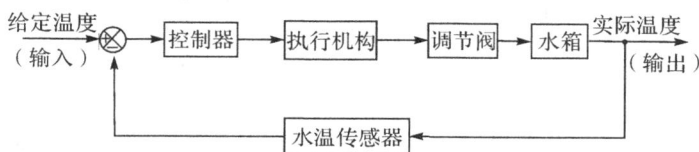

图 1-4 水温自动控制系统方块图

例 1-3 汽车 ABS。

现代汽车中装备有很多机电控制装置,例如 ABS(Antilock Braking System,防锁死刹车系统)。一辆没有 ABS 的车辆如需在高速行驶中紧急制动停车,容易发生跑偏、侧滑、甩尾乃至侧翻等车身失控情况。这是因为车轮被刹车片抱住锁死,但车身仍在惯性驱使下向前,车辆呈纯滑动状态,此时转向装置已失去作用。同时滑动摩擦力也并非是最大的,制动距离依然很长。

ABS 是在常规制动装置基础上的改进型技术。它的工作原理见图 1-5,当有紧急制动信号时,装在各车轮上高灵敏度的车轮转速传感器即监测车轮转速及其加速度,一旦发现某个车轮抱死,计算机控制单元 ECU 立即下指令使该轮的制动分泵减压,使车轮恢复转动。而当车轮作纯滚动时则使该轮的制动分泵加压。ABS 的工作过程实际上是抱死—松开—抱死—松开的循环工作过程,这使车辆在制动过程中始终处于滚动与滑动的间歇滚动状态,与路面的摩擦力也达到最大。这就大大地缩短了制动距离,且在制动过程中转向装置依然有效。因此,ABS 是一种优秀的主动安全装置。

ABS 的控制算法比较复杂,主要是通过控制滑动速度在整个车速中所占的比率,即所谓滑移率来达到优良的制动性能。这里我们只从自动控制原理的角度简单介绍 ABS,在图 1-6 中,作了必要的简化后,表示了 ABS 的装置组成图。并由此导出了 ABS 方块图,见图 1-7。

从以上介绍的由人工控制发展到自动控制的例子可以看出,自动控制的实现,实际上是由自动控制装置来取代人的功能而做到的。比较图 1-2 和图 1-3 可以看出,自动控制取代人工控制的功能,存在必不可少的三种代替人的职能的基本元件:①自动控制器(代替大脑);②执行元件(代替手);③测量装置或传感器(代替人的检测器官)。这些基本元件与被控对象相连接,一起构成一个自动控制系统。

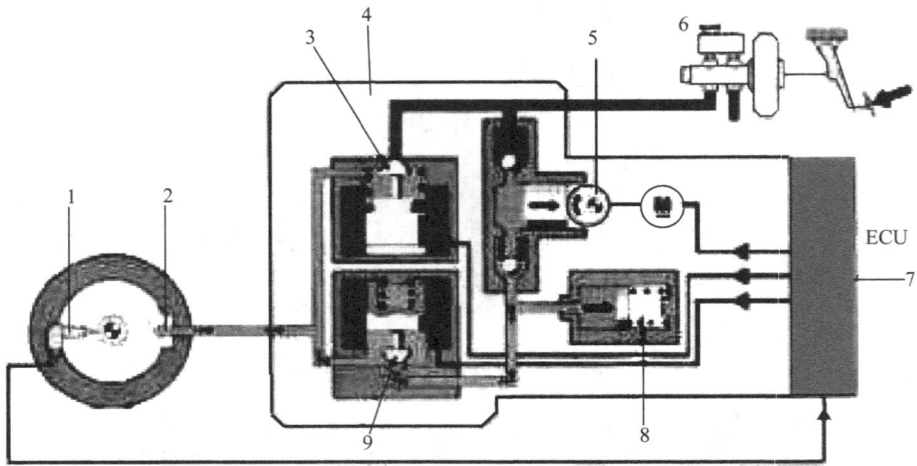

1—轮速传感器　2—制动分泵　3—输入阀　4—液压单元　5—回油泵　6—制动总泵

7—ECU 控制器　8—储油箱　9—输出阀

图 1-5　汽车 ABS 原理示意图

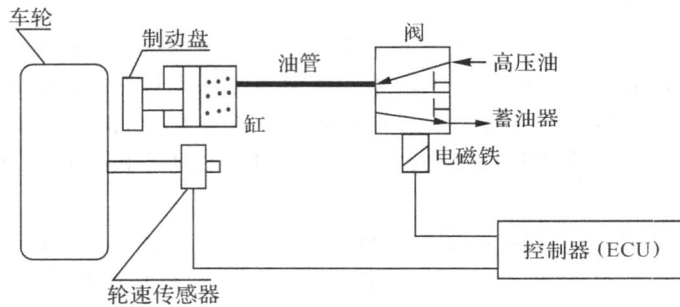

图 1-6　简化的汽车 ABS 装置

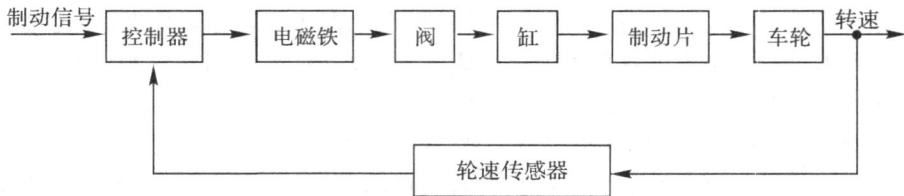

图 1-7　汽车 ABS 控制系统方块图

1.3　开环控制和闭环控制

1.3.1　开环控制

简单地说,代表被控量的检测值不反馈进入控制器时,称为开环控制。在这种控制方式中,控制器不需要对给定值与检测值进行比较,控制系统甚至不需要配置检测装置。

例 1-4　图 1-8 为一匀速旋转的转台,这种转台不仅在许多精密机电装置中得到应用,而且在机电装备中广泛使用的转速控制系统,都与此类似。

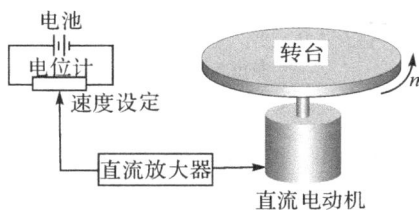

图 1-8　转速开环控制系统

作为系统输入量的转速给定值可以直流电压形式实现,如可以用电池和电位计来产生直流电压,经直流放大器将直流电压信号进行功率放大后,可驱动直流电动机。直流电动机的转速大小与直流放大器的输出成正比。设直流电动机与转台之间的传动比为 1 : 1,则直流电动机的转速就是转台的转速。

由图 1-8 可见,系统的被控量就是系统的输出量,即转台的转速。如果系统中的所有装置、元部件足够理想,且不存在内外部干扰的话,输入的直流电压信号就与输出的转台转速一一对应,需要某个转速时,只需设定某个对应的电位计刻度即可。

由于系统中并未配置转台转速的检测装置,当然也就不可能将检测值反馈到控制器与给定量进行比较,这就是开环控制系统。系统方块图如图 1-9 所示。

图 1-9　转速开环控制系统方块图

但是,如果转台上的负载有了变化、直流电压有了波动、直流放大器的元器件参数发生了漂移等,这些都可能导致转台转速发生变化,转速精度就降低了。而开环控制系统对此是无能为力的。

开环系统的特点是,因为无须对被控量进行检测和反馈,系统结构和控制过程均较简单。如果控制系统中使用的元器件精度足够,内外部干扰也不大,就可以考虑采用开环控制系统。很多步进电机控制系统就是开环控制系统。在某些被控量无法检测时,开环控制系统也有其优越性。同时,开环控制系统还没有稳定性问题。

但总体来说,由于开环控制系统抗干扰能力弱,因而其控制精度较低,这大大限制了它的应用范围,用得较少。而闭环控制系统则用得较多。

1.3.2　闭环控制

被控量的变化是控制系统的效果体现。如果被控量的检测值反馈进入控制器,进而对控制作用产生影响,这就构成了闭环控制,相应的控制系统称为闭环控制系统。闭环控制又常称为反馈控制或按偏差控制。前述水温自动控制系统就是一个闭环控制系统。例 1-5 是改造例 1-4 转速开环控制系统为转速闭环控制系统。

例 1-5　图 1-10 为转台速度闭环控制系统,对应的系统方块图如图 1-11 所示。

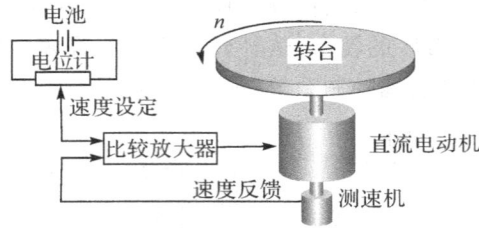

图 1-10　转台速度闭环控制系统

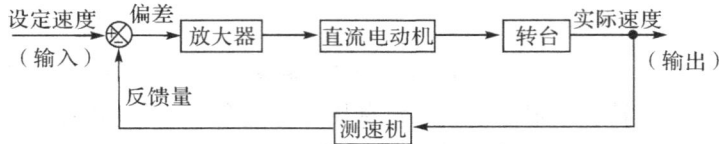

图 1-11　转台速度闭环控制系统方块图

系统中,测速机是一种转速传感器,它能提供与转速成比例的电压信号。在放大器(属于控制器)中,把设定转速的电压信号与测速机测出的表征实际转速的电压信号比较相减后得到偏差电压信号。如果偏差电压信号为正值,表示实际转速低于设定转速,放大器会加大电机的转速。反之,如果偏差电压信号为负值,表示实际转速高于设定转速,放大器会减小电机的转速。通过控制系统的调节,使实际速度接近或等于设定速度,从而保证了控制系统的控制精度。

在例 1-4 转速开环控制系统中,我们提到,如果转台上的负载有了变化、直流电压有了波动、直流放大器的元器件参数发生了漂移等,这些都可能导致转台转速发生变化,导致开环转速控制精度的降低。而在闭环控制系统中,转台转速如有任何不期望的变化,都可以通过偏差电压信号反映出来,也就可以通过调节作用得到纠正。

例 1-6　液位控制系统如图 1-12 所示。

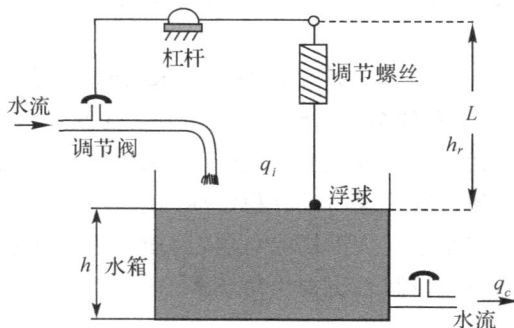

图 1-12　液位控制系统

系统工作原理分析如下:系统的工作任务是保持水箱中水位高度在设定值,因此取水位实际高度 h 为被控量(输出),以水位给定高度 h_r 为输入。可以通过调节阀的开度大小控制进水量的大小,以补充因出水而引起水位高度的下降。调节阀的开度大小是由杠杆机构控制的。当出水量大于进水量时,水位实际高度变低,浮球可将水位实际高度检测出来,经与给定水位高度比较后得到正偏差,该偏差即驱动杠杆机构增大调节阀的开度,使进水量增加,水位实际高度上升。反之,当出水量小于进水量时,水位实际高度变高,浮球检测的水位实际高度与给定水位高度比较后得到负偏差,驱动杠杆机构减小调节阀的开度,使进水量减少,水位实际高度下降。当出水量等于进水量时,浮球检测的水位实际高度与给定水位高度比较后偏差为零,驱动杠杆机构保持调节阀的开度不变,水位实际高度也不变。

液位控制系统的方块图如图 1-13 所示。

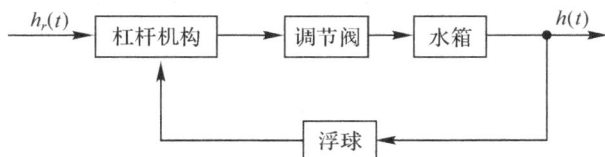

图 1-13　液位控制系统方块图

分析本例时有两点要注意:一是系统的输入输出量是由控制系统的任务决定的,由于本系统的被控量是水位高度,被检测的也是水位高度,因此将其确定为输出量,输入量也相应地确定为水位给定高度。从控制意义上讲,进水量和出水量并不是本系统的输入和输出量。实际上,出水量可视为是一种外扰作用,而进水量是本系统的一个中间变量。二是本系统的给定值、检测值都不是电量,控制装置也不是电装置或计算机,而是机械装置。它具有简单、方便、成本低、可靠性好等优点,可以用在控制性能要求不高的场合。

实际上,一个自动控制系统的物理实现形式可以是各种各样的。但在有较高控制性能和功能要求的现代机电装备控制系统中,通常控制装置是电装置,或包含计算机控制系统;检测装置是传感器及二次仪表电路,完成非电物理量的检测,并转换成电量;而传动与执行装置是机械、电动、液压、气动等形式的。

由上述例子可知,闭环控制系统具有如下的特点:

①这类系统具有两种传输信号的通道:由给定值至被控量的通道称为前向通道;由被控量至系统输入端的通道叫反馈通道。两者构成了一个闭合回路。

②由于系统的控制作用是通过给定值与反馈量的差值进行的,故这种控制常被称为按偏差控制,又称为反馈控制。而反馈控制的作用是使偏差减小,这称为负反馈。

③作用在反馈环内前向通道上的扰动所引起的被控量的偏差值,都会得到减小或消除,使得系统的被控量基本不受该扰动的影响。

④闭环控制系统存在稳定性问题。

闭环控制系统的原理是"检测偏差用以减小偏差"。正是由于这种特性,使得闭环控制系统在控制工程中得到了广泛的应用。

自动控制原理中所讨论的系统主要是闭环控制系统。

1.3.3　复合控制

工程上常采用的复合控制方法,就是把开环控制与闭环控制两者结合起来使用。复合控制实质上是在闭环控制回路的基础上,附加一个输入信号(给定或扰动)的顺馈通路,对信号实行加强或补偿,以达到精确的控制效果。常见的方式有以下两种。

(1)附加给定输入补偿

图 1-14 给出了该种复合控制的方块图。通常,附加的补偿装置可提供一个前馈控制信

号,与原输入信号一起对被控对象进行控制,以提高系统的跟踪能力。这是一种对控制能力的加强作用。

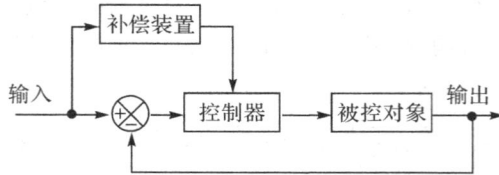

图 1-14　附加给定输入补偿

2.附加扰动输入补偿

图 1-15 给出了该种复合控制方块图。附加的补偿装置所提供的控制作用,主要起到对扰动影响"防患于未然"的效果。故应按照不变性原理来设计,即保证系统输出与作用在系统上的扰动完全无关。

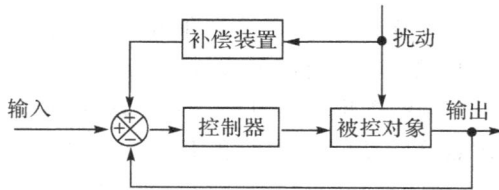

图 1-15　附加扰动输入补偿

1.4　自动控制系统的分类

对自动控制系统的分类可根据其某个特点,从应用需要加以划分。常有以下几种反映系统基本实质的分类方式,分别介绍如下。

1.4.1　按给定信号的特征划分

给定信号作为系统的输入信息,往往代表了系统希望的输出值,反映了控制系统的目的和任务。给定信号的自身特征在很大程度上影响了对于自动控制系统的性能指标要求。

(1)恒值控制系统

恒值控制系统的任务是使控制系统的被控物理量维持在某一恒定值上。对于控制系统的主要要求是当被控量受某种干扰而偏离恒定值时,通过自动调节的作用,使它尽可能快地恢复到恒定值。在工程实现时,系统不可避免地存在误差,因此控制系统应保证误差不超过合理的允许范围。显然,控制系统的准确性是系统设计中要解决的主要问题。

前面提到的水温控制系统、直流电动机调速系统,以及其他恒定位置、恒定速度、恒定压力、恒定流量、恒定温度等都属于这一类系统。

(2)随动控制系统

随动控制系统的主要特点是给定信号的变化规律是事先不能确定的。对于控制系统的主要要求是使输出快速地跟随给定值的变化而变化,故称作随动控制系统,又可称作伺服控制系统。显然,由于输入给定值在不断地变化,控制系统的快速响应能力是系统设计中要解决的主要问题。

用于军事上的自动火炮系统、雷达跟踪系统,用于航天、航海中的自动驾驶系统、自动导航系统等都是典型的随动系统的例子。在机电装备中也有很多这样的例子。

(3)程序控制系统

在程序控制系统中,已知给定输入信号的变化规律,将其事先预存在计算机中,因此输出的变化规律也可预先知道。这类控制系统往往适用于特定的生产工艺或工业过程。

实际上大多数控制系统既有控制精度的要求,也有控制快速性的要求,即兼有恒值控制系统和随动控制系统的特点。程序控制系统也是如此。严格地说,程序控制系统作为一种分类类别并不一定成立。但由于其控制规律预知,设计这类系统的针对性较强,可根据要求事先选择方案,保证控制性能指标的实现,其特点还是明显的。

在工业生产中广泛应用的程序控制有仿形控制系统、机床数控加工系统等。

1.4.2 按系统的数学描述划分

任何系统都是由各种元部件组成的。从控制理论的角度,这些元部件的性能,可用其输入输出特性来进行分析,按照元件特性的数学方程式的不同,可将系统分成线性系统和非线性系统两大类。

(1)线性系统

当各元件输入输出特性是线性特性,系统的状态和性能可以用线性微分方程来描述时,称这种系统为线性系统。

所谓线性特征是指元件的静特征是一条过原点的直线,也称其为线性元件。由线性元件组成的系统则是线性系统。线性系统的一个明显特点就是满足叠加原理,可运用叠加原理的两个性质,作为鉴别系统是否为线性系统的依据。叠加原理指出:当几个输入信号同时作用在系统上,产生的总输出等于各个输入单独作用时系统的输出之和,这称为叠加性。当系统输入增大或缩小若干倍时,系统的输出也增大或缩小相同的倍数,这称为齐次性。用公式表示为:

当

$$r(t) = ar_1(t) + br_2(t) \tag{1-1}$$

则有

$$c(t) = ac_1(t) + bc_2(t) \tag{1-2}$$

式中:系数 a,b 可以是常数,也可以是时变系数;$r(t)$ 表示输入;$c(t)$ 表示输出。

线性系统有两类:一类是系统微分方程的系数均为常数,称为线性定常系统。这类系统的明显特点是,系统的响应曲线只取决于具体的输入,而与输入的时间起点无关。也就是说无论什么时候开始输入,只要输入信号一致,响应就是相同的,这称为定常特性,数学处理较为方便。另一类是微分方程的系数有一部分是时间的函数,称为线性时变系统。如有的机电系统由冷态变为热态时,某些参数会发生变化,进而引起控制系统性能的变化。由于时变系统不具备定常特性,研究起来比定常系统复杂。线性定常系统理论比较成熟。所以在工程研究中,若系统参数时变特性不强,视作定常值时误差不大,就可以简化为定常系统,分析、设计比较方便。

（2）非线性系统

系统中只要存在一个非线性特性的元件,系统就由非线性方程来描述,这种系统称为非线性系统。由于非线性特征的多样性,在数学上较难处理,叠加原理也不成立,研究起来不方便,至今尚没有通用的分析方法。只有一些在特定条件下近似分析的方法可以应用。

严格地说,任何物理系统总是不同程度地具有非线性,虽然许多物理系统常以线性方程来表示,但大多数情况下,实际系统并非真是正线性的。所谓线性系统,也只是在一定工作范围内,保持较好的线性关系。例如系统中应用的放大器,在较大的输入信号下,输出可能饱和。此外,某些元件还可能具有死区,影响小信号正常工作。对于这类系统,在某一工作区域,可视为线性系统,但在大范围工作区域,则是非线性系统。这可称为非本质非线性。另外指出,有些重要的控制系统,对于任意大小的输入信号而言,系统都是非线性的。例如,在继电控制系统中,控制作用不是接通就是关断。这类控制器的输入输出关系总是非线性的,不分区域,称为本质非线性。常见的几种简单非线性特性及其曲线如图 1-16 所示。

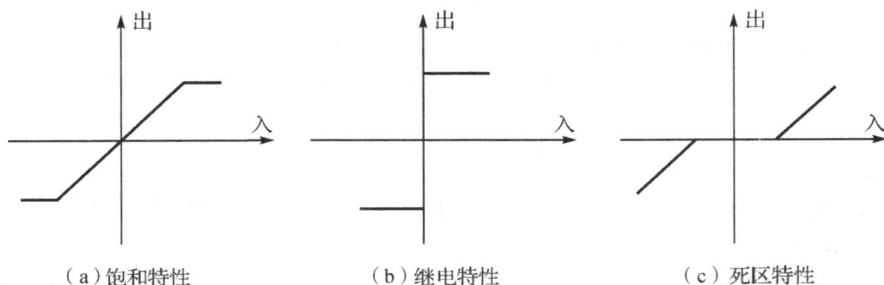

（a）饱和特性　　　　　（b）继电特性　　　　　（c）死区特性

图 1-16　常见非线性特性曲线

虽然含有非线性特性的系统可以用非线性特性微分方程描述,但它的求解是困难的。而对于各类非线性问题,尚无统一的方法来研究。对照线性系统可以看出,线性微分方程求解方便,且已有相当成熟的线性理论。鉴于一般实际系统都允许有一定的误差,所以为了绕过非线性系统造成的数学上的难关,常需引入"等效"线性系统来代替非线性系统,以求得近似值。当然,这种等效线性关系,仅在一定工作范围内是正确的,一旦用线性化数学模型来近似地表示非线性系统,就可以采用线性理论来分析和设计系统了。对于非本质非线性系统,往往可以采用线性化的方法。这将在第 2 章中介绍。

非线性特性明显时,会产生一些比线性特性系统复杂的现象,有些是我们不希望的,要通过分析加以控制。而有些非线性元件,通过正确地在系统中使用,会收到意想不到的控制效果。因此,近年来在系统中引入非线性特性以改善控制系统质量,已取得了很成功的经验。非线性理论也在不断地发展着。

1.4.3　按信号传递的连续性划分

（1）连续系统

如果系统中各元件的输入信号和输出信号都是时间的连续函数,就称其为连续系统,其特点是这类系统的运动状态是可以用微分方程来描述的。

连续系统中各元件的输入输出量在工程上称为模拟量,多数实际物理量都属于这一类,其输入输出一般用 $r(t)$ 和 $c(t)$ 表示,如图 1-17 所示。

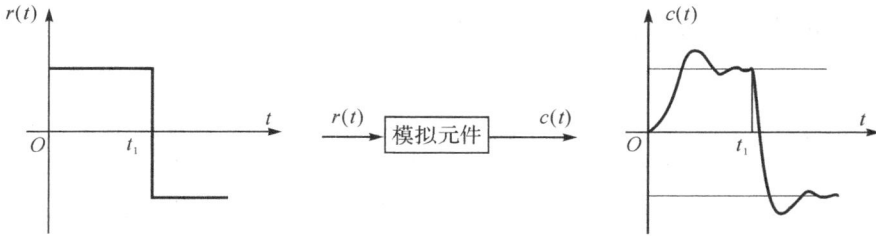

图 1-17 模拟量输入输出

（2）离散系统

如果控制系统中存在某处用数字形式表示的信号时,称该系统为离散系统。这种系统的状态和性能可以用差分方程来描述。实际物理系统中,离散信号的出现往往是由于计算机控制系统的需要。因为计算机中对于信息的表示和处理都是以数字形式的,因此计算机的输入输出与实际物理系统的接口就需要把模拟信号数字化或数字信号模拟化,称为 A/D 转换或 D/A 转换。

把模拟信号数字化即将连续信号离散化,称为采样。采样过程如图 1-18 所示。

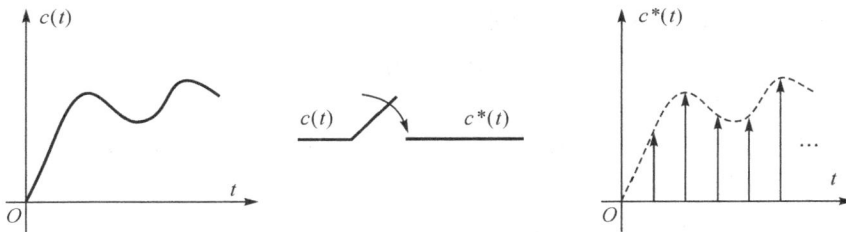

图 1-18 采样过程

目前,计算机作为自动控制系统的组成部分已越来越常见,可称为计算机控制系统或数字控制系统。如图 1-19 所示。

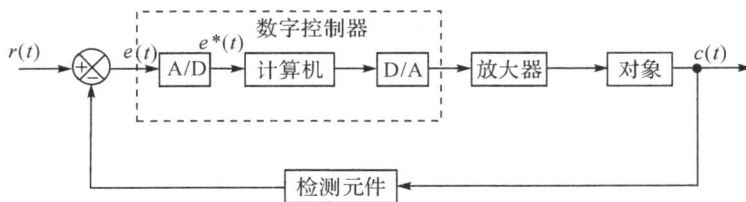

图 1-19 计算机控制系统

离散系统的数学描述形式与连续系统不同,分析研究方法也有不同的特点。随着计算机控制的广泛应用,离散系统理论方法也越来越显重要,可参考有关书籍。但在要求不高的场合,也可近似地把计算机控制系统视作连续系统,即不考虑信号离散化的影响。这可以使控制系统的分析设计简单化。

1.4.4　按系统的输入与输出信号的数量划分

（1）单变量系统（SISO）

单变量系统只有一个输入量和一个输出量，所谓单变量是从系统外部变量的描述来分类的，不考虑系统内部的通路与结构。也就是说给定输入量是单一的，响应也是单一的。但系统内部的结构回路可以是多回路的，内部变量显然也是多种形式的。如图 1-20 所示。内部变量可称为中间变量，输入与输出变量称为外部变量。对系统的性能分析，只研究外部变量之间的关系。

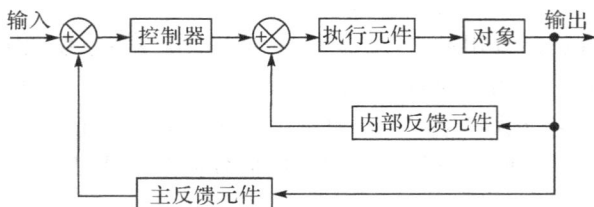

图 1-20　单变量多回路系统

单变量系统是经典控制理论的主要研究对象。它以传递函数作为基本数学工具，讨论线性定常系统的分析和设计问题，也是本课程讲述的主要内容。

（2）多变量系统（MIMO）

多变量系统有多个输入量和输出量。一般地说，当系统输入与输出信号多于一个时，就称为多变量系统。多变量系统的特点是变量多，回路也多，而且相互之间呈现多路耦合，研究起来比单变量系统复杂得多。如图 1-21 所示。

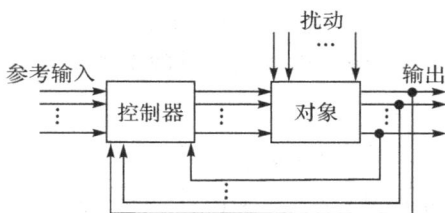

图 1-21　多变量多路耦合系统

多变量控制系统是现代控制理论研究的主要对象。在数学上以状态空间法为基础，讨论多变量、变参数、非线性、高精度、高效能等控制系统的分析和设计。

1.5　自动控制系统的基本组成

在自动控制系统中，反馈控制是最基本的控制方式。一个典型的反馈控制系统是由控制对象和各种单元装置组成的，共同完成控制目的。下面给出这些单元装置的种类和它们所要起到的作用。

1.5.1　给定装置

用于产生控制系统的输入量,一般是与期望的输出相对应的。以电类元件居多,它们产生电量,如电压或电流,前例中水温自动控制系统中的电位计即为一例。在已知输入信号规律的情况下,也可用计算机软件产生指定信号。

1.5.2　检测装置

多用于对控制系统的被控量进行检测。一般是各种各样的传感器,可以完成非电物理量的电测。如前例中的测速机,就是将电动机轴的速度检测出来并转换成电压。温度传感器将水温检测出来并转换成电压,等等。检测装置自身的性能指标对于整个控制系统的性能指标有着至关重要的影响。

1.5.3　比较装置

用于把检测元件检测到的实际输出值与给定元件给出的输入值进行比较,求出它们之间的偏差。常用的电量比较元件有差动放大器、电桥电路等。在计算机控制系统中,比较元件的职能往往由软件完成。

1.5.4　放大装置

用于将较小的偏差信号加以放大,以足够的功率来推动执行机构或被控对象。当然,放大倍数越大,系统的反应越敏感。一般情况下,只要系统稳定,放大倍数应适当大些。

1.5.5　执行装置

其职能是直接推动被控对象,使其被控量发生变化,一般有足够的能量输出。如阀门、电动机、机械或液压或气动形式的传动机构等。

1.5.6　校正装置

为改善或提高系统的性能,在系统基本结构基础上附加参数可灵活调整的元件。工程上称为调节器。常用串联或反馈的方式连接在系统中。简单的校正装置可以是一个 RC 网络,复杂的校正装置可含有电子计算机。

典型的反馈控制系统基本组成可用图 1-22 表示。比较元件可用"⊗"代表。

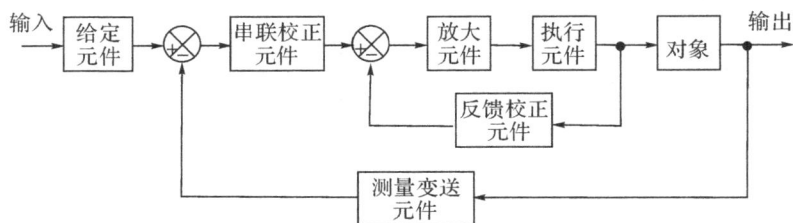

图 1-22　反馈控制系统基本组成

1.6　对控制系统的性能要求

为了评价一个自动控制系统的性能优劣,必须要有评价指标,这些指标体现在三个方面,即稳定性、快速性和准确性,简称稳、准、快。

1.6.1　稳定性

只有闭环控制系统才会有稳定性问题,而稳定是一个闭环控制系统正常工作的先决条件。前面已经谈到,闭环控制系统的实质是"检测偏差用以减小偏差",因此可以对稳定性作这样的工程理解:一个系统如果不能做到"减小偏差",甚至"放大偏差",那么它就是不稳定的。

稳定性的表述是:系统受到内部或外部扰动作用后,将产生运动,各物理量将偏离其平衡工作状态。如果在这些扰动作用消失后,系统各物理量能回到原平衡工作状态,则称该系统是稳定的。否则就是不稳定的。

稳定性的严格数学定义有着其缜密的数学理论,但我们也可以直观地从系统标准响应曲线中判定系统的稳定与否。在图 1-23 中,响应曲线是收敛的,因而该系统是稳定的。在图 1-24 中,响应曲线是发散的,因而该系统是不稳定的。

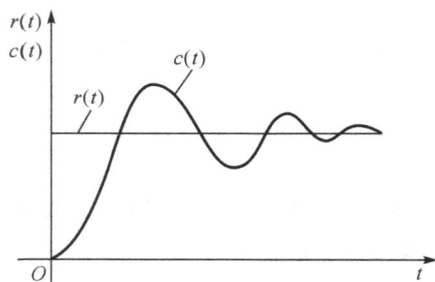

图 1-23　稳定系统的动态过程

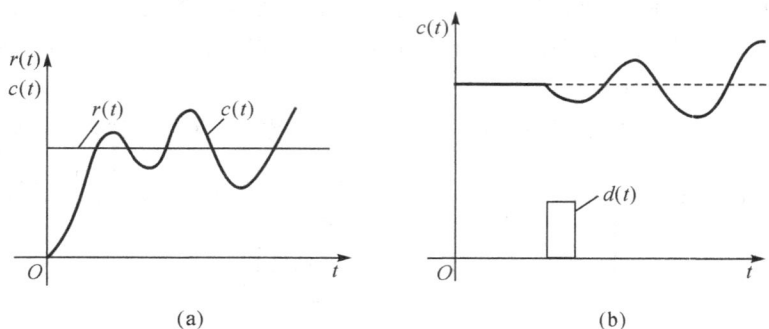

(a)

(b)

图 1-24　不稳定系统的动态过程

显然,不稳定的系统是无法正常工作的。一个工程控制系统如果不稳定,轻则产生剧烈振荡,重则损毁机器,这是很危险的。

1.6.2 快速性

理想的控制系统,其被控量(输出)与给定值(输入)应时时相等。但是,由于机械运动部分质量、惯量的存在,电路中储能元件的存在以及物理装置功率的限制,使得控制系统的被控物理量难以瞬时响应输入量的变化。所以,当给定值变化时,被控量不可能立即等于给定值,而需要经过一个过渡过程,即动态过程。

快速性表明了系统输出 $c(t)$ 对输入 $r(t)$ 响应的快慢程度。系统响应越快,说明系统的输出复现输入信号的能力越强。快速性通过过渡过程时间 t_s 长短来表征,见图 1-25。过渡过程时间越短,表明快速性越好。

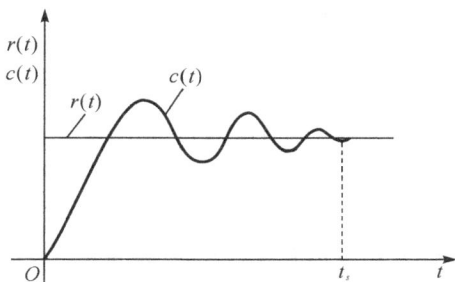

图 1-25 控制系统的快速性

1.6.3 准确性

准确性是由系统的稳态精度来衡量的,它是指系统过渡过程结束后进入到稳态过程中,此时输入给定值与输出响应的稳态值的差值大小,称为系统的稳态误差 e_{ss},见图 1-26。

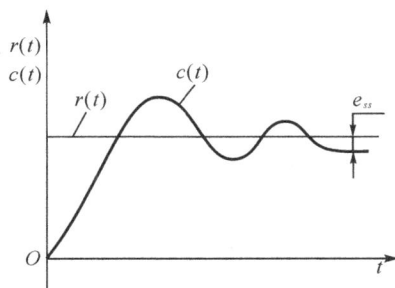

图 1-26 控制系统的稳态精度

对于系统的稳定性、快速性和准确性的要求不可能面面俱到,这三者往往是相互制约的。在设计与调试过程中,若过分强调系统的稳定性,则可能会造成系统响应迟缓和控制精度较低的后果;而若过分强调系统响应的快速性,则又会使系统的振荡加剧,甚至引起不稳定。快速性与稳定性、准确性与稳定性是控制系统的两对主要矛盾。

根据控制系统的工作任务和目的,分析和设计自动控制系统,使其对三个方面的性能有所侧重,抓住主要矛盾并兼顾其他,以满足要求,这正是本课程所要研究的内容。

1.7　MATLAB 简介

在自动控制系统的分析设计中，可以借助计算机软件作为辅助工具。其中首推的就是MATLAB。

MATLAB(MATrix LABoratory)是美国 MathWorks 公司自 20 世纪 80 年代中期推出的数学软件，其优秀的数值计算能力和卓越的数据可视化能力使其很快成为当今国际上科学界（尤其是自动控制领域）最具影响力、也是最有活力的软件。它起源于矩阵运算，并已经发展成一种高度集成的计算机语言。它提供了强大的科学运算、灵活的程序设计流程、高质量的图形可视化与界面设计、便捷的与其他程序和语言接口的功能。目前的最新版本是2004 年 9 月推出 Release 14（MATLAB 7.0）的 Service Pack 1。

MATLAB 除具备卓越的数值计算能力外，它还提供了专业水平的符号计算、文字处理、可视化建模仿真和实时控制等功能。当前流行的 MATLAB 6.5/Simulink 3.0 包括拥有数百个内部函数的主包和三十几种工具包（Toolbox），工具包又可以分为功能性工具包和学科性工具包。功能性工具包用来扩充 MATLAB 的符号计算、可视化建模仿真、文字处理及实时控制等功能。学科性工具包是专业性比较强的工具包，如控制工具包、信号处理工具包和通信工具包等。

一种语言之所以能如此迅速地普及，显示出如此旺盛的生命力，是由于它有着不同于其他语言的特点，正如同 Fortran 和 C 等高级语言使人们摆脱了需要直接对计算机硬件资源进行操作一样，被称作为第四代计算机语言的 MATLAB，利用其丰富的函数资源，使编程人员从繁琐的程序代码中解放出来。MATLAB 最突出的特点就是简洁。MATLAB 用更直观的、符合人们思维习惯的代码，代替了 C 和 Fortran 语言的冗长代码。MATLAB 给用户带来的是最直观、最简洁的程序开发环境。以下简单介绍一下 MATLAB 的主要特点。

①语言简洁紧凑，使用方便灵活，库函数极其丰富。由于库函数都由该领域的专家编写，用户不必担心函数的可靠性。可以说，用 MATLAB 进行科技开发是站在专家的肩膀上。

②运算符丰富。MATLAB 提供了和 C 语言几乎一样多的运算符，灵活使用 MATLAB 的运算符将使程序变得极为简短。

③MATLAB 既具有结构化的控制语句（如 for 循环，while 循环，break 语句和 if 语句），又有面向对象编程的特性。

④程序限制不严格，程序设计自由度大。

⑤程序的可移植性很好，基本上不做修改就可以在各种型号的计算机和操作系统上运行。

⑥MATLAB 的图形功能强大。在 MATLAB 里，数据的可视化非常简单。MATLAB还具有较强的编辑图形界面的能力。

⑦具有功能强大的工具箱。MATLAB 包含两个部分：核心部分和各种可选的工具箱。核心部分中有数百个核心内部函数。其工具箱又分为两类：功能性工具箱和学科性工具箱。功能性工具箱主要用来扩充其符号计算功能、图示建模仿真功能、文字处理功能以及与硬件实时交互功能。学科性工具箱是专业性比较强的，包括了控制、信号处理和通信等多门学

科。这些工具箱都是由该领域内的专家编写的,所以用户无须编写自己学科范围内的基础程序,而直接进行高、精、尖的研究。

⑧源程序的开放性。开放性也许是 MATLAB 最受人们欢迎的特点。除内部函数以外,所有 MATLAB 的核心文件和工具箱文件都是可读可改的源文件,用户可通过对源文件的修改以及加入自己的文件构成新的工具箱。

正由于上述的特点,MATLAB 已经发展成为多学科、多种工作平台的功能强大的大型软件。在欧美等高校,MATLAB 已经成为线性代数、自动控制理论、概率论及数理统计、数字信号处理、时间序列分析、动态系统仿真等高级课程的基本教学工具,是学生必须掌握的基本技能。

对于控制工程基础这门课来说,能用 MATLAB 的相关方法来分析、解决问题具有重要意义。在本书相关的章节中,将会介绍相应的 MATLAB 方法以求解。

习　　题

1-1　解释下列术语词意并举例说明:
给定值与被控量;开环控制与闭环控制;线性系统与非线性系统;连续系统与离散系统;恒值系统与随动系统;稳定性、快速性和准确性。

1-2　试说明开环控制系统和闭环控制系统的主要优缺点。

1-3　试列举日常生活中的自动控制系统的例子,并说明其工作原理。

1-4　电炉温度控制系统如题 1-4 图所示,试
(1)指出系统的输入量、输出量、被控量、各装置的作用及其输入输出,画出系统方块图;
(2)从"检测偏差用以减小偏差"的角度说明系统的工作原理。

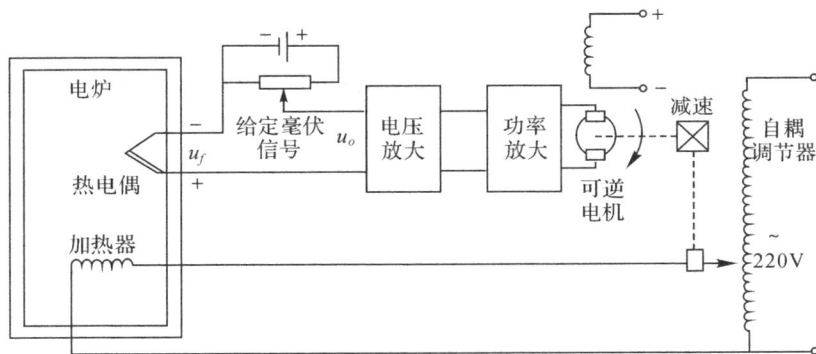

题 1-4 图

1-5　水位控制系统如题 1-5 图所示,试
(1)指出系统的输入量、输出量、被控量、各装置的作用及其输入输出,画出系统方块图;
(2)从"检测偏差用以减小偏差"的角度说明系统的工作原理。

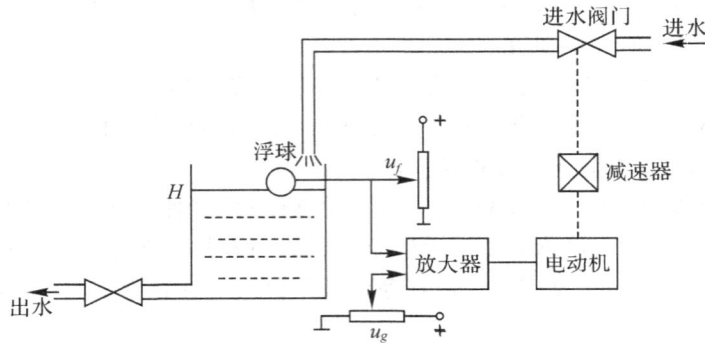

题 1-5 图

1-6 题 1-6 图是仓库大门自动控制系统。试分析大门开关自动控制过程,并画出系统方块图。

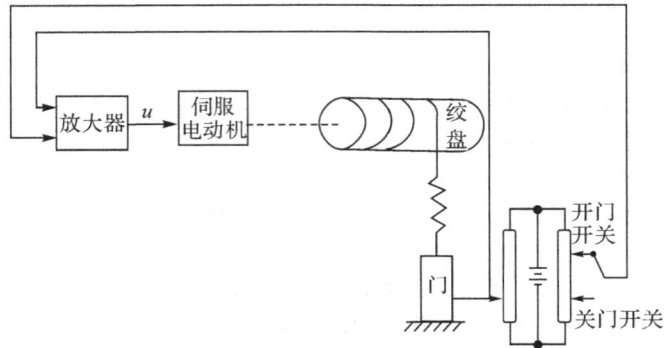

题 1-6 图

1-7 试判断下列微分方程哪些是线性的？哪些是非线性的？哪些是定常的？哪些是时变的？

(1) $c(t) = r(t)\cos\omega t + 5$

(2) $x\dfrac{\mathrm{d}c(t)}{\mathrm{d}t} + c(t) = r(t) + 3\dfrac{\mathrm{d}r(t)}{\mathrm{d}t}$

(3) $\dfrac{\mathrm{d}^2 c(t)}{\mathrm{d}t^2} + \dfrac{1}{t}\dfrac{\mathrm{d}c(t)}{\mathrm{d}t} + (1 - \dfrac{n^2}{t^2})c(t) = 0$　(n 是常数)

(4) $\dfrac{1}{c(t)}\dfrac{\mathrm{d}^2 c(t)}{\mathrm{d}t^2} + \dfrac{1}{c(t)}\dfrac{\mathrm{d}c(t)}{\mathrm{d}t} + 1 = 0$

(5) $c(t) = \begin{cases} 0, & t < 6 \\ r(t), & t \geqslant 6 \end{cases}$

第 2 章   控制系统的数学模型

控制系统的数学模型是系统动态性能的数学表达式,它揭示系统各变量之间的内在关系。在经典控制理论中,常用的数学模型是微分方程、差分方程、传递函数、方块图和信号流图。建立控制系统的数学模型是分析和设计控制系统的首要基础工作。

建立系统数学模型,一般采用解析法和实验法。所谓解析法建模,即依据系统及其元件各变量之间所遵循的物理学定律,推导出变量间的数学关系,从而建立数学模型。建立系统的数学模型时应抓住主要矛盾,忽略次要因素,力求使所建立的数学模型简单。实验测定法是根据实验数据来建立数学模型,一般只用于建立被控对象或系统的输入输出模型,又称为系统辨识。本章仅讨论解析建模方法。

本章中所介绍的传递函数是经典控制理论采用的主要数学模型,是本章的重点。

2.1   拉普拉斯变换和反变换

拉普拉斯(Laplace)变换简称为拉氏变换,借助此方法,能把系统的动态数学模型——线性微分方程很方便地转换为系统的传递函数,并由此发展出基于传递函数的零点和极点分布、频率特性等分析和设计控制系统的工程方法。拉氏变换也是求解线性微分方程的简捷方法。

2.1.1   拉氏变换的定义

时间函数 $f(t)$,t 为时间变量,如果线性积分

$$F(s) = \int_0^\infty f(t) e^{-st} dt \qquad (s = \sigma + j\omega \text{ 为复变量}) \tag{2-1}$$

存在,则称其为函数 $f(t)$ 的拉氏变换。变换后的函数是复变量 s 的函数,记作 $F(s)$ 或 $L[f(t)]$,即

$$L[f(t)] = F(s) = \int_0^\infty f(t) e^{-st} dt \tag{2-2}$$

称 $f(t)$ 为 $F(s)$ 的原函数,$F(s)$ 为 $f(t)$ 的象函数。

例 2-1   求阶跃函数信号 $f(t) = \begin{cases} 0, & t < 0 \\ A, & t \geqslant 0 \end{cases}$ 的拉氏变换 $F(s)$。

解   其拉氏变换式为

$$F(s) = L[f(t)] = \int_0^\infty A e^{-st} dt = \frac{A}{s}$$

式中：A 为阶跃函数的幅值。当 $A=1$ 时，称为单位阶跃函数，记作 $f(t)=1(t)$。

例 2-2 求原函数 $f(t)=A e^{-at}(t \geqslant 0)$ 的拉氏变换 $F(s)$。

解 原函数是指数函数，其拉氏变换式为

$$F(s) = L[f(t)] = \int_0^\infty A e^{-at} e^{-st} dt = \frac{A}{s+a}$$

2.1.2 拉氏变换表

为了工程应用方便，常把 $f(t)$ 和 $F(s)$ 的对应关系编成表格，就是拉氏变换表，在工程控制系统中最常用的拉氏变换见附录 1。通过查表求拉氏变换，可免去数学积分运算。

例 2-3 查表求 $f(t)=3t^2$ 的拉氏变换。

解 $$f(t) = 3t^2 = 6 \times \frac{1}{2} t^2$$

查附录 1 拉氏变换表第 4 条，可求得

$$F(s) = 6 \times \frac{1}{s^3} = \frac{6}{s^3}$$

2.1.3 拉氏变换的性质和定理

(1)线性性质

拉氏变换也像一般线性函数那样具有齐次性和叠加性。

齐次性：原函数 $f(t)$ 乘以常数 a 时，拉氏变换为其象函数 $F(s)$ 乘以该常数，即

$$L[a f(t)] = a F(s) \tag{2-3}$$

叠加性：若 $f_1(t)$ 和 $f_2(t)$ 的拉氏变换分别为 $F_1(s)$ 和 $F_2(s)$，则有

$$L[f_1(t) \pm f_2(t)] = F_1(s) \pm F_2(s) \tag{2-4}$$

综合上述线性性质，可得

$$L[a f_1(t) \pm b f_2(t)] = a F_1(s) \pm b F_2(s) \tag{2-5}$$

式中：a,b 均为常数。

例 2-4 查表求 $f(t) = t - T(1 - e^{-\frac{t}{T}})$ 的拉氏变换，式中 T 为常数。

解 $f(t)$ 由两项组成，利用线性性质，综合附录 1 拉氏变换表第 3 条和第 10 条，可求得

$$F(s) = \frac{1}{s^2} - \frac{1}{s(s+1/T)} = \frac{1}{s^2(Ts+1)}$$

(2)微分定理

设 $F(s) = L[f(t)]$，则有

$$L\left[\frac{df(t)}{dt}\right] = s F(s) - f(0)$$

$$L\left[\frac{d^2 f(t)}{dt^2}\right] = s^2 F(s) - s f(0) - f'(0)$$

$$\vdots$$

$$L\left[\frac{d^n f(t)}{dt^n}\right] = s^n F(s) - s^{n-1} f(0) - s^{n-2} f'(0) - \cdots - f^{(n-1)}(0)$$

式中：$f(0),\cdots,f^{n-1}(0)$ 为函数 $f(t)$ 及其各阶导数在 $t=0$ 时的初值。

　　如果初始条件为零，即
$$f(0)=f'(0)=\cdots=f^{n-1}(0)=0$$
则有

$$\left.\begin{array}{l}L\left[\dfrac{\mathrm{d}f(t)}{\mathrm{d}t}\right]=sF(s)\\[3mm]L\left[\dfrac{\mathrm{d}^2f(t)}{\mathrm{d}t^2}\right]=s^2F(s)\\[2mm]\vdots\\[2mm]L\left[\dfrac{\mathrm{d}^nf(t)}{\mathrm{d}t^n}\right]=s^nF(s)\end{array}\right\} \qquad (2\text{-}6)$$

（3）积分定理

设 $F(s)=L[f(t)]$，则有

$$L\left[\int f(t)\mathrm{d}t\right]=\frac{1}{s}F(s)+\frac{1}{s}f^{-1}(0)$$

$$L\left[\iint f(t)(\mathrm{d}t)^2\right]=\frac{1}{s^2}F(s)+\frac{1}{s^2}f^{-1}(0)+\frac{1}{s}f^{-2}(0)$$

$$\vdots$$

$$L\left[\underbrace{\int\cdots\int}_{n}f(t)(\mathrm{d}t)^n\right]=\frac{1}{s^n}F(s)+\frac{1}{s^n}f^{-1}(0)+\cdots+\frac{1}{s}f^{-n}(0)$$

式中，$f^{-1}(0),f^{-2}(0),\cdots,f^{-n}(0)$ 为 $f(t)$ 的各重积分在 $t=0$ 时刻的值。

　　如果初始条件为零，即
$$f^{-1}(0)=f^{-2}(0)=\cdots=f^{-n}(0)=0$$
则有

$$\left.\begin{array}{l}L\left[\int f(t)\mathrm{d}t\right]=\dfrac{1}{s}F(s)\\[3mm]L\left[\iint f(t)(\mathrm{d}t)^2\right]=\dfrac{1}{s^2}F(s)\\[2mm]\vdots\\[2mm]L\left[\underbrace{\int\cdots\int}_{n}f(t)(\mathrm{d}t)^n\right]=\dfrac{1}{s^n}F(s)\end{array}\right\} \qquad (2\text{-}7)$$

（4）初值定理

如果函数 $f(t)$ 及其一阶导数是可以拉氏变换的，并且 $\lim\limits_{s\to\infty}sF(s)$ 存在，则有
$$\lim_{t\to 0}f(t)=\lim_{s\to\infty}sF(s) \qquad (2\text{-}8)$$

（5）终值定理

若函数 $f(t)$ 的拉氏变换为 $F(s)$，且 $F(s)$ 在 s 平面的右半面及除原点外的虚轴上解析，则有
$$\lim_{t\to\infty}f(t)=\lim_{s\to 0}sF(s) \qquad (2\text{-}9)$$

应用终值定理时,要留意上述条件是否满足。例如 $f(t)=\sin\omega t$ 时,$F(s)$ 在 $j\omega$ 轴上有 $\pm j\omega$ 两个极点且 $\lim\limits_{t\to\infty}f(t)$ 不存在,因此终值定理不能使用。

利用初值定理和终值定理可以直接和方便地求出系统时域响应的初值和终值,而不必求出其时间函数 $f(t)$。

例 2-5 求单位阶跃函数 $f(t)=1(t)$ 的终值 $f(\infty)$。

解 ①已知单位阶跃函数的象函数为

$$F(s)=\frac{1}{s}$$

由终值定理可得

$$f(\infty)=\lim_{t\to\infty}f(t)=\lim_{s\to 0}sF(s)=s\cdot\frac{1}{s}=1$$

②事实上,由单位阶跃函数原函数的定义(见例 2-1)可直接得出:

$$f(\infty)=\lim_{t\to\infty}f(t)=1$$

两种方法结果一样。但利用终值定理可在已知象函数而未知原函数的情况下求出原函数的终值,这是比较方便的。

(6)延迟定理

设 $F(s)=L[f(t)]$,则有

$$L[f(t-\tau)]=e^{-\tau s}F(s) \tag{2-10}$$

$$L[e^{-at}f(t)]=F(s+a) \tag{2-11}$$

式(2-10)说明原函数向右平移一个迟延时间 τ 后,相当于象函数 $F(s)$ 乘以 $e^{-\tau s}$ 的因子。式(2-11)说明原函数 $f(t)$ 乘以 e^{-at} 所得到的衰减函数 $e^{-at}f(t)$,相当于象函数 $F(s)$ 向左平移至 $F(s+a)$。

(7)时标变换

对实际系统进行仿真时,常需要时间 t 的标尺扩展或缩小为 (t/a),以使所得曲线清晰或节省观察时间。这并不妨碍实验的真实性。这里 a 是一个正数。可证得。

设 $F(s)=L[f(t)]$,则有

$$L\left[f\left(\frac{t}{a}\right)\right]=aF(as) \tag{2-12}$$

2.1.4 拉氏反变换

由象函数 $F(s)$ 求原函数 $f(t)$ 的过程称为拉普拉斯反变换,其定义公式为

$$f(t)=\frac{1}{2\pi j}\int_{\sigma-j\infty}^{\sigma+j\infty}F(s)e^{st}ds \tag{2-13}$$

简写为

$$f(t)=L^{-1}[F(s)] \tag{2-14}$$

拉氏反变换是复变函数积分,一般很难直接计算。故由 $F(s)$ 求 $f(t)$ 常用部分分式法。该方法是将 $F(s)$ 分解成一些简单的有理分式函数之和,然后由拉氏变换表一一查出对应的反变换函数,即得所求的原函数 $f(t)$。即如果 $F(s)$ 已分解为下列分量:

$$F(s)=F_1(s)+F_2(s)+\cdots+F_n(s) \tag{2-15}$$

并假定 $F_1(s),F_2(s),\cdots,F_n(s)$ 的拉氏反变换 $f_1(t),f_2(t),\cdots,f_n(t)$ 可以容易地查拉氏变换表得出,那么利用线性叠加性质就可求得:

$$
\begin{aligned}
f(t) &= L^{-1}[F(s)] \\
&= L^{-1}[F_1(s)] + L^{-1}[F_2(s)] + \cdots + L^{-1}[F_n(s)] \\
&= f_1(t) + f_2(t) + \cdots + f_n(t)
\end{aligned}
\tag{2-16}
$$

在经典控制理论中,$F(s)$ 通常表示为如下有理分式函数形式:

$$
F(s) = \frac{B(s)}{A(s)} = \frac{b_m s^m + b_{m-1} s^{m-1} + \cdots b_1 s + b_0}{a_n s^n + a_{n-1} s^{n-1} + \cdots + a_1 s + a_0}
$$

为了进行部分分式分解,在上式中分子分母同除以 a_n,使分母最高次系数为 1,得如下标准式:

$$
F(s) = \frac{B(s)}{A(s)} = \frac{b_m{}' s^m + b_{m-1}{}' s^{m-1} + \cdots + b_1{}' s + b_0{}'}{s^n + a_{n-1}{}' s^{n-1} + \cdots + a_1{}' s + a_0{}'}
\tag{2-17}
$$

式中:a_i,b_i 为实数,m 和 n 为正整数,且 $m < n$。

对式(2-17)进行部分分式分解,可以容易地查表得到对应的原函数。现分几种情况讨论。

(1)$A(s)=0$ 只有单实根

设 $A(s)$ 可分解为

$$
A(s) = s^n + a_{n-1} s^{n-1} + \cdots + a_1 s + a_0 = (s + s_1)(s + s_2) \cdots (s + s_n)
\tag{2-18}
$$

式中:$-s_1,-s_2,\cdots,-s_n$ 为 $A(s)=0$ 的根,为实数,且各异。这时可将 $F(s)$ 写成 n 个部分分式之和,每个分式的分母为 $A(s)$ 的一个因式,即

$$
F(s) = \frac{B(s)}{A(s)} = \frac{c_1}{s + s_1} + \frac{c_2}{s + s_2} + \cdots + \frac{c_n}{s + s_n}
\tag{2-19}
$$

或写成

$$
F(s) = \sum_{i=1}^{n} \frac{c_i}{s + s_i}
\tag{2-20}
$$

式中:c_i 为待定系数,可由下式求出

$$
c_i = \lim_{s \to -s_i} [F(s)(s + s_i)]
\tag{2-21}
$$

当 c_i 确定后,每个分式的反变换可由拉氏变换表求取

$$
L^{-1}\left[\frac{c_i}{s + s_i}\right] = c_i \mathrm{e}^{-s_i t}
\tag{2-22}
$$

则总的反变换式为

$$
f(t) = L^{-1}[F(s)] = L^{-1}\left[\sum_{i=1}^{n} \frac{c_i}{s + s_i}\right] = \sum_{i=1}^{n} c_i \mathrm{e}^{-s_i t}
\tag{2-23}
$$

总结上述过程,可将 $A(s)$ 只有单实根时求拉氏反变换的步骤如下:

①依公式(2-18),令 $A(s)=0$,求出 $s_1,s_2,\cdots,s_n$。

②将 $F(s)$ 依公式(2-19)写成部分分式之和。

③依公式(2-21)求出待定系数 c_i。

④对照拉氏变换表查出反变换后的各个部分分式的原函数,依公式(2-23)求 $f(t)$。

例 2-6　求 $F(s)$ 的反变换

$$F(s) = \frac{s+2}{s^2+4s+3}$$

解 令 $A(s) = s^2 + 4s + 3 = (s+1)(s+3) = 0$，可得 $s_1 = 1, s_2 = 3$。则

$$F(s) = \frac{c_1}{s+1} + \frac{c_2}{s+3}$$

由式(2-21)可得

$$c_1 = \lim_{s \to -1} F(s)(s+1) = \frac{1}{2}$$

$$c_2 = \lim_{s \to -3} F(s)(s+3) = \frac{1}{2}$$

所以

$$F(s) = \frac{1/2}{s+1} + \frac{1/2}{s+3}$$

由拉氏反变换表得原函数为

$$f(t) = \frac{1}{2}\mathrm{e}^{-t} + \frac{1}{2}\mathrm{e}^{-3t}$$

例 2-7 求 $F(s)$ 的拉氏反变换

$$F(s) = \frac{s+4}{s^3+6s^2+11s+6}$$

解 令 $A(s) = s^3 + 6s^2 + 11s + 6 = (s+1)(s+2)(s+3) = 0$，可得 $s_1 = 1, s_2 = 2, s_3 = 3$。则

$$F(s) = \frac{c_1}{s+1} + \frac{c_2}{s+2} + \frac{c_3}{s+3}$$

由式(2-21)可得

$$c_1 = \lim_{s \to -1} F(s)(s+1) = \frac{3}{2}$$

$$c_2 = \lim_{s \to -2} F(s)(s+2) = -2$$

$$c_3 = \lim_{s \to -3} F(s)(s+3) = \frac{1}{2}$$

所以

$$F(s) = \frac{3/2}{s+1} + \frac{-2}{s+2} + \frac{1/2}{s+3}$$

由拉氏反变换表得原函数为

$$f(t) = \frac{3}{2}\mathrm{e}^{-t} - 2\mathrm{e}^{-2t} + \frac{1}{2}\mathrm{e}^{-3t}$$

(2)$A(s) = 0$ 有单根(含实、复根)

设 $A(s)$ 可分解为

$$A(s) = s^n + a_{n-1}s^{n-1} + \cdots + a_1 s + a_0 = (s+s_1)(s+s_2)\cdots(s+s_n) \tag{2-24}$$

式中：$-s_1, -s_2$ 是 $A(s) = 0$ 的一对共轭复数根，$-s_3, -s_4, \cdots, -s_n$ 为单实根。这时 $F(s)$ 可写成如下形式的部分分式之和，即

$$F(s) = \frac{B(s)}{A(s)} = \frac{c_1 s + c_2}{(s+s_1)(s+s_2)} + \frac{c_3}{s+s_3} + \cdots + \frac{c_n}{s+s_n} \tag{2-25}$$

式中，待定系数 c_1, c_2 可由下式求得

$$(c_1 s + c_2)_{s=-s_1} = [F(s)(s+s_1)(s+s_2)]_{s=-s_1} \qquad (2\text{-}26)$$

分别令式(2-26)两边实数部分相等和虚数部分相等,所得的两个方程可求 c_1,c_2 的值。其余系数 c_3,c_4,…,c_n,仍可由式(2-21)求得。

例 2-8 求 $F(s)$ 的拉氏反变换

$$F(s) = \frac{s+1}{s(s^2+s+1)}$$

解 令 $A(s) = s(s^2+s+1) = 0$,得 $s_{1,2} = 0.5 \pm j0.866$,$s_3 = 0$。则

$$F(s) = \frac{c_1 s + c_2}{s^2+s+1} + \frac{c_3}{s}$$

由式(2-26)可得

$$(c_1 s + c_2)_{s=-0.5-j0.866} = [F(s)(s^2+s+1)]_{s=-0.5-j0.866}$$

$$= \left[\frac{s+1}{s}\right]_{s=-0.5-j0.866}$$

或

$$c_1(-0.5-j0.866) + c_2 = \frac{0.5-j0.866}{-0.5-j0.866}$$

整理

$$-0.5c_1 + c_2 - j0.866c_1 = 0.5 + j0.866$$

令方程两边实部和虚部分别相等,得

$$c_1 = -1, c_2 = 0$$

由式(2-21)可求得

$$c_3 = \lim_{s \to 0} F(s) \cdot s = 1$$

所以

$$F(s) = \frac{-s}{s^2+s+1} + \frac{1}{s}$$

$$= \frac{-s}{(s+0.5+j0.866)(s+0.5-j0.866)} + \frac{1}{s}$$

$$= \frac{1}{s} + \frac{-(s+0.5)}{(s+0.5)^2+0.866^2} + \frac{0.5}{(s+0.5)^2+0.866^2}$$

$$= \frac{1}{s} - \frac{s+0.5}{(s+0.5)^2+0.866^2} + \frac{0.577 \times 0.866}{(s+0.5)^2+0.866^2}$$

由拉氏反变换表得原函数为

$$f(t) = 1 - e^{-0.5t}\cos 0.866t + 0.577 e^{-0.5t}\sin 0.866t$$

在求复根所对应的系数时,计算有可能比较繁琐。有时用待定系数法会方便些。读者可自行演算。

(3)$A(s) = 0$ 含有重根

设 $A(s) = 0$ 的根含有重根 $-s_1$,重数为 m,而 $-s_{m+1}$,$-s_{m+2}$,…,$-s_n$ 为单根,则 $F(s)$ 可展成如下部分分式之和形式

$$F(s) = \frac{c_m}{(s+s_1)^m} + \frac{c_{m-1}}{(s+s_1)^{m-1}} + \cdots + \frac{c_1}{s+s_1} + \frac{c_{m+1}}{s+s_{m+1}} + \frac{c_{m+2}}{s+s_{m+2}} + \cdots + \frac{c_n}{s+s_n}$$

$$(2\text{-}27)$$

式中：$c_{m+1}, c_{m+2}, \cdots, c_n$ 为单根对应的待定系数，可按公式(2-21)，(2-26)计算。而 $c_m, c_{m-1}, \cdots, c_1$ 的计算公式如下：

$$\left.\begin{array}{l} c_m = \lim_{s \to -s_1} [F(s) \cdot (s+s_1)^m] \\[2mm] c_{m-1} = \lim_{s \to -s_1} \dfrac{\mathrm{d}}{\mathrm{d}s}[F(s) \cdot (s+s_1)^m] \\[2mm] c_{m-j} = \dfrac{1}{j!} \lim_{s \to -s_1} \dfrac{\mathrm{d}^j}{\mathrm{d}s^j}[F(s) \cdot (s+s_1)^m] \\[1mm] \qquad\qquad\vdots \\[1mm] c_1 = \dfrac{1}{(m-1)!} \cdot \lim_{s \to -s_1} \dfrac{\mathrm{d}^{(m-1)}}{\mathrm{d}s^{(m-1)}}[F(s) \cdot (s+s_1)^m] \end{array}\right\} \qquad (2\text{-}28)$$

求出各系数后，代入 $F(s)$ 的分式表示式(2-27)中，再取拉氏反变换可得原函数

$$f(t) = L^{-1}[F(s)]$$

$$= L^{-1}\left[\frac{c_m}{(s+s_1)^m} + \frac{c_{m-1}}{(s+s_1)^{m-1}} + \cdots + \frac{c_1}{s+s_1} + \frac{c_{m+1}}{s+s_{m+1}} + \frac{c_{m+2}}{s+s_{m+2}} + \cdots + \frac{c_n}{s+s_n}\right]$$

$$= \left[\frac{c_m}{(m-1)!}t^{m-1} + \frac{c_{m-1}}{(m-2)!}t^{m-2} + \cdots + c_2 t + c_1\right]e^{-s_1 t} + \sum_{i=m+1}^{n} c_i e^{-s_i t} \qquad (2\text{-}29)$$

例 2-9 求 $F(s)$ 的拉氏反变换

$$F(s) = \frac{s+2}{s(s+1)^2(s+3)}$$

解 将 $F(s)$ 表示为

$$F(s) = \frac{c_2}{(s+1)^2} + \frac{c_1}{s+1} + \frac{c_3}{s} + \frac{c_4}{s+3}$$

根据式(2-28)可求得

$$c_2 = \lim_{s \to -1}[F(s)(s+1)^2] = -\frac{1}{2}$$

$$c_1 = \lim_{s \to -1}\frac{\mathrm{d}}{\mathrm{d}s}[F(s)(s+1)^2] = -\frac{3}{4}$$

根据式(2-21)求得

$$c_3 = \lim_{s \to 0} F(s) \cdot s = \frac{2}{3}$$

$$c_4 = \lim_{s \to -3} F(s)(s+3) = \frac{1}{12}$$

则 $F(s)$ 可写成

$$F(s) = -\frac{1/2}{(s+1)^2} - \frac{3/4}{s+1} + \frac{2/3}{s} + \frac{1/12}{s+3}$$

对照拉氏变换表，可求得原函数

$$f(t) = \frac{2}{3} + \frac{1}{12}e^{-3t} - \frac{1}{2}\left(t + \frac{3}{2}\right)e^{-t}$$

2.2 系统微分方程的建立

微分方程式是对物理系统的输入输出描述,故有时称为外部描述。

2.2.1 线性系统微分方程的列写

单输入、单输出系统的线性定常微分方程有如下的一般形式:

$$a_n \frac{\mathrm{d}^n c(t)}{\mathrm{d}t^n} + a_{n-1} \frac{\mathrm{d}^{n-1} c(t)}{\mathrm{d}t^{n-1}} + \cdots + a_1 \frac{\mathrm{d}c(t)}{\mathrm{d}t} + a_0 c(t)$$

$$= b_m \frac{\mathrm{d}^m r(t)}{\mathrm{d}t^m} + b_{m-1} \frac{\mathrm{d}^{m-1} r(t)}{\mathrm{d}t^{m-1}} + \cdots + b_1 \frac{\mathrm{d}r(t)}{\mathrm{d}t} + b_0 r(t) \qquad (\text{式中 } n \geqslant m)$$

$$(2\text{-}30)$$

式中: $r(t)$,$c(t)$ 分别是系统的输入量和输出量。

下面通过几个例子来说明线性系统微分方程的列写方法。

例 2-10 质量—弹簧—阻尼系统。

图 2-1(a)所示为组合机床动力滑台铣平面时的情况。当切削力 $f(t)$ 变化时,滑台可能产生振动,从而降低被加工工件的表面质量。为了分析这个系统,首先将动力滑台连同铣刀抽象成如图 2-1(b)所示的质量—弹簧—阻尼系统的力学模型。其中: m 为质量; c 为黏性阻尼系数; k 为弹簧刚度; f 为输入切削力; y 为输出位移。

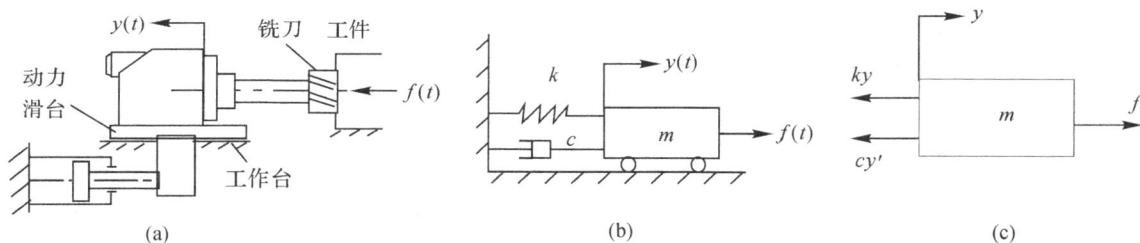

图 2-1 组合机床动力滑台及力学模型

解 取质量 m 为受力对象,作用在质量块 m 上的力有外力 f,弹簧恢复力 ky,和阻尼力 cy',如图 2-1(c)所示。

根据牛顿第二定律,有

$$\sum F_i = ma$$

式中: F_i 是作用于质量块 m 上的主动力和约束力。将作用于质量 m 上的各个力代入上式,则得

$$f(t) - ky(t) - c\dot{y}(t) = m\ddot{y}(t)$$

最后按式(2-30)写成标准式:

$$m\ddot{y}(t) + c\dot{y}(t) + ky(t) = f(t)$$

这是一个二阶线性定常微分方程。

例 2-11 一个由弹簧—质量—阻尼器组成的机械平移系统如图 2-2 所示。外力 $f(t)$ 为输入量,位移 $y(t)$ 为输出量。

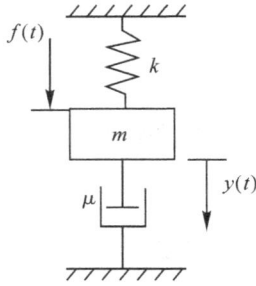

图 2-2　机械平移系统　　　　　　　　图 2-3　受力情况

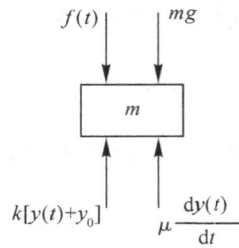

解　取向下为力和位移的正方向。该物体受到四个力的作用:外力 $f(t)$、弹簧力 $k[y(t)+y_0]$、黏性阻尼力 $\mu\dfrac{\mathrm{d}y(t)}{\mathrm{d}t}$ 及重力 mg。受力情况如图 2-3 所示。y_0 为 $f(t)=0$ 时,物体处于静平衡位置时弹簧的伸长量。

由牛顿第二定律知

$$f(t)-k[y(t)+y_0]-\mu\frac{\mathrm{d}y(t)}{\mathrm{d}t}+mg=m\frac{\mathrm{d}^2y(t)}{\mathrm{d}t^2}$$

其中:$mg=ky_0$ 代入上式得

$$f(t)-ky(t)-\mu\frac{\mathrm{d}y(t)}{\mathrm{d}t}=m\frac{\mathrm{d}^2y(t)}{\mathrm{d}t^2}$$

最后按式(2-30)写成标准式:

$$m\frac{\mathrm{d}^2y(t)}{\mathrm{d}t^2}+\mu\frac{\mathrm{d}y(t)}{\mathrm{d}t}+ky(t)=f(t)$$

这也是一个二阶线性定常微分方程。

例 2-12　RC 无源网络如图 2-4 所示,R、C 分别为电阻、电容,建立输入电压 $e_i(t)$ 和输出 $e_o(t)$ 电压之间关系的微分方程。

解　根据电路理论的基尔霍夫定律,可得

$$e_i(t)=i(t)R+e_o(t)$$

$$e_o(t)=\frac{1}{C}\int i(t)\mathrm{d}t$$

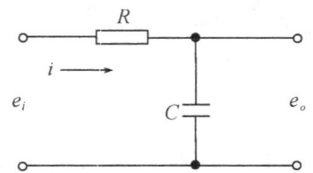

图 2-4　RC 无源网络

式中:$i(t)$ 为流经电阻 R 和电容 C 的电流,消去中间变量 $i(t)$,可得微分方程标准式:

$$RC\frac{\mathrm{d}e_o(t)}{\mathrm{d}t}+e_o(t)=e_i(t)$$

令 $RC=T$,则上式又可写成如下标准形式

$$T\frac{\mathrm{d}e_o(t)}{\mathrm{d}t}+e_o(t)=e_i(t)$$

式中:T 称为 RC 无源网络的时间常数。这是一个一阶线性定常微分方程。

例 2-13　液位控制系统。

在如图 2-5 所示的液位控制系统中,$q_i(t),q_o(t),h(t)$ 分别是水箱中水的流入量、流出量、液面高度值。根据题意,设输入为 $q_i(t)$,输出为 $h(t)$。

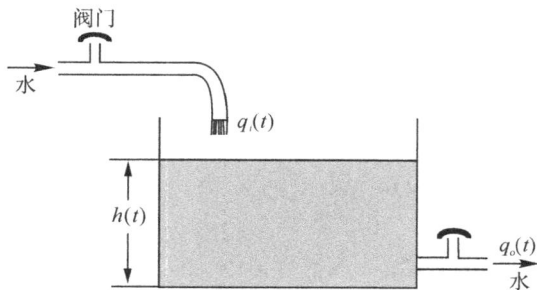

图 2-5 液位控制系统

根据流量平衡原理,流入量与流出量之差等于箱内水量的变化量,即

$$q_i(t) - q_o(t) = A \frac{\mathrm{d}h(t)}{\mathrm{d}t}$$

上式中:A 是水箱内截面积。根据流体力学知识,流出量与液面高度(水头)有关:

$$q_o(t) = a \sqrt{h(t)}$$

上式中:a 是与流出口有关的系数。

综合上述两式,消去中间量 $q_o(t)$,经整理得系统标准微分方程:

$$A \frac{\mathrm{d}h(t)}{\mathrm{d}t} + a \sqrt{h(t)} = q_i(t)$$

这是一个一阶非线性定常微分方程。

由以上的例子,可总结出列写系统微分方程的一般步骤:

①分析系统工作原理和系统中各变量间的关系,确定系统的输入量和输出量。

②从系统的输入端开始,依据各环节所遵循的物理定律,依次列写相应的微分方程,并构成微分方程组。

③消去中间变量,得到一个描述元件或系统输入、输出变量之间关系的微分方程。

④写成标准化形式(2-30)。将与输入有关的项放在等式右侧,与输出有关的项放在等式的左侧,且各阶导数项降次排列。

2.2.2 用拉普拉斯变换求解微分方程

用拉普拉斯变换方法求在给定条件下微分方程解的步骤如下:

①对微分方程两端进行拉氏变换,将微分方程变为以象函数为变量的代数方程,方程中初始条件是 $t=0$ 时的值。

②解代数方程,求出象函数的表达式。

③用部分分式法进行拉氏反变换,求得微分方程的解。

例 2-14 用拉普拉斯变换方法求解下列微分方程

$$\ddot{x}(t) + x(t) = \sin t$$
$$x(0) = x'(0) = 0$$

解 对微分方程两端进行拉氏变换,并代入初始条件

$$s^2 X(s) + X(s) = \frac{1}{s^2 + 1}$$

求出 $X(s)$ 的表达式,并展成部分分式

$$X(s) = \frac{1}{(s^2+1)^2}$$

利用拉氏变换表,求出 $x(t)$

$$x(t) = \frac{1}{2}(\sin t - t\cos t)$$

2.2.3 微分方程的线性化

实际的物理系统往往有死区、饱和、间隙等各类非线性现象。严格地讲,几乎所有实际物理系统都是非线性的。尽管线性系统的理论已经相当成熟,但非线性系统的理论还远不完善。另外,叠加原理不适用于非线性系统,这给解非线性系统带来很大不便。故往往只能在一定的条件下将描述非线性系统的非线性微分方程线性化,使其成为线性微分方程,然后,用线性系统理论进行分析和综合。

值得注意的是:在非线性特性中,有些具有间断点、折断点或非单值关系,这些非线性特性称为严重非线性特性或本质非线性特性。具有本质非线性特性的系统,只能用非线性理论去处理。

在工作中,控制系统各个变量偏离其平衡工作点一般都比较小,因此,对于具有非本质非线性特性的系统,可以采用小偏差线性化的方法求取近似的线性微分方程,以代替原来的非线性微分方程。

非线性微分方程的小偏差线性化,是通过将非线性函数在平衡工作点邻域展开成泰勒级数并略去增量的高次项而实现的。

设非线性函数 $y=f(x)$ 的平衡工作点是 $y_0=f(x_0)$,将函数在平衡工作点邻域展开成泰勒级数,得

$$y = f(x) = f(x_0) + \frac{\mathrm{d}f}{\mathrm{d}x}\bigg|_{x=x_0}(x-x_0) + \frac{1}{2!}\frac{\mathrm{d}^2f}{\mathrm{d}x^2}\bigg|_{x=x_0}(x-x_0)^2 + \cdots$$

略去增量的高次项得

$$y = f(x) = f(x_0) + \frac{\mathrm{d}f}{\mathrm{d}x}\bigg|_{x=x_0}(x-x_0) \tag{2-31}$$

把它写成增量形式得

$$\Delta y = k \cdot \Delta x \tag{2-32}$$

式中: $\Delta y = y - y_0 = f(x) - f(x_0)$, $\Delta x = x - x_0$, $k = \dfrac{\mathrm{d}f}{\mathrm{d}x}\bigg|_{x=x_0}$

方程(2-31)和(2-32)就是非线性函数 $y=f(x)$ 在平衡工作点处的近似线性表达式。

小偏差线性化的几何含义可用图 2-6 来说明。由图可见,$\dfrac{\mathrm{d}f}{\mathrm{d}x}\bigg|_{x=x_0}$ 就是曲线 $y=f(x)$ 在平衡工作点 (x_0, y_0) 处的切线的斜率。而方程(2-31)就是 $y=f(x)$ 在点 (x_0, y_0) 处的切线方程。所以,线性化就是在平衡工作点附近用线性特性来近似原来的非线性特性。另外还可知,当 $y=f(x)$ 在平衡工作点处的曲率愈小,变量偏离平衡值愈小,线性化的精度也就愈高。

具有两个自变量 x, y 的非线性函数 $z=f(x,y)$ 小偏差线性化的方法如下。

将 $z=f(x,y)$ 在平衡工作点的邻域展开成泰勒级数并略去高次项得

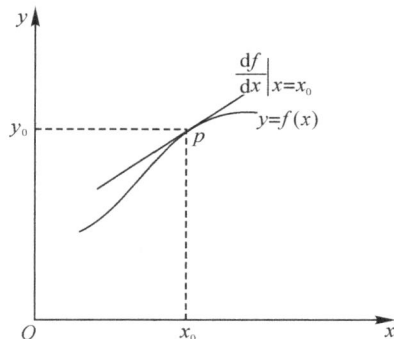

图 2-6　小偏差线性化示意图

$$z = f(x_0, y_0) + \frac{\partial f}{\partial x}\bigg|_{x=x_0, y=y_0}(x - x_0) + \frac{\partial f}{\partial y}\bigg|_{x=x_0, y=y_0}(y - y_0) \qquad (2-33)$$

或

$$\Delta z = k_1 \Delta x + k_2 \Delta y \qquad (2-34)$$

式中：

$$\Delta z = z - z_0 = f(x, y) - f(x_0, y_0)$$

$$\Delta x = x - x_0, \Delta y = y - y_0$$

$$k_1 = \frac{\partial f}{\partial x}\bigg|_{x=x_0, y=y_0}, k_2 = \frac{\partial f}{\partial y}\bigg|_{x=x_0, y=y_0}$$

式(2-33)和(2-34)就是非线性函数在 $z = f(x, y)$ 平衡工作点 (x_0, y_0) 的处的近似线性表达式。

例 2-15　将图 2-5 所示的液位控制系统的一阶非线性定常微分方程线性化。

解　在例 2-13 中已得到该系统的微分方程

$$A\frac{\mathrm{d}h(t)}{\mathrm{d}t} + a\sqrt{h(t)} = q_i(t) \qquad (2-35)$$

其中包含非线性项 $\sqrt{h(t)}$，单独将其按泰勒展开线性化。根据公式(2-31)和(2-32)，设 h_0 为水箱的平衡工作点(平衡高度)：

$$\sqrt{h(t)} = \sqrt{h_0} + \frac{\mathrm{d}\sqrt{h(t)}}{\mathrm{d}h}\bigg|_{h=h_0} \cdot \Delta h = \sqrt{h_0} + \frac{1}{2\sqrt{h_0}}\Delta h$$

写成增量形式，即

$$\Delta\sqrt{h(t)} = \sqrt{h(t)} - \sqrt{h_0} = \frac{1}{2\sqrt{h_0}}\Delta h$$

去掉增量符号，这相当于把系统坐标原点移至平衡工作点：

$$\sqrt{h(t)} = \frac{1}{2\sqrt{h_0}}h(t)$$

代入式(2-35)得

$$A\frac{\mathrm{d}h(t)}{\mathrm{d}t} + \frac{a}{2\sqrt{h_0}}h(t) = q_i(t) \qquad (2-36)$$

这就完成了小偏差线性化。式(2-36)所表示的系统中已经把系统的工作坐标从原点移至平衡工作点(h_0,q_{i0}),即式中液面高度$h(t)$和流出水量$q_i(t)$均是相对于平衡工作点的增量。在本例中的平衡工作点可以理解为此时水的流入流出量相等且水位高度不变。

例 2-16 图 2-7 表示用一个滑阀控制的液压伺服油缸,试求滑阀的线性化流量方程。

解 如图 2-7 所示,若给阀芯一个位移 x,则流入(出)油缸一侧的油液流量 q 可认为是位移 x 和油缸活塞两侧的压力差 p 的函数,可以用下列非线性方程表示:

$$q=q(x,p)$$

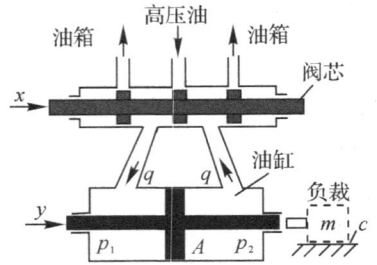

图 2-7 液压伺服油缸

设平衡工作点(状态)为 x_0,p_0。当 x 在 x_0 附近作微小变化 Δx 时,或者因负载微小变化引起压力差 p 在 p_0 附近作微小变化 Δp 时,都将引起微小的流量变化 Δq。

根据线性化理论,Δq 将与 Δx、Δp 成线性关系,根据式(2-34)可以得到

$$\Delta q=K_q\Delta x+K_c\Delta p$$

式中:

$$K_q=\frac{\partial q(x,p)}{\partial x}\bigg|_{\substack{x=x_0\\p=p_0}}$$

$$K_c=-\frac{\partial q(x,p)}{\partial p}\bigg|_{\substack{x=x_0\\p=p_0}}$$

选工作点 $q(x_0,p_0)=0$,$x_0=0$,$p_0=0$,即滑芯在零位时,流入流出油缸一侧的流量为零,油缸活塞两侧的压力差也为零,则滑阀零位附近的线性化方程为

$$q=K_qx+K_cp$$

在线性化处理中应注意以下几点:

①系统的平衡工作点并不是唯一的。根据某一个平衡工作点所得到的增量化线性方程并不能直接应用到另一个平衡工作点上,应根据式(2-31)或(2-33)重新计算斜率。

②应用线性化方程时要注意"小偏差"的概念,如果系统工作范围偏离平衡工作点过大,会产生较大的误差。这是因为从图 2-6 可见,线性化实际上是用经过平衡工作点的直线来代替曲线,离平衡工作点越远则直线距曲线越远。

③图 2-8 所示为一些机电系统中常

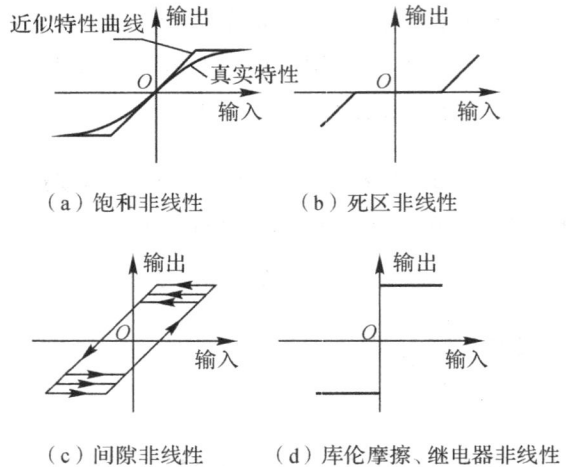

(a)饱和非线性 (b)死区非线性

(c)间隙非线性 (d)库伦摩擦、继电器非线性

图 2-8 本质非线性

见的本质非线性曲线,它们是不能线性化的。这不仅是因为在数学上这些曲线的非线性点不光滑从而无法泰勒展开,而且从曲线本身可以看到,无法找到某条直线对这些点的附近进行近似且误差可以忽略。

2.3　传递函数

传递函数是经典控制理论中对线性系统进行分析与综合的基本数学模型。传递函数的概念主要适用于线性定常系统。

2.3.1　传递函数的定义

设线性定常系统

$$a_n \frac{\mathrm{d}^n c(t)}{\mathrm{d}t^n} + a_{n-1} \frac{\mathrm{d}^{n-1} c(t)}{\mathrm{d}t^{n-1}} + \cdots + a_1 \frac{\mathrm{d}c(t)}{\mathrm{d}t} + a_0 c(t)$$

$$= b_m \frac{\mathrm{d}^m r(t)}{\mathrm{d}t^m} + b_{m-1} \frac{\mathrm{d}^{m-1} r(t)}{\mathrm{d}t^{m-1}} + \cdots + b_1 \frac{\mathrm{d}r(t)}{\mathrm{d}t} + b_0 r(t) \qquad (n \geqslant m) \qquad (2\text{-}37)$$

式中：$c(t)$是系统的输出量；$r(t)$是系统的输入量；n是系统的阶次。当初始条件为零时,对式(2-37)两端进行拉氏变换可得该系统的传递函数为

$$G(s) = \frac{C(s)}{R(s)} = \frac{b_m s^m + b_{m-1} s^{m-1} + \cdots + b_1 s + b_0}{a_n s^n + a_{n-1} s^{n-1} + \cdots + a_1 s + a_0} \qquad (n \geqslant m) \qquad (2\text{-}38)$$

即线性定常系统的传递函数定义是初始条件为零时,输出量的象函数与输入量的象函数之比。

例 2-17　在例 2-11 中已求出某弹簧—质量—阻尼器机械平移系统的微分方程为

$$m \frac{\mathrm{d}^2 y(t)}{\mathrm{d}t^2} + \mu \frac{\mathrm{d}y(t)}{\mathrm{d}t} + k y(t) = f(t)$$

本例中,$f(t)$表示输入量,$y(t)$表示输出量,系统的阶次 $n = 2$,比较传递函数的定义公式(2-38),可以直接写出系统的传递函数为

$$G(s) = \frac{Y(s)}{F(s)} = \frac{1}{ms^2 + \mu s + k}$$

传递函数有如下特点：

①传递函数是一种以系统参数表示的线性定常系统输出量与输入量之间关系的代数表达式。它表达了系统本身的运动特征,与输入信号无关。

②初始条件为零的假设可以满足实际系统的需要。

③若系统的输入给定,则系统的输出完全取决于传递函数。

④传递函数分母中 s 的阶数 n 一定大于或等于分子中 s 的阶数 m,即 $n \geqslant m$,这是因为实际系统总具有惯性,系统能量也总是有限的。

⑤传递函数的量纲取决于系统的输入与输出。

⑥传递函数不能描述系统的物理结构。不同的物理系统可以有形式相同的传递函数,这样的不同的物理系统称为相似系统;同一个物理系统,由于研究的目的不同,可以有不同形式的传递函数。

⑦传递函数可表示为

$$G(s) = \frac{b_m (s + z_1)(s + z_2) \cdots (s + z_m)}{a_n (s + p_1)(s + p_2) \cdots (s + p_n)} \qquad (2\text{-}39)$$

式中：a_n, b_m 为常数。$-z_1, -z_2, \cdots, -z_m$ 为分子多项式方程的根,称为传递函数的零点;

$-p_1,-p_2,\cdots,-p_n$ 为分母多项式方程的根,称为传递函数的极点,或传递函数的特征根。零、极点若是复数,则必然共轭。零、极点是自动控制理论的重要概念,是分析、设计系统的重要工具。其中,极点的作用尤为重要。

2.3.2 典型环节的传递函数

不同的控制系统,它们的组成、所用的元部件及其功能是不同的。但从控制理论的角度出发,只要数学模型相同,其动态性能必相同。因此,不论控制系统的物理功能有何不同,都认为它们由几种典型环节组成。线性系统的传递函数的典型环节有比例(放大)环节、积分环节、惯性环节、振荡环节、微分环节、延迟环节等。

(1)比例(放大)环节

比例环节的微分方程式为

$$c(t) = Kr(t) \tag{2-40}$$

传递函数为

$$G(s) = \frac{C(s)}{R(s)} = K \tag{2-41}$$

式中:K 为比例系数或传递系数或放大系数。比例环节方块图如图 2-9 所示。

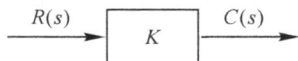

图 2-9　比例环节

几乎每一个控制系统中都有放大环节。机械系统中的齿轮减速器,以输入轴和输出轴的角位移(或角速度)作为输入量和输出量,是典型的放大环节;由电子线路组成的放大器是最常见的放大环节。

(2)积分环节

积分环节的微分方程式为

$$c(t) = \int r(t)\mathrm{d}t \tag{2-42}$$

传递函数为

$$G(s) = \frac{C(s)}{R(s)} = \frac{1}{s} \tag{2-43}$$

积分环节方块图如图 2-10 所示。

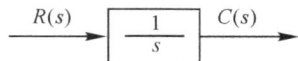

图 2-10　积分环节

机械系统中的齿轮减速器,若以主动轮角速度为输入,从动轮转角为输出,则此环节即为积分环节。

(3)惯性环节

惯性环节的微分方程式为

$$T\frac{\mathrm{d}c(t)}{\mathrm{d}t} + c(t) = r(t) \tag{2-44}$$

传递函数为

$$G(s) = \frac{C(s)}{R(s)} = \frac{1}{Ts+1} \tag{2-45}$$

式中：T 为惯性环节的时间常数，量纲是时间单位。

惯性环节方块图如图 2-11 所示。

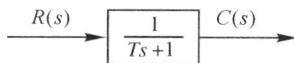

图 2-11 惯性环节

例 2-12 中的 RC 无源网络就是一个惯性环节，其中 $T = RC$。

(4) 振荡环节

振荡环节微分方程式为

$$\frac{\mathrm{d}^2 c(t)}{\mathrm{d}t^2} + 2\zeta\omega_n \frac{\mathrm{d}c(t)}{\mathrm{d}t} + \omega_n^2 c(t) = \omega_n^2 r(t) \tag{2-46}$$

传递函数为

$$G(s) = \frac{C(s)}{R(s)} = \frac{\omega_n^2}{s^2 + 2\zeta\omega_n s + \omega_n^2} \tag{2-47}$$

式中：$\zeta (0 < \zeta < 1)$ 称为阻尼比；ω_n 称为无阻尼自然频率。

振荡环节方块图如图 2-12 所示。

图 2-12 振荡环节

机械系统中的质量—弹簧—阻尼系统，电气线路中的 LRC 回路均为振荡环节。

(5) 微分环节

微分环节在传递函数中有三种类型：理想微分环节、一阶微分环节、二阶微分环节。它们的微分方程式分别为

$$c(t) = \tau \frac{\mathrm{d}r(t)}{\mathrm{d}t} \tag{2-48}$$

$$c(t) = \tau \frac{\mathrm{d}r(t)}{\mathrm{d}t} + r(t) \tag{2-49}$$

$$c(t) = \tau^2 \frac{\mathrm{d}^2 r(t)}{\mathrm{d}t^2} + 2\zeta\tau \frac{\mathrm{d}r(t)}{\mathrm{d}t} + r(t) \tag{2-50}$$

相应传递函数分别为

$$G(s) = \frac{C(s)}{R(s)} = \tau s \tag{2-51}$$

$$G(s) = \frac{C(s)}{R(s)} = \tau s + 1 \tag{2-52}$$

$$G(s) = \frac{C(s)}{R(s)} = \tau^2 s^2 + 2\zeta\tau s + 1 \tag{2-53}$$

理想微分环节的方块图如图 2-13 所示。

微分环节反应灵敏，可用作提高系统的动态响应能力。

图 2-13　理想微分环节

（6）延迟环节

延迟环节又称滞后环节。延迟环节的输出经一个延迟时间 τ 后,完全复现输入信号。其输入输出关系是

$$c(t)=r(t-\tau) \tag{2-54}$$

根据拉氏变换定理可得其传递函数为

$$G(s)=\frac{C(s)}{R(s)}=\mathrm{e}^{-\tau s} \tag{2-55}$$

延迟环节的方块图如图 2-14 所示。

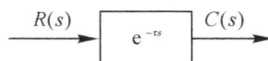

图 2-14　延迟环节

在实际系统中,通常都存在延迟环节。

为便于查阅,将常用到的典型环节编成如表 2-1 所示的表格。

表 2-1　典型环节表

名　称	微分方程	传递函数	要　点
比例环节 放大环节	$c(t)=Kr(t)$	$G(s)=\frac{C(s)}{R(s)}=K$	K:放大系数
积分环节	$c(t)=\int r(t)\mathrm{d}t$	$G(s)=\frac{C(s)}{R(s)}=\frac{1}{s}$	
惯性环节	$T\frac{\mathrm{d}c(t)}{\mathrm{d}t}+c(t)=r(t)$	$G(s)=\frac{C(s)}{R(s)}=\frac{1}{Ts+1}$	T:时间常数
振荡环节	$\frac{\mathrm{d}^2c(t)}{\mathrm{d}t}+2\zeta\omega_n\frac{\mathrm{d}c(t)}{\mathrm{d}t}+\omega_n^2c(t)=\omega_n^2r(t)$	$G(s)=\frac{C(s)}{R(s)}=\frac{\omega_n^2}{s^2+2\zeta\omega_ns+\omega_n^2}$	阻尼比:$0<\zeta<1$ ω_n:无阻尼自然频率
理想微分环节	$c(t)=\tau\frac{\mathrm{d}r(t)}{\mathrm{d}t}$	$G(s)=\frac{C(s)}{R(s)}=\tau s$	
一阶微分环节	$c(t)=\tau\frac{\mathrm{d}r(t)}{\mathrm{d}t}+r(t)$	$G(s)=\frac{C(s)}{R(s)}=\tau s+1$	
二阶微分环节	$c(t)=\tau^2\frac{\mathrm{d}^2r(t)}{\mathrm{d}t^2}+2\zeta\tau\frac{\mathrm{d}r(t)}{\mathrm{d}t}+r(t)$	$G(s)=\frac{C(s)}{R(s)}=\tau^2s^2+2\zeta\tau s+1$	
延迟环节	$c(t)=r(t-\tau)$	$G(s)=\frac{C(s)}{R(s)}=\mathrm{e}^{-\tau s}$	

2.4　系统方块图

在控制系统中,人们习惯于用方块图(方框图或结构图)说明和讨论问题,方块图是系统中各个元件功能和信号流向的图解表示,它清楚地表明系统中各个环节间的相互关系,便于对系统进行分析和研究。方块图也是一种常用的建模方法。

2.4.1　方块图的组成

控制系统的方块图一般由以下四种基本单元组成：

(1)信号线。带箭头的直线,箭头表示信号传递方向,信号线上标注信号的原函数或象函数,如图 2-15(a)所示。

(2)方块。方块中为元部件的传递函数。它对信号进行运算和转换作用,见图 2-15(b)。

(3)引出点(分支点)。表示信号引出或分支位置,从同一点引出的信号完全相同,如图 2-15(c)所示。

(4)相加点(比较点)。对两个以上信号进行加减运算,"＋"号表示相加(加号允许省略),"－"表示相减(减号不允许省略),如图 2-15(d)所示。

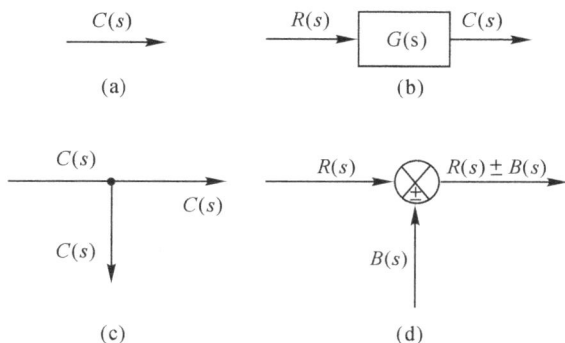

图 2-15　组成方块图的基本单元

2.4.2　方块图的建立

绘制控制系统的方块图时,首先应写出每个单元或环节的运动微分方程,然后假设初始条件为零,对这些方程进行拉氏变换,分别用方块图的形式表示出来,最后把这些方块连接在一起,构成控制系统完整的方块图。

对于复杂系统,列写系统方程组可按下述顺序整理方程组：

①从输出量开始写,以系统输出量作为第一个方程左边的量。

②每个方程左边只有一个量。从第二个方程开始,每个方程左边的量是前面方程右边的中间变量。

③列写方程时尽量使用已出现的量。

④输入量至少要在一个方程的右边出现;除输入量外,在方程右边出现过的中间变量一定要在某个方程的左边出现。

例 2-18　绘制图 2-16 所示的质量—弹簧—阻尼系统的方块图。系统中外力 $f(t)$ 为输入,质量 m_2 的位移为 $x_2(t)$ 输出。

解　首先列出系统各组成部分的运动方程

对于弹簧有

$$f_{s1} = k_1(x_1 - x_2)$$
$$f_{s2} = k_2 x_2$$

式中：f_{s1},f_{s2} 为弹簧作用力；k_1,k_2 为弹簧刚度；$x_1(t)$,$x_2(t)$ 为质量 m_1 和 m_2 的位移。

对于阻尼器有

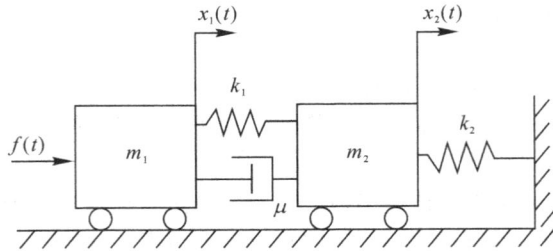

图 2-16　质量—弹簧—阻尼系统

$$f_f = \mu\left(\frac{\mathrm{d}x_1}{\mathrm{d}t} - \frac{\mathrm{d}x_2}{\mathrm{d}t}\right)$$

式中：f_f 为阻尼器的黏性摩擦力；μ 为阻尼器的黏性摩擦系数。

对于质量 m_1 和 m_2 分别有

$$f - f_{s1} - f_f = m_1\frac{\mathrm{d}^2 x_1}{\mathrm{d}t^2}$$

$$f_{s1} + f_f - f_{s2} = m_2\frac{\mathrm{d}^2 x_2}{\mathrm{d}t^2}$$

将上述方程在零初始条件下进行拉氏变换，并整理成输出输入关系式得

$$X_2(s) = \frac{1}{m_2 s^2}[F_{s1}(s) + F_f(s) - F_{s2}(s)]$$

$$F_{s1} = k_1[X_1(s) - X_2(s)]$$

$$F_f(s) = \mu s[X_1(s) - X_2(s)]$$

$$F_{s2} = k_2 X_2(s)$$

$$X_1(s) = \frac{1}{m_1 s^2}[F(s) - F_{s1}(s) - F_f(s)]$$

分别将上述输出输入关系式用方块图单元表示（见图 2-17）

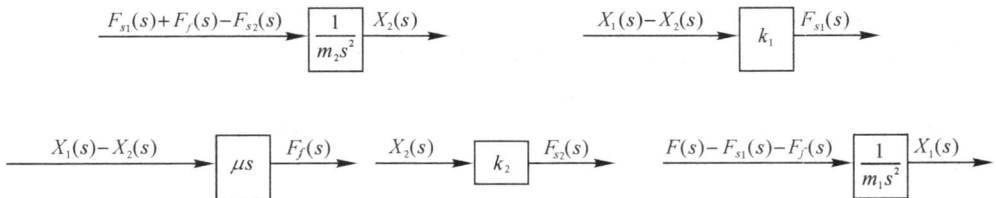

图 2-17　质量—弹簧—阻尼系统的方块图单元

最后利用加法点和引出点将上述 5 个方块图单元连接起来，即构成系统方块图（见图 2-18）。

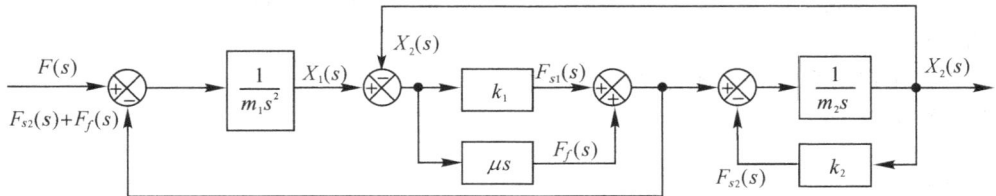

图 2-18　质量—弹簧—阻尼系统的方块图

例 2-19　绘制图 2-19 所示某 RC 无源网络的传递函数方块图。

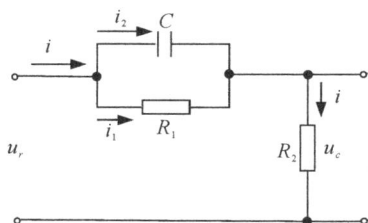

图 2-19　RC 无源网络

解　首先求出各个元件的方块图,列写各元件微分方程如下:

对于电阻 R_1

$$u_r - u_c = R_1 i_1$$

对于电容 C

$$R_1 i_1 = \frac{1}{C} \int i_2 \, dt$$

对于电阻 R_2

$$R_2 i = R_2 (i_1 + i_2) = u_c$$

对以上各式进行拉氏变换如下:

$$\frac{1}{R_1} [U_r(s) - U_c(s)] = I_1(s)$$

$$R_1 Cs I_1(s) = I_2(s)$$

$$R_2 [I_1(s) + I_2(s)] = U_c(s)$$

并画出各元件的方块图,如图 2-20(a),(b),(c)所示。按各信号传递关系,可用信号线将各元件方块图连接起来,则画出了该网络系统的方块图,如图 2-20(d)所示。

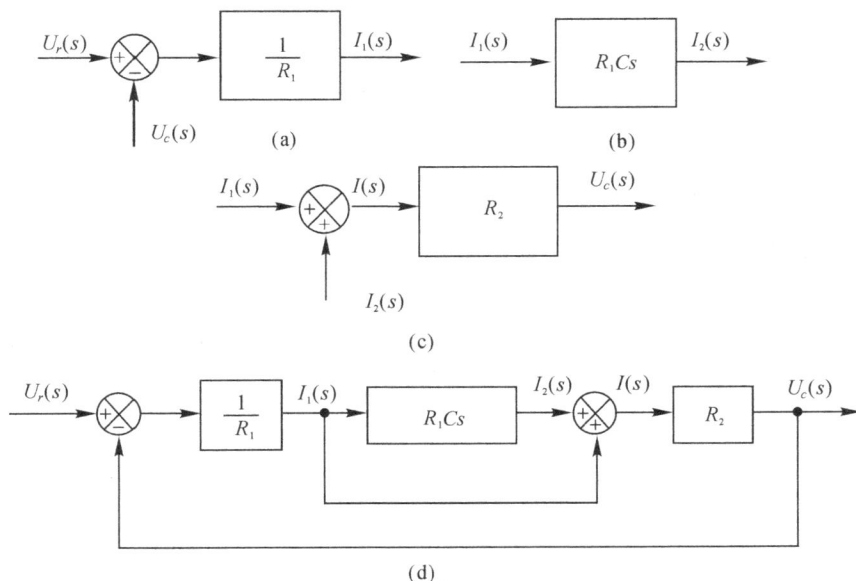

图 2-20　无源 RC 网络方块图

2.4.3　方块图的等效变换

方块图表示了系统中各信号之间的传递关系。但是,有时系统的方块图是很复杂的,需要简化后才能求出传递函数。下面介绍具体的简化方法。

(1)环节的合并

系统是由有关环节通过串联连接、并联连接或反馈连接这三种基本的连接形式而成的。因此,首先研究这三种连接形式的合并方法。

①环节的串联

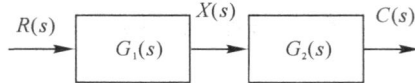

图 2-21　串联连接

前一环节的输出为后一环节的输入的连接方式称为串联连接。如图 2-21 所示,设具有传递函数 $G_1(s)$、$G_2(s)$ 的环节串联而成一系统,则有

$$G(s) = \frac{C(s)}{R(s)} = G_1(s)G_2(s)$$

一般地,设有 n 个环节串联而成一个系统,则有

$$G(s) = \prod_{i=1}^{n} G_i(s) \qquad (2-56)$$

即系统的传递函数是各串联环节传递函数之积。

②并联连接

各环节的输入信号相同,系统输出为各环节的代数相加,这样相应的连接方式称为并联连接。如图 2-22 所示,设具有传递函数 $G_1(s)$、$G_2(s)$ 的环节并联而成一系统,则有

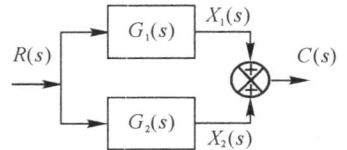

图 2-22　并联连接

$$G(s) = \frac{C(s)}{R(s)} = \frac{X_1(s) + X_2(s)}{R(s)} = \frac{X_1(s)}{R(s)} + \frac{X_2(s)}{R(s)} = G_1(s) + G_2(s)$$

一般地,设有 n 个环节并联而成一个系统,则有

$$G(s) = \sum_{i=1}^{n} G_i(s) \qquad (2-57)$$

即系统的传递函数是各并联环节传递函数之和。

③反馈连接

一个方块的输出,输入到另一个方块,得到的输出再返回作用于前一个方块的输入端,这种结构称为反馈连接,如图 2-23 所示(以负反馈连接为例)。

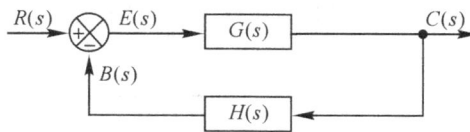

图 2-23　负反馈连接

由图 2-23 可写出

$$C(s) = G(s)E(s)$$
$$E(s) = R(s) - B(s)$$
$$B(s) = H(s)C(s)$$

消去 $E(s)$、$B(s)$ 等中间量，整理得负反馈闭环传递函数

$$\Phi(s) = \frac{C(s)}{R(s)} = \frac{G(s)}{1 + G(s)H(s)} \qquad (2\text{-}58)$$

式中，分母上的加号对应于负反馈。若是正反馈，应改为减号。下式为正反馈闭环传递函数

$$\Phi(s) = \frac{C(s)}{R(s)} = \frac{G(s)}{1 - G(s)H(s)} \qquad (2\text{-}59)$$

当反馈环节 $H(s) = 1$ 时，称为单位反馈。

方块反馈连接后，其闭环传递函数等于前向通道传递函数除以 1 加（或减）开环传递函数。其中开环传递函数为前向通道与反馈通道传递函数的乘积。即

$$\Phi(s) = \frac{C(s)}{R(s)} = \frac{前向通道传递函数}{1 \pm 开环传递函数} \qquad (2\text{-}60)$$

（2）信号引出点和相加点的互换和移动

在复杂的方块图中，回路之间存在着交叉连接关系，如图 2-18，2-20 所示。为了消除交叉，进行简化时需要对引出点和相加点进行互换和移动，以便变换为前述的三种基本连接形式：串联、并联和反馈，从而可以进一步简化。

①点的互换

（a）引出点之间的互换

若干个引出点相邻，表明是同一个信号送到多处。因此，相邻引出点互换位置完全不改变信号原性质，是允许的。示意图见图 2-24(a)。

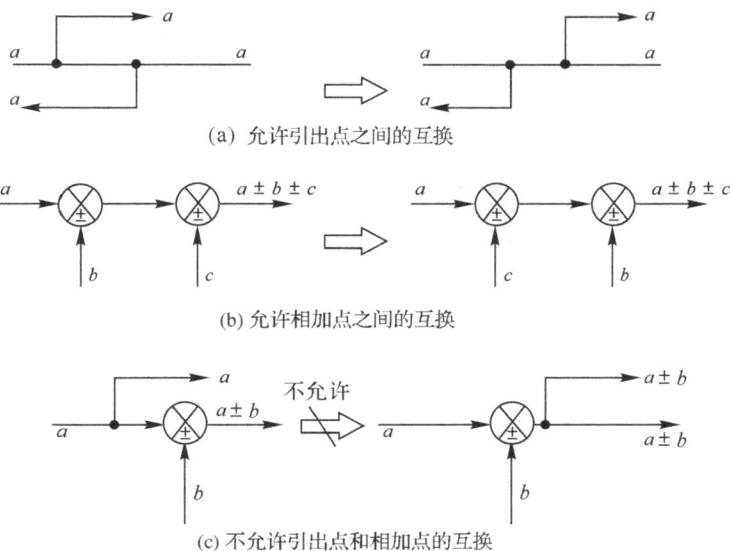

(a) 允许引出点之间的互换

(b) 允许相加点之间的互换

(c) 不允许引出点和相加点的互换

图 2-24　引出点和相加点的互换

（b）相加点之间的互换

根据交换律，两个或多个相邻相加点位置互换时，互换前后的结果不变。因此，这种互

换也是允许的。示意图见图 2-24(b)。

　(c) 引出点和相加点的互换

　　据前面两点所述,同类相邻点的互换是允许的。但非同类相邻点,即引出点和相加点的互换极易出错,一般是不允许的。示意图见图 2-24(c)。

　②信号引出点的移动

　　信号引出点移动原则是,如原信号不变,移动后要保证该分支信号不变。引出点移动规则如图 2-25 所示,其中图 2-25 (a)表示引出点前移,图 2-25 (b)表示引出点后移。

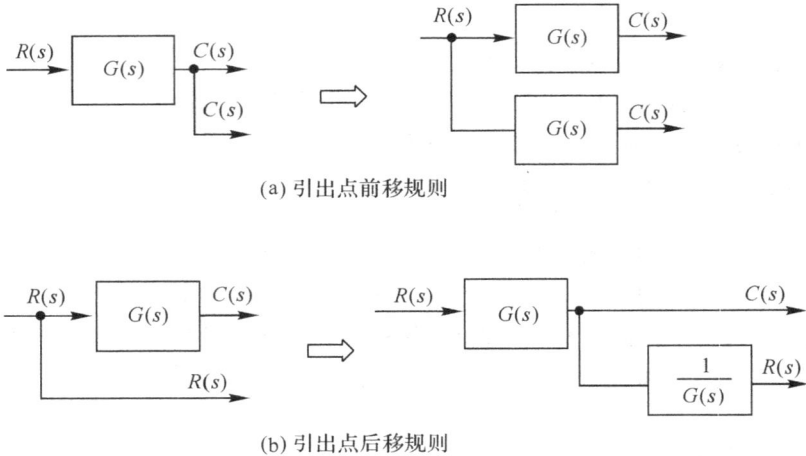

(a) 引出点前移规则

(b) 引出点后移规则

图 2-25　引出点的移动

　③信号相加点的移动

　　信号相加点移动的原则是,如原信号不变,移动后在原相加点要保证结果不变。相加点移动规则如图 2-26 所示,其中图 2-26(a)表示相加点往前移,图 2-26(b)表示相加点往后移。

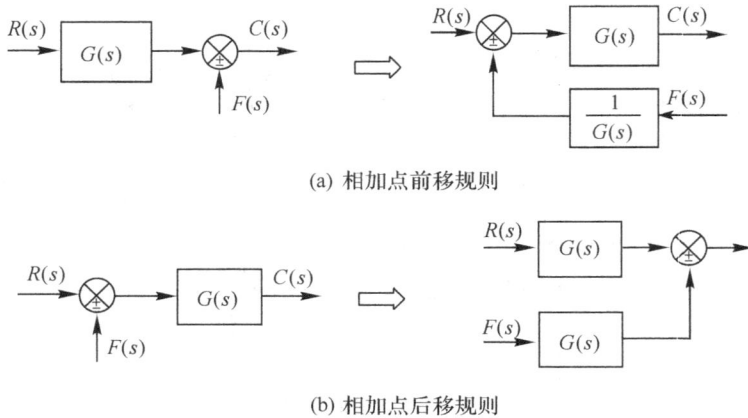

(a) 相加点前移规则

(b) 相加点后移规则

图 2-26　相加点的移动

　为便于应用方块图简化规则,表 2-2 中列举了一些重要的方块图代数法则。

表 2-2　方块图代数法则

序号	规则名称	原方块图	等效方块图
1	串联连接	$A \rightarrow \boxed{G_1} \xrightarrow{AG_1} \boxed{G_2} \xrightarrow{AG_1G_2}$	$A \rightarrow \boxed{G_1 G_2} \xrightarrow{AG_1G_2}$
2	并联连接	A 经 $\boxed{G_1}$ 得 AG_1，经 $\boxed{G_2}$ 得 AG_2，相加得 $AG_1 + AG_2$	$A \rightarrow \boxed{G_1 + G_2} \xrightarrow{AG_1 + AG_2}$
3	反馈连接	A 经相加点（$+$、$-$）入 $\boxed{G_1}$ 输出 B，反馈经 $\boxed{G_2}$	$A \rightarrow \boxed{\dfrac{G_1}{1 + G_1 G_2}} \xrightarrow{B}$
4	引出点互换	$A \rightarrow \boxed{G_1}$ 引出 AG_1、AG_1	$A \rightarrow \boxed{G_1}$ 引出 AG_1、AG_1
5	引出点分离	$A \rightarrow \boxed{G_1}$ 引出 AG、AG、AG	$\rightarrow \boxed{G}$ 引出 AG、AG、AG
6	相加点互换	A、B、C 相加得 $A - B + C$	A、C、B 相加得 $A - B + C$
7	相加点重合	A、B 得 $A - B$，再与 C 得 $A - B + C$	A、B、C 相加得 $A - B + C$
8	引出点前移	$A \rightarrow \boxed{G}$ 引出 AG、AG	A 引出两路，分别经 $\boxed{G}$ 得 AG、AG

续表

序号	规则名称	原方块图	等效方块图
9	引出点后移	$A \to G \to AG$，引出 A	$A \to G \to AG$，$AG \to \dfrac{1}{G} \to A$
10	相加点前移	$A \to G \to AG$，$AG - B$，B	$A \to (A - \dfrac{B}{G}) \to G \to AG - B$，$\dfrac{B}{G} \to \dfrac{1}{G} \leftarrow B$
11	相加点后移	$A \to (A - B) \to G \to AG - BG$，$B$	$A \to G \to AG \to AG - BG$，$B \to G \to BG$
12	等效单位反馈	$A \to G_1 \to B$，G_2	$A \to \dfrac{1}{G_2} \to G_2 \to G_1 \to B$
13	等效单位前馈	$A \to G_1 \to AG_1 \to AG_1 + AG_2$，$G_2 \to AG_2$	$A \to G_2 \to AG_2 \to \dfrac{1}{G_2} \to A \to G_1 \to AG_1 \to AG_1 + AG_2$，$AG_2$

2.4.4 方块图简化示例

根据上一小节所介绍的方块图等效变换的基本规则以及表 2-2，就可将复杂的方块图简化，求出系统的传递函数。

在方块图简化过程中，应记住以下两条原则：

①前向通道中传递函数的乘积必须保持不变。

②反馈回路中传递函数的乘积必须保持不变。

例 2-20 控制系统如图 2-27 所示。简化方块图并求出系统的传递函数。

解 方法一：A 点移动到 B 点。

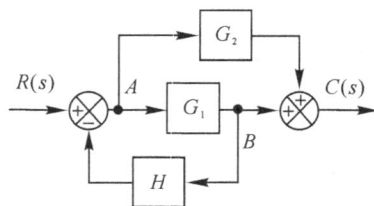

图 2-27

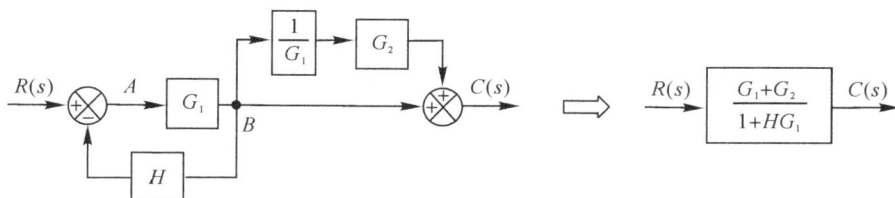

方法二：B 点移动到 A 点。

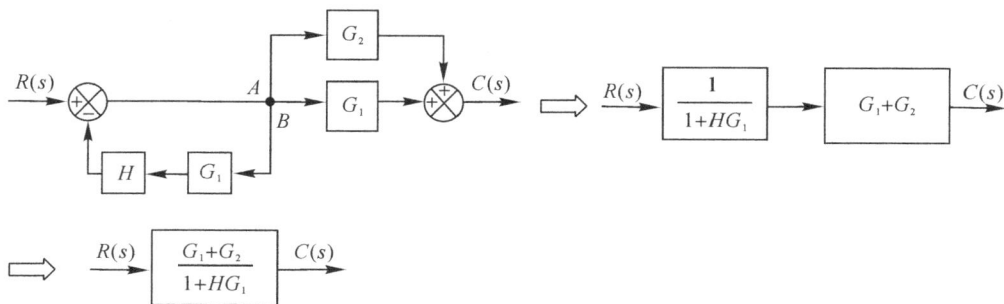

因此，该系统的传递函数为

$$G(s) = \frac{C(s)}{R(s)} = \frac{G_1 + G_2}{1 + HG_1}$$

例 2-21　控制系统如图 2-28 所示。简化方块图并求出系统的传递函数。

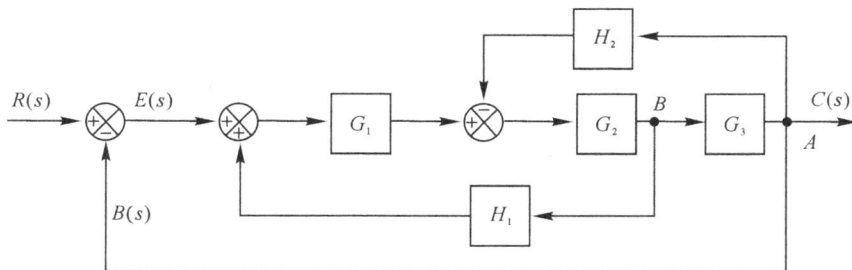

图 2-28

解

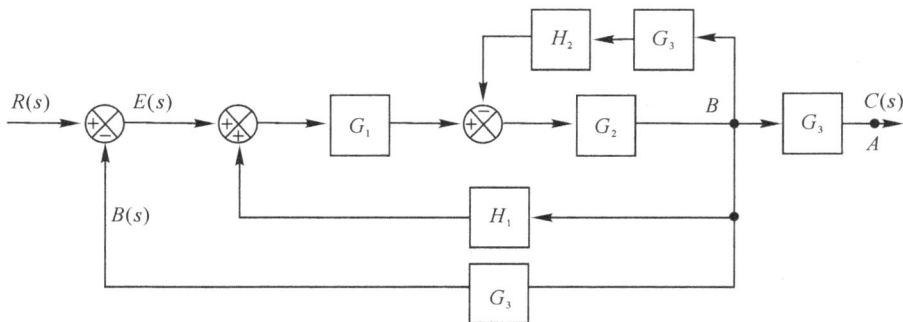

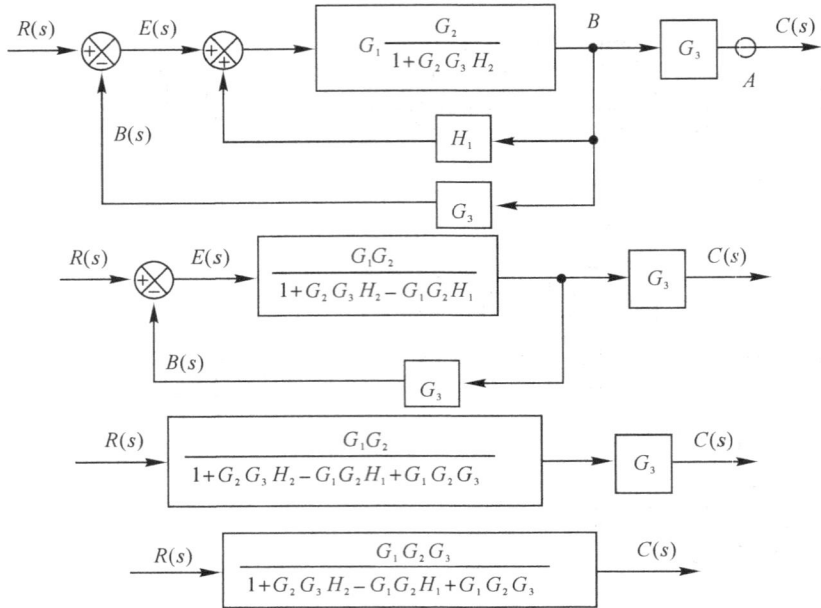

因此,该系统的传递函数为

$$G(s) = \frac{C(s)}{R(s)} = \frac{G_1 G_2 G_3}{1 + G_2 G_3 H_2 - G_1 G_2 H_1 + G_1 G_2 G_3}$$

例 2-22 控制系统如图 2-29 所示。简化方块图并求出系统的传递函数。

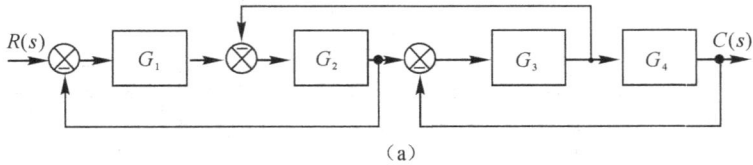

(a)

图 2-29

解

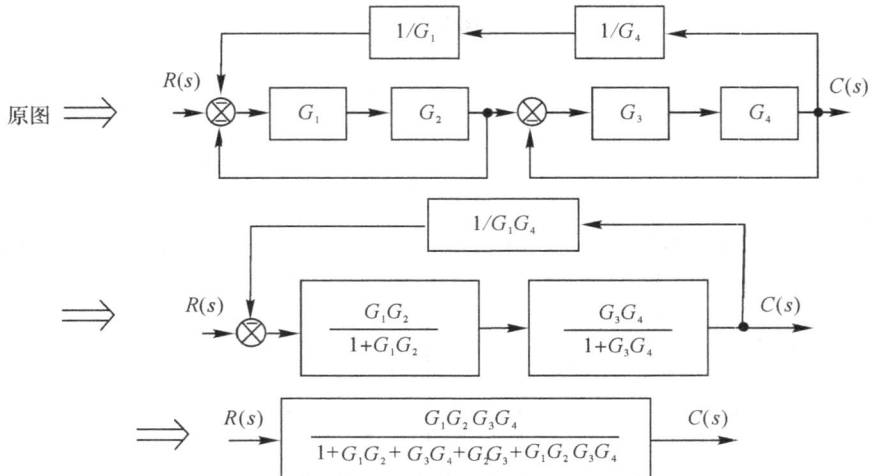

所以,系统的传递函数为

$$\frac{C(s)}{R(s)} = \frac{G_1G_2G_3G_4}{1 + G_1G_2 + G_3G_4 + G_2G_3 + G_1G_2G_3G_4}$$

2.4.5 用梅逊公式求传递函数

应用梅逊(S. J. Mason)公式,可不经任何结构变换,直接写出系统的传递函数。这里只给出公式,不作证明。

梅逊公式的一般形式为

$$G(s) = \frac{\sum_{k=1}^{n} P_k \Delta_k}{\Delta} \tag{2-61}$$

式中:$G(s)$ 为待求的总传递函数。Δ 为特征式,且

$$\Delta = 1 - \sum L_i + \sum L_iL_j - \sum L_iL_jL_k + \cdots \tag{2-62}$$

其中:$\sum L_i$ 为所有回路的传递函数之和;$\sum L_iL_j$ 为所有两两互不接触回路的传递函数乘积之和;$\sum L_iL_jL_k$ 为所有三个互不接触回路的传递函数乘积之和。

回路传递函数是指反馈回路的前向通路和反馈通路的传递函数的乘积,并且包含代表反馈极性的正负号。

P_k 为从输入端到输出端第 k 条前向通路的总传递函数。

Δ_k 为在特征式 Δ 中,将其与第 k 条前向通路接触的回路所在项除去后余下部分,并称为余子式。

例 2-23 系统方块图如图 2-30 所示,用梅逊公式求出它们的传递函数 $C(s)/R(s)$。

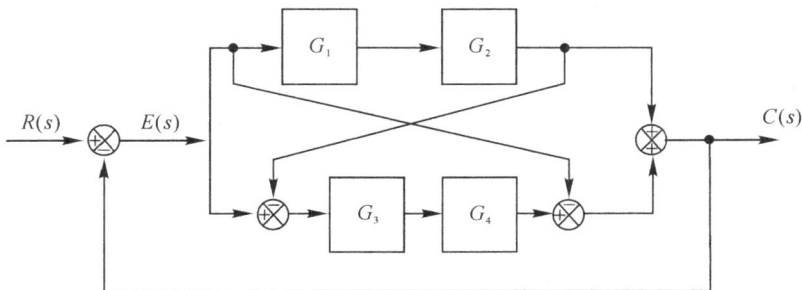

图 2-30 系统方块图

解 ①为简化计算,先求局部传递函数 $G' = C(s)/E(s)$。该局部没有回路,即 $\Delta = 1$,有四条前向通路:

$$P_1\Delta_1 = G_1G_2, P_2\Delta_2 = -1, P_3\Delta_3 = -G_1G_2G_3G_4, P_4\Delta_4 = G_3G_4$$

$$\Rightarrow G' = G_1G_2 + G_3G_4 - G_1G_2G_3G_4 - 1$$

(2)系统传递函数为

$$G(s) = \frac{C(s)}{R(s)} = \frac{G'(S)}{1 + G'(s)} = \frac{G_1G_2 + G_3G_4 - G_1G_2G_3G_4 - 1}{G_1G_2 + G_3G_4 - G_1G_2G_3G_4}$$

2.5　控制系统的传递函数

控制系统在工作过程中受到两类信号的作用。一类是有用信号,称为输入信号 $R(s)$;另一类是扰动信号,或称为干扰信号 $N(s)$。输入信号 $R(s)$ 通常加在系统输入端。而干扰信号 $N(s)$ 一般是作用在受控对象上或其他元部件上。闭环控制系统典型结构图可用图2-31表示。

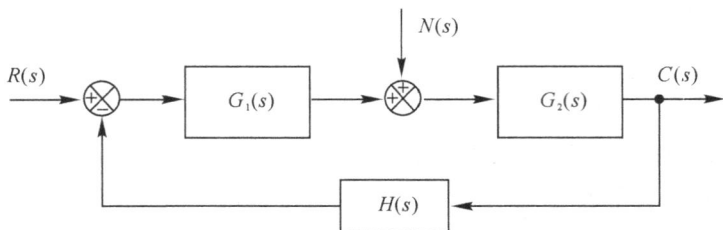

图 2-31　典型闭环系统方块图

基于后面章节的需要,介绍几个系统传递函数的概念。

(1)系统开环传递函数

图 2-31 中,前向通路传递函数 $G_1(s)G_2(s)$ 与反馈通路传递函数 $H(s)$ 构成一个回路。将该回路在 $H(s)$ 的输出端断开,这时回路的乘积 $G_1(s)G_2(s)H(s)$ 称为该系统的开环传递函数,即

$$G_k(s)=G_1(s)G_2(s)H(s)=G(s)H(s) \tag{2-63}$$

其中　　　　　　　　$G(s)=G_1(s)G_2(s)$

这里的开环传递函数并不是绪论中所述的开环控制系统的传递函数,而是指闭环系统的开环传递函数。

(2)闭环传递函数

如不加特殊说明,闭环传递函数是指在输入信号作用下(设 $N(s)=0$)的闭环传递函数,根据式(2-58),图 2-31 表示的系统,其闭环传递函数为

$$\Phi(s)=\frac{C(s)}{R(s)}=\frac{G_1(s)G_2(s)}{1+G_1(s)G_2(s)H(s)}=\frac{G(s)}{1+G(s)H(s)} \tag{2-64}$$

在 $R(s)$ 作用下,系统输出的拉氏变换为

$$C(s)=\Phi(s)R(s)=\frac{G(s)}{1+G(s)H(s)}R(s) \tag{2-65}$$

(3)$N(s)$ 作用下的闭环传递函数

为研究干扰对系统的影响,需求出干扰信号 $N(s)$ 作用下的闭环传递函数。设 $R(s)=0$,图 2-31 可等效为图 2-32。

图 2-32 表示的系统,$N(s)$ 作用下的闭环传递函数为

$$\Phi_n(s)=\frac{C(s)}{N(s)}=\frac{G_2(s)}{1+G_1(s)G_2(s)H(s)}=\frac{G_2(s)}{1+G(s)H(s)} \tag{2-66}$$

$N(s)$ 作用下系统输出的拉氏变换为:

$$C(s)=\Phi_n(s)N(s)=\frac{G_2(s)}{1+G(s)H(s)}N(s) \tag{2-67}$$

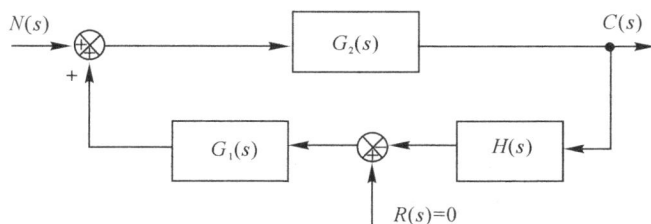

图 2-32　$N(s)$ 作用下的系统方块图

在图 2-31 所示系统中,若 $R(s)$ 和 $N(s)$ 同时作用,那么根据线性系统的叠加原理,综合式(2-65)和(2-67),系统的总输出量为

$$C(s) = \frac{G(s)}{1+G(s)H(s)}R(s) + \frac{G_2(s)}{1+G(s)H(s)}N(s) \tag{2-68}$$

2.6　MATLAB 在数学模型中的应用

控制系统数学模型的建立是系统分析和设计中非常重要的第一步,经典控制理论研究的主要对象线性定常系统(LTI)在 MATLAB 中四种描述方法:传递函数(tf)模型、零极点增益(zpk)模型、状态空间(ss)模型和在 Simulink 工具箱中基于传递函数的系统方块图模型。ss 模型主要用在多输入—多输出的现代控制理论中,在本书中不作介绍,其余三种模型的建立函数及相互转换见附录 2,下面举例来说明。

例 2-24　已知系统的模型为

$$G_1(s) = \frac{s^2 + 12s + 20}{s^4 + 9s^3 + 26s^2 + 24s}$$

$$G_2(s) = \frac{2(s+2)(s-5)}{(s+1)(s+3)(s+4)}$$

求与 $G_1(s)$ 等效的零极点模型,与 $G_2(s)$ 等效的传递函数模型。

解　求与 $G_1(s)$ 等效的零极点增益模型的 MATLAB 程序如下:

```
>> num=[1 12 20];        % 定义系统传递函数的分子矢量
>> den=[1 9 26 24 0];    % 定义系统传递函数的分母矢量
>> sys=tf(num,den);      % 建立系统的传递函数模型
>> sys1=zpk(sys)         % 求系统的零极点模型
```

程序运行结果

Zero/pole/gain:

$$\frac{(s+10)(s+2)}{s(s+4)(s+3)(s+2)}$$

求与 $G_2(s)$ 等效的传递函数模型的 MATLAB 程序如下:

```
>> z=[-2,5];p=[-1,-3,-4];k=2;   % 定义系统的零点、极点和增益矢量
>> sys=zpk(z,p,k);              % 建立系统的零极点模型
>> sys1=tf(sys)                 % 求系统的传递函数模型
```

程序运行结果

Transfer function：

2 s^2 -6 s—20

————————

s^3 + 8 s^2+19s+12

对于方块图模型，除了在 Simulink 工具箱中构建模型外，还可以使用串联、并联和反馈命令求取传递函数，具体的命令格式可见附录 2，下面举例说明。

例 2-25 已知晶闸管—直流电动机转速负反馈闭环调速系统的方块图如图 2-33 所示，求系统的闭环传递函数。

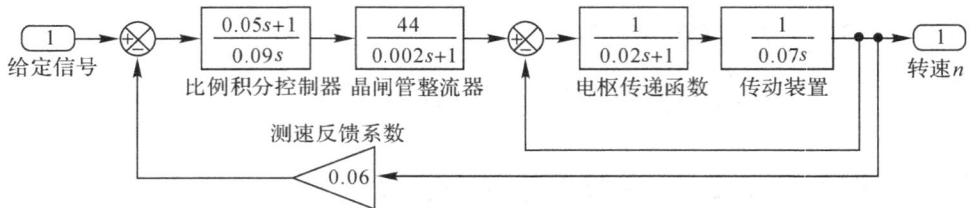

图 2-33 调速系统方块图

解 求系统的闭环传递函数的 MATLAB 程序如下：

①局部反馈系统的闭环传递函数

在 MATLAB 命令行中输入命令

```
>> num1=[1];den1=[0.02,1];sys1=tf(num1,den1);          % 建立电枢传递函数
>> num2=[1];den2=[0.07,0];sys2=tf(num2,den2);          % 建立传动装置传递函数
>> sys3=feedback(sys1 * sys2,1);                        % 局部负反馈的传递函数
```

运行结果

Transfer function：

          1

————————————

0.0014 s^2 + 0.07 s + 1

②系统的闭环传递函数

在 MATLAB 命令行中输入命令

```
>> num4=[0.05,1];den4=[0.09,0];sys4=tf(num4,den4);     % 建立比例环节传递函数
>> num5=[44];den5=[0.002,1];sys5=tf(num5,den5);        % 建立晶闸管传递函数
>> num6=[0.06];den6=[1];sys6=tf(num6,den6);            % 建立反馈系数
>> sys=feedback(sys4 * sys5 * sys3,sys6)               % 反馈系统的传递函数
```

运行结果

Transfer function：

        2.2 s + 44

————————————————————————————

2.52e—007 s^4 + 0.0001386 s^3 + 0.00648 s^2 + 0.222 s + 2.64

习　题

2-1　试建立如题 2-1 图所示各系统的微分方程(其中外力 $f(t)$,位移 $x(t)$ 和电压 $u_r(t)$ 为输入量;位移 $y(t)$ 和电压 $u_c(t)$ 为输出量;k(弹性系数),μ(阻尼系数),R(电阻),C(电容)和 m(质量)均为常数)。

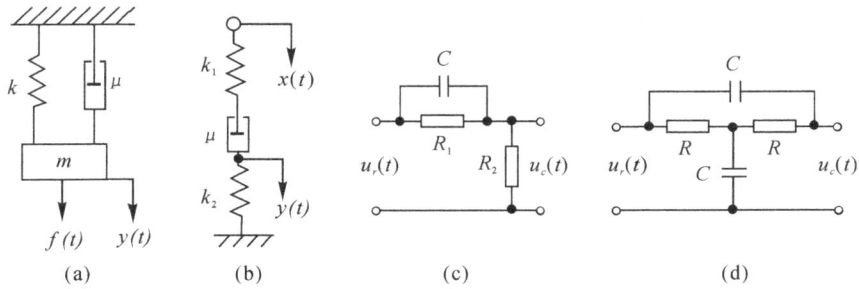

题 2-1 图　系统原理图

2-2　试证明题 2-2 图中所示的力学系统(a)和电路系统(b)是相似系统(即有相同形式的传递函数)。

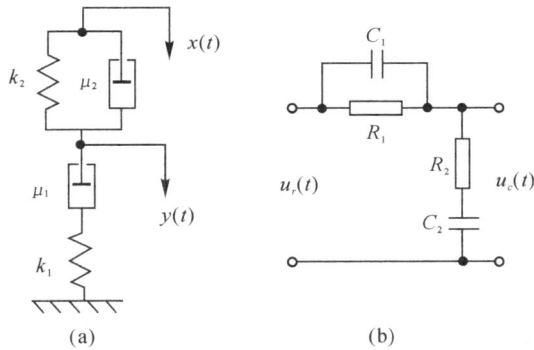

题 2-2 图　系统原理图

2-3　求下列函数的拉氏变换。

(a) $f(t)=1+4t+t^2$

(b) $f(t)=\sin 4t+\cos 4t$

(c) $f(t)=t^3+e^{4t}$

(d) $f(t)=t^n e^{at}$

(e) $f(t)=(t-1)^2 e^{2t}$

2-4　试求题 2-4 图所示各信号的象函数。

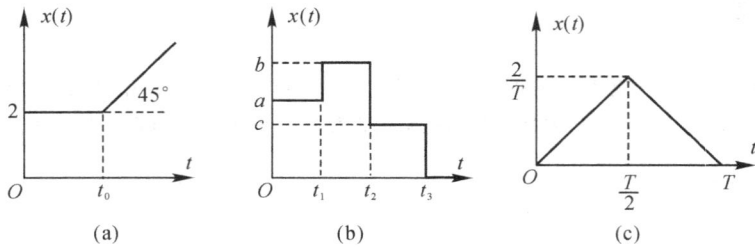

(a)　　　　　　　　(b)　　　　　　　　(c)

题 2-4 图　信号图

2-5　求下列各拉氏变换式的原函数。

(a) $F(s) = \dfrac{s+1}{(s+2)(s+3)}$

(b) $F(s) = \dfrac{2s^2 - 5s + 1}{s(s^2+1)}$

(c) $F(s) = \dfrac{s+1}{s(s^2+2s+2)}$

(d) $F(s) = \dfrac{e^{-s}}{s-1}$

(e) $F(s) = \dfrac{1}{s(s+2)^3(s+3)}$

2-6　已知在零初始条件下,系统在单位阶跃作用 $r(t)=1(t)$ 时,输出响应为 $c(t)=1-2e^{-2t}+e^{-t}$,试求系统的传递函数。

2-7　已知系统的微分方程为 $\dfrac{d^2c(t)}{dt^2}+3\dfrac{dc(t)}{dt}+2c(t)=2r(t)$,试求解系统在零初始条件下,输入 $r(t)=1(t)$ 作用下的输出 $c(t)$。

2-8　试求解微分方程 $\dfrac{d^2c(t)}{dt^2}+5\dfrac{dc(t)}{dt}+6c(t)=6$,设初始条件为零。

2-9　求题 2-9 图所示各有源网络的传递函数 $\dfrac{U_c(s)}{U_r(s)}$。

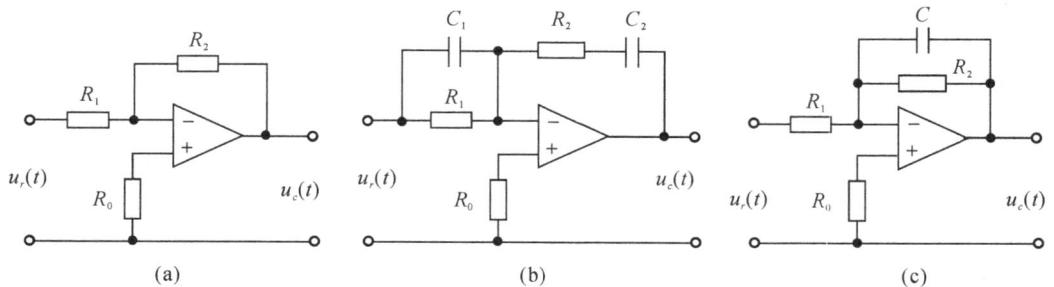

(a)　　　　　　　　(b)　　　　　　　　(c)

题 2-9 图

2-10　飞机俯仰角控制系统方块图如题 2-10 图所示,试求闭环传递函数。

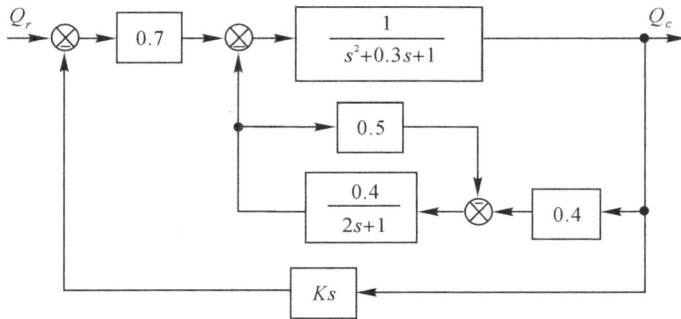

题 2-10 图

2-11　已知系统方程组如下,试绘制系统方块图,并求闭环传递函数$\dfrac{C(s)}{R(s)}$。

$$\begin{cases} X_1(s)=G_1(s)R(s)-G_1(s)\big[G_7(s)-G_8(s)\big]C(s) \\ X_2(s)=G_2(s)\big[X_1(s)-G_6(s)X_3(s)\big] \\ X_3(s)=\big[X_2(s)-C(s)G_5(s)\big]G_3(s) \\ C(s)=G_4(s)X_3(s) \end{cases}$$

2-12　已知控制系统结构图如题 2-12 图所示,求输入 $r(t)=3\times1(t)$ 时系统的输出 $c(t)$。

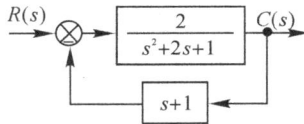

题 2-12 图

2-13　试用方块图等效变换化简求题 2-13 图所示各系统的传递函数$\dfrac{C(s)}{R(s)}$。

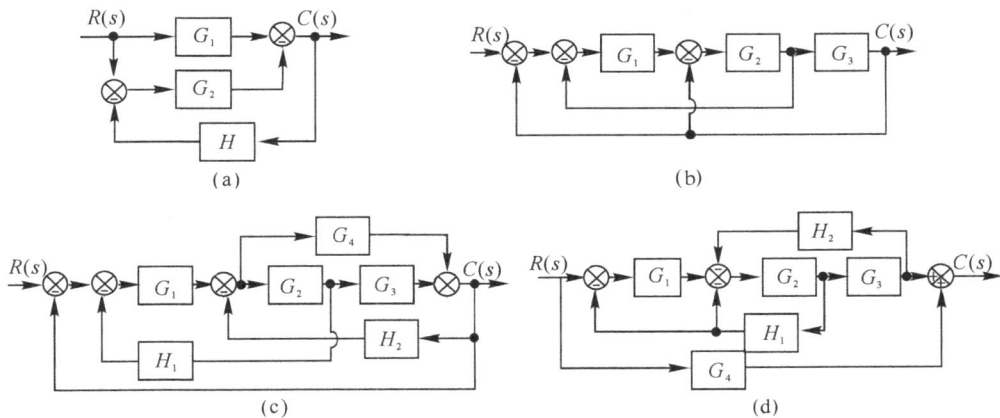

题 2-13 图

2-14　试用梅逊公式求题 2-13 图中各方块图对应的闭环传递函数。

2-15　试用梅逊公式求题 2-15 图中各系统的闭环传递函数。

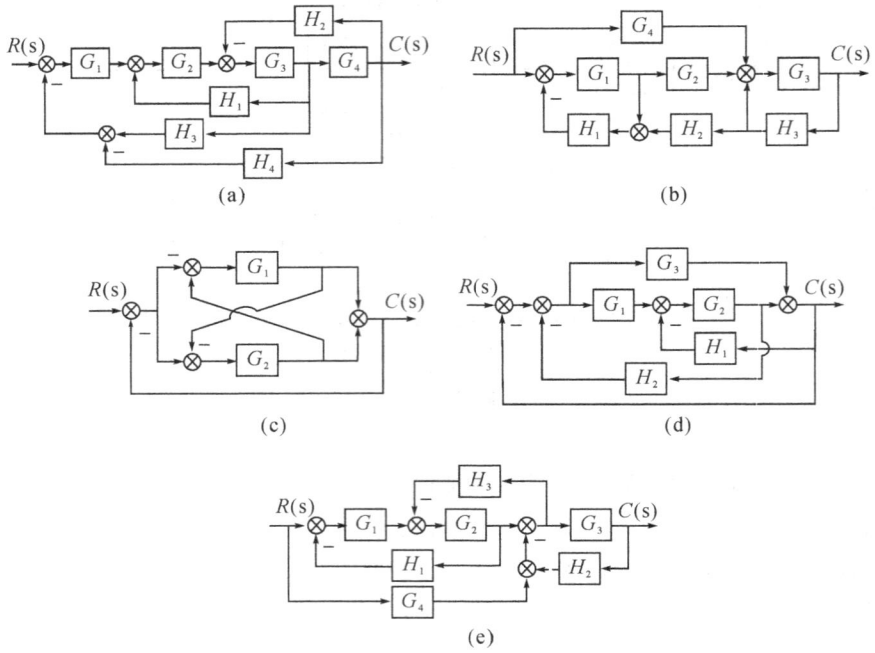

(a)

(b)

(c)

(d)

(e)

题 2-15 图

2-16 已知系统的方块图如题 2-16 图所示,图中 $R(s)$ 为输入信号,$N(s)$ 为干扰信号,试求传递函数 $\dfrac{C(s)}{R(s)}$、$\dfrac{C(s)}{N(s)}$。

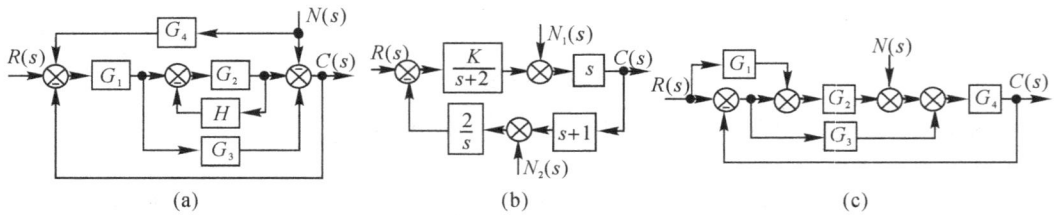

(a)

(b)

(c)

题 2-16 图

第 3 章　时域分析法

时域分析法就是对系统施加一给定输入信号,通过研究系统对输入信号的时间信号的响应来评价系统的性能。即根据描述系统的微分方程或传递函数,直接求解出在某种典型输入信号作用下系统输出量随时间变化的表达式,然后根据此表达式或其相应的描述曲线来分析系统的稳定性、动态特性和稳态特性。

时域分析法表达直观、物理概念清晰、结果比较准确以及能提供系统时间响应的全部信息。

本章学习的要点是:了解系统在典型输入信号情况下的性能特性;对一阶和二阶系统在典型输入信号下的响应进行重点分析;掌握利用劳斯判据判别系统稳定性的方法;能计算与评价系统的稳态误差。

3.1　典型输入信号和时域性能指标

设描述线性定常系统的闭环传递函数为 $\Phi(s)$,给定输入的象函数为 $R(s)$,输出的象函数为 $C(s)$。在零初始条件下,由传递函数的定义可知:

$$C(s) = \Phi(s)R(s)$$

对上式两边取拉氏反变换,得到系统输出的时域解:

$$c(t) = L^{-1}[C(s)] = L^{-1}[\Phi(s)R(s)] \tag{3-1}$$

式(3-1)表明,系统的输出取决于两个因素:系统的结构及参数即闭环传递函数和输入信号的形式。

3.1.1　典型输入信号

为了便于分析和设计,常采用一些典型输入信号。所谓典型输入信号,是指很接近实际控制系统经常遇到的输入信号,并在数学上加以理想化后能用的较为典型且简单的函数形式表达出来的信号。适当规定一些具有代表性的典型输入信号,不仅使问题的数学处理系统化,而且还可以由此去推知系统在别的更复杂的输入信号下的性能。

典型的输入信号一般应具备以下三个特点:①这些信号具有一定的代表性,且数学表达式简单,以便于数学分析与处理;②这些信号易于在实验室获得,实用性较强;③这些信号信息量丰富,能反映系统在工作过程中所响应的实际输入。

在控制工程中,常用的典型输入信号有以下几种。

(1)阶跃函数

阶跃函数信号的数学描述为

$$r(t) = \begin{cases} 0, & t < 0 \\ A_1, & t \geq 0 \end{cases} \tag{3-2}$$

其拉氏变换式为

$$R(s) = \frac{A_1}{s} \tag{3-3}$$

式中:A_1 为阶跃函数的幅值。当 $A_1 = 1$ 时,称为单位阶跃函数,记作 $r(t) = 1(t)$,如图 3-1 所示。

阶跃函数形式的输入信号在实际控制系统中较为常见。例如,给定输入电压接通、指令的突然转换、负荷的突变等,均可视为阶跃输入。

(2)斜坡函数

斜坡函数又称为速度函数,其数学描述为

$$r(t) = \begin{cases} 0, & t < 0 \\ A_t t, & t \geq 0 \end{cases} \tag{3-4}$$

其拉氏变换式为

$$R(s) = \frac{A_t}{s^2} \tag{3-5}$$

式中:A_t 为恒速幅值。当 $A_t = 1$ 时,称为单位斜坡函数。记作 $r(t) = t$,如图 3-2 所示。

数控机床加工斜面时的进给指令、恒值电压输入的积分器、跟踪直线飞行目标(如飞机、通信卫星等),其输入信号为斜坡函数。

(3)抛物线函数

抛物线函数又称为加速度函数,其数学描述为

$$r(t) = \begin{cases} 0, & t < 0 \\ \dfrac{1}{2} A_a t^2, & t \geq 0 \end{cases} \tag{3-6}$$

其拉氏变换式为

$$R(s) = \frac{A_a}{s^3} \tag{3-7}$$

式中:A_a 为恒加速幅值。当 $A_a = 1$ 时,称为单位抛物线函数,记作 $r(t) = \dfrac{1}{2} t^2$,如图 3-3 所示。

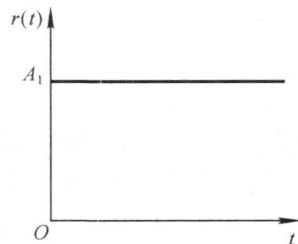

图 3-1 阶跃信号

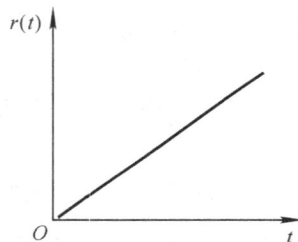

图 3-2 斜坡信号

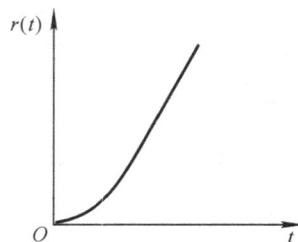

图 3-3 抛物线信号

航天飞行器控制系统的输入信号,一般可认为接近等加速度,即可以用抛物线函数描述其输入信号。

(4)脉冲函数

脉冲函数的数学表达式为

$$r(t) = \begin{cases} 0, & t<0, t>\varepsilon(\varepsilon \to 0) \\ \dfrac{A_p}{\varepsilon}, & 0<t<\varepsilon(\varepsilon \to 0) \end{cases} \tag{3-8}$$

其拉氏变换式为

$$R(s) = A_p \tag{3-9}$$

当 $A_p = 1, \varepsilon \to 0$ 时,称为单位脉冲函数,记作 $\delta(t)$,如图 3-4 所示。单位脉冲函数的面积等于 1,即

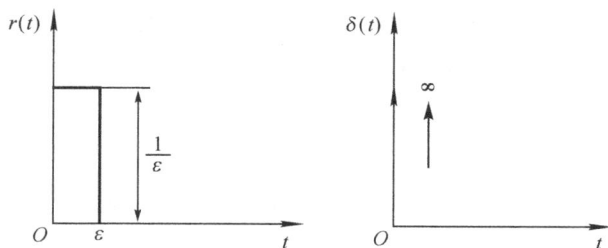

图 3-4　脉冲信号(左)和单位脉冲信号(右)

$$\int_{\infty}^{0} \delta(t) \mathrm{d}t = 1 \tag{3-10}$$

单位脉冲函数 $\delta(t)$ 在现实中是不存在的,它只有数学上的意义。但它却是一种重要的输入信号。

脉冲电压信号、冲击力、阵风等,均可近似为脉冲函数。

(5)正弦函数

正弦函数的数学表达式为

$$r(t) = A\sin\omega t \tag{3-11}$$

其拉氏变换式为

$$R(s) = \frac{A\omega}{s^2 + \omega^2} \tag{3-12}$$

式中:A 为振幅;ω 为角频率(rad/sec),如图 3-5 所示。

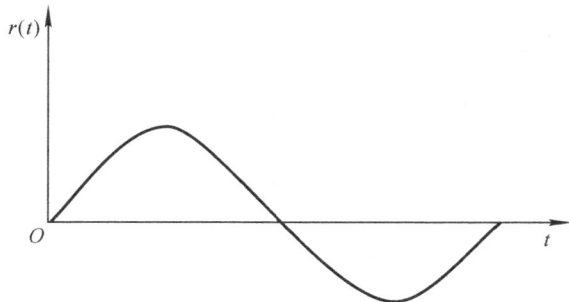

图 3-5　正弦信号

海浪对舰艇的扰动力、伺服振动台的输入指令、电源及机械振动的噪声等,均可近似为正弦函数。同时,正弦输入信号在下一章频域分析法中将起到重要作用。

3.1.2　时域性能指标

初始状态为零的控制系统,在典型输入信号作用下的输出,称为典型时间响应。通常,把响应过程划分为动态(又称暂态、过渡)过程和稳态(又称静态)过程。动态过程是指系统从初始状态到接近稳定状态的响应过程。动态过程提供有关系统快速性及稳定性的信息,用动态性能指标描述;稳态过程是指时间 t 趋于无穷时的系统输出状态。它表征系统的输出量最终复现输入量的程度,用稳态性能指标即稳态误差来描述。

值得指出的是,控制系统的动态性能通常都是以系统对单位阶跃输入的响应为依据。控制系统的典型单位阶跃响应曲线,如图 3-6 所示。

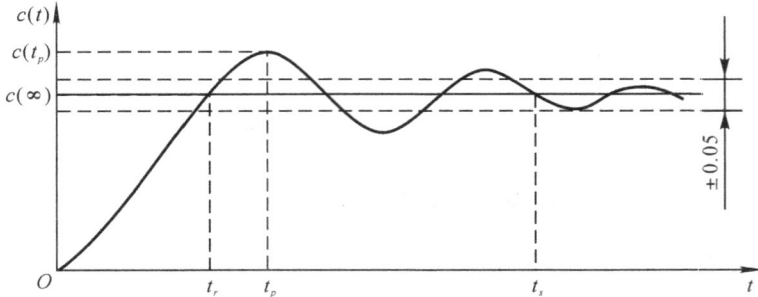

图 3-6　控制系统的典型单位阶跃响应

为了评价控制系统性能的优劣,通常根据系统的单位阶跃响应曲线,采用一些数值型的特征参量。这些特征参量又称为时域性能指标。

(1)动态性能指标

①上升时间 t_r ——响应曲线从零至第一次到达稳态值所需要的时间。

②峰值时间 t_p ——响应曲线从零至第一个峰值所需要的时间。

③调节时间 t_s ——响应曲线从零至到达并停留在稳态值的 5% 或 2% 误差范围内(即允许误差带 $\Delta = 5\%$ 或 2%)所需的最小时间。调节时间又称为调整时间、过渡过程时间。

④超调量 $\sigma\%$ ——在系统响应过程中,输出量的最大值超过稳态值的百分数,即

$$\sigma\% = \frac{c(t_p) - c(\infty)}{c(\infty)} \times 100\% \tag{3-13}$$

式中:$c(\infty)$ 为 $t \to \infty$ 时的输出值。一个稳定的系统,在单位阶跃函数输入时,$c(\infty) =$ 常数值。

⑤振荡次数 N ——在 $0 \leqslant t \leqslant t_s$ 内,阶跃响应曲线穿越其稳态值 $c(\infty)$ 次数的一半称为振荡次数。

在上述动态性能指标中,t_r 和 t_p 反映系统的响应速度,$\sigma\%$ 和 N 反映系统的运行平稳性或阻尼程度,一般认为,t_s 能同时反映响应速度和平稳程度。

(2)稳态性能指标

稳定的控制系统,才会有稳态过程。稳态性能指标用稳态误差 e_s 描述。稳态误差是系统控制精度或抗干扰能力的一种度量。有关控制系统稳态误差的问题,将在本章 3.6 节中详细讨论。

3.2　一阶系统性能分析

由一阶微分方程描述的系统,称为一阶控制系统。在控制工程中,一阶系统的应用广泛。例如,带负载的小功率直流电动机调速系统、恒温箱、空气加热器和液面控制系统等,都可视为一阶系统。

3.2.1　数学模型

一阶控制系统的微分方程可表示为

$$T \frac{dc(t)}{dt} + c(t) = r(t) \tag{3-14}$$

式中:T 为时间常数,量纲为时间单位(如 sec),代表系统的惯性;$c(t)$ 为系统的输出量;$r(t)$ 为系统的输入量。

其闭环传递函数,由式(3-14)在初始条件为零时两边取拉氏变换,可得

$$\Phi(s) = \frac{C(s)}{R(s)} = \frac{1}{Ts+1} \tag{3-15}$$

一阶控制系统的典型结构图如图 3-7 所示。根据方块图运算规则,其闭环传递函数即为式(3-15)。

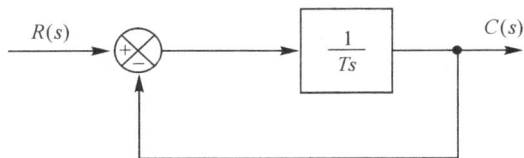

图 3-7　一阶系统方块图

通常,称式(3-14)或式(3-15)为一阶控制系统数学模型的典型表达式。

3.2.2　典型输入响应

(1)单位阶跃响应

当输入为单位阶跃信号 $r(t)=1(t)$,即 $R(s)=1/s$ 时,系统输出量的拉氏变换式为

$$C(s) = \Phi(s)R(s) = \frac{1}{Ts+1} \cdot \frac{1}{s} = \frac{1}{s} - \frac{T}{s+1/T}$$

对上式两边求拉氏反变换,得输出量的时域表达式

$$c(t) = 1 - e^{-\frac{1}{T}t} \qquad (t \geqslant 0) \tag{3-16}$$

式(3-16)表明,一阶控制系统的单位阶跃响应由两部分组成。一是与时间 t 无关的定值"1",称为稳态分量;二是与时间 t 有关的指数项,称为动态(或暂态)分量。当 $t \to \infty$ 时,动态分量衰减到零,输出量等于输入量,没有稳态误差。响应曲线如图 3-8 所示。

一阶控制系统的单位阶跃响应具有两个重要特征:

①时间常数"T"是表征响应特性的唯一参数,且有

$$c(0) = 1 - e^0 = 0, \quad c(T) = 1 - e^{-1} = 0.632, \quad c(2T) = 1 - e^{-2} = 0.865$$

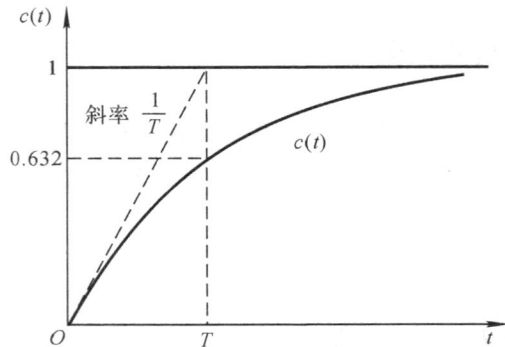

图 3-8　一阶系统单位阶跃响应

$$c(3T)=1-\mathrm{e}^{-3}=0.950, \quad c(4T)=1-\mathrm{e}^{-4}=0.982, \quad c(\infty)=1$$

显然,时间常数 T 反映了系统的响应速度,时间常数 T 愈小,系统的响应速度就愈快。

②响应曲线的初始斜率为 $1/T$

$$\left.\frac{\mathrm{d}c(t)}{\mathrm{d}t}\right|_{t=0}=\left.\frac{1}{T}\mathrm{e}^{-\frac{t}{T}}\right|_{t=0}=\frac{1}{T} \tag{3-17}$$

式(3-17)表明,在 $t=0$ 时响应曲线的切线斜率为 $1/T$。其物理意义是,如果输出 $c(t)$ 一直按初速增长,则在 $t=T$ 时刻输出到达稳态值 $c(\infty)=1$。这一特点为用实验方法求取系统的时间常数"T"提供了依据。工程上,也可根据特征①中单位阶跃响应到达终值的 63.2% 所需要的时间为 T,去测得系统的时间常数"T"。

根据动态性能指标定义,可知:超调量 $\sigma\%$ 和峰值时间 t_p 都不存在,而调节时间为

$$t_s=3T \quad (\Delta=5\%) \tag{3-18}$$

$$t_s=4T \quad (\Delta=2\%) \tag{3-19}$$

式(3-18)和式(3-19)中,Δ 为允许误差带。

当输入的阶跃信号幅值为 A_1,即 $r(t)=A_1 \cdot 1(t)$ 时,可直接写出系统的输出为

$$c(t)=A_1(1-\mathrm{e}^{-\frac{1}{T}}) \qquad (t \geqslant 0) \tag{3-20}$$

例 3-1　一阶系统方块图如图 3-8 所示。①若 $a=1$(即单位反馈),试求该系统单位阶跃响应的调节时间 t_s;②若要求调节时间 $t_s \leqslant 0.1\mathrm{sec}(\Delta=5\%)$,试求反馈系数 a 的取值范围;③若输入信号为 $r(t)=10 \cdot 1(t)$,求系统的终值 $c(\infty)$ 和调节时间 t_s。

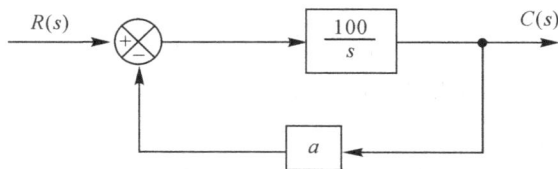

图 3-9　例 3-1

解　①当单位反馈 $a=1$ 时,系统方块图即为图 3-7,其闭环传递函数

$$\Phi(s)=\frac{C(s)}{R(s)}=\frac{100/s}{1+100/s}=\frac{1}{0.01s+1}$$

由闭环传递函数得到时间常数

$$T=0.01\mathrm{sec}$$

因此,调节时间为

$$t_s = 3T = 0.03 \text{sec} \quad (\Delta = 5\%)$$

$$t_s = 4T = 0.04 \text{sec} \quad (\Delta = 2\%)$$

②先由方块图求出闭环传递函数

$$\Phi(s) = \frac{\dfrac{100}{s}}{1 + \dfrac{100}{s} \cdot a} = \frac{\dfrac{1}{a}}{\dfrac{0.01}{a}s + 1}$$

由此闭环传递函数可得

$$T = \frac{0.01}{a} (\text{sec})$$

依题意有

$$t_s = 3T = 0.03/a \leqslant 0.1 \text{sec}$$

所以 $\quad a \geqslant 0.3$

③输入信号为 $r(t) = 10 \cdot 1(t)$ 时,仍为阶跃信号,但幅值为 $A_1 = 10$。

由式(3-20),系统终值 $c(\infty) = A_1 = 10$,仍跟随输入幅值。

而调节时间 t_s 取决于时间常数 T,与输入幅值无关。故仍和①相同。

(2)单位斜坡响应

当输入为单位斜坡信号 $r(t) = t$,即 $R(s) = \dfrac{1}{s^2}$ 时,系统输出量的拉氏变换式为

$$C(s) = \Phi(s)R(s) = \frac{1}{Ts+1} \cdot \frac{1}{s^2} = \frac{1}{s^2} - \frac{T}{s} + \frac{T}{s + 1/T}$$

对上式取拉氏反变换,有

$$c(t) = (t - T) + Te^{-\frac{t}{T}} = t - T(1 - e^{-\frac{t}{T}}) \qquad (t \geqslant 0) \qquad (3-21)$$

式中:$(t - T)$ 为响应的稳态分量;$Te^{-\frac{t}{T}}$ 为响应的动态分量。

由式(3-21)可知,当时间 $t \to \infty$ 时,动态分量为零,则系统稳态输入量与输出量之差为

$$e_{ss} = \lim_{t \to \infty} [r(t) - c(t)] = \lim_{t \to \infty} [t - (t - T + Te^{-\frac{t}{T}})] = T \qquad (3-22)$$

式中:e_{ss} 称为稳态误差。

由此可知,一阶系统在跟踪单位斜坡函数信号时,输出量与输入量存在跟踪误差,且稳态误差值与系统的时间常数"T"的值相等。

一阶系统的单位斜坡响应曲线如图 3-10 所示。

当输入的斜坡信号幅值为 A_t,即 $r(t) = A_t t$ 时,可直接写出系统的输出为

$$c(t) = A_t(t - T) + A_t Te^{-\frac{t}{T}} = A_t t - A_t T(1 - e^{-\frac{t}{T}}) \qquad (t \geqslant 0) \qquad (3-23)$$

系统稳态误差为

$$e_{ss} = A_t T \qquad (3-24)$$

(3)单位脉冲响应

当输入为单位脉冲信号 $r(t) = \delta(t)$,即 $R(s) = 1$ 时,系统输出量的拉氏变换式为

$$C(s) = \Phi(s)R(s) = \frac{1}{Ts+1}$$

对上式取拉氏反变换,则单位脉冲响应为

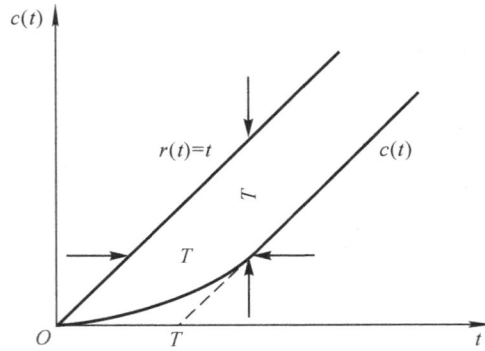

图 3-10　一阶系统单位斜坡响应

$$c(t) = \frac{1}{T} \mathrm{e}^{-\frac{t}{T}} \qquad (t \geqslant 0) \tag{3-25}$$

由上可知,一阶系统的单位脉冲响应只包含动态分量 $\frac{1}{T}\mathrm{e}^{-\frac{t}{T}}$。相应的响应曲线如图 3-11所示。

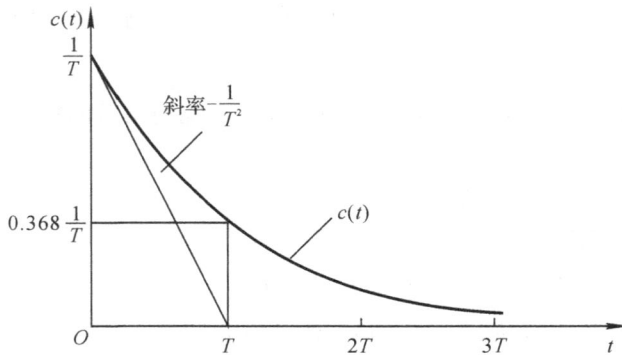

图 3-11　一阶系统单位脉冲响应

(4)单位抛物线响应

当输入为单位抛物线信号 $r(t) = \frac{1}{2}t^2$,即 $R(s) = \frac{1}{s^3}$ 时,系统输出量的拉氏变换式为

$$C(s) = \Phi(s)R(s) = \frac{1}{s^3(Ts+1)} = \frac{1}{s^3} - \frac{T}{s^2} - \frac{T^2}{s} - \frac{T^3}{Ts+1}$$

对上式取拉氏反变换,有

$$c(t) = \frac{1}{2}t^2 - Tt + T^2(1 - \mathrm{e}^{-\frac{t}{T}}) \qquad (t \geqslant 0) \tag{3-26}$$

上式表明,当时间 t 趋于无穷大时,系统输出信号与输入信号之差(即稳态误差)将趋于无穷大。这意味着对于一阶系统是不能跟踪单位抛物线函数输入信号的。

根据上面的分析,将一阶系统在典型输入信号作用下的响应列入表 3-1 中。

表 3-1　一阶系统对典型输入信号的输出

输入信号	输出响应	动态性能指标	稳态误差 $e_{ss} = \lim\limits_{t \to \infty}[r(t) - c(t)]$
$\delta(t)$	$\dfrac{1}{T}e^{-\frac{t}{T}}$		
$1(t)$	$1 - e^{-\frac{t}{T}}$	调节时间 $t_s = 3T\ (\Delta = 5\%)$ $t_s = 4T\ (\Delta = 2\%)$	0
t	$t - T(1 - e^{-\frac{t}{T}})$		T
$\dfrac{1}{2}t^2$	$\dfrac{1}{2}t^2 - Tt + T^2(1 - e^{-\frac{t}{T}})$		∞

由表 3-1 得

$$r_{脉冲} = \frac{\mathrm{d}}{\mathrm{d}t}r_{阶跃} = \frac{\mathrm{d}^2}{\mathrm{d}t^2}r_{斜坡} = \frac{\mathrm{d}^3}{\mathrm{d}t^3}r_{抛物线}$$

$$\downarrow \qquad \downarrow \qquad \downarrow \qquad \downarrow$$

$$c_{脉冲} = \frac{\mathrm{d}}{\mathrm{d}t}c_{阶跃} = \frac{\mathrm{d}^2}{\mathrm{d}t^2}c_{斜坡} = \frac{\mathrm{d}^3}{\mathrm{d}t^3}c_{抛物线}$$

上面的对应关系表明,系统对输入信号微分(或积分)的响应,就等于系统对该输入信号响应的微分(或积分)。这是线性定常系统的一个重要特性,适用于任何阶的线性定常系统。因此,在研究、分析线性定常系统的输出时,不必对每种输入信号的响应都进行计算或测定,只要求解出一种典型响应,便可通过上面关系求出其他典型响应。或者,只取其中一种典型输入进行研究。

3.3　二阶系统性能分析

由二阶微分方程描述的系统,称为二阶系统。在实际的控制工程中,二阶系统比一阶系统更具有代表性。不仅典型示例不少,而且还由于许多高阶系统在一定条件下可以近似为二阶系统。因此,分析二阶系统的特性具有相当重要的实际意义。

3.3.1　数学模型的标准式

二阶控制系统的微分方程可表示为

$$\frac{\mathrm{d}^2 c(t)}{\mathrm{d}t^2} + 2\zeta\omega_n \frac{\mathrm{d}c(t)}{\mathrm{d}t} + \omega_n^2 c(t) = \omega_n^2 r(t)$$

式中:ω_n 为固有频率或无阻尼振荡频率,量纲为弧度/秒(rad/sec);ζ 为阻尼比或相对阻尼系数,无量纲;$c(t)$ 为系统的输出量;$r(t)$ 为系统的输入量。

对上式在零初始条件下两边取拉氏变换,可得

$$\Phi(s) = \frac{C(s)}{R(s)} = \frac{\omega_n^2}{s^2 + 2\zeta\omega_n s + \omega_n^2} \tag{3-27}$$

这是二阶系统闭环传递函数的标准式。

二阶控制系统的典型结构图如图 3-12 所示。根据方块图运算规则,其闭环传递函数即为式(3-27)。

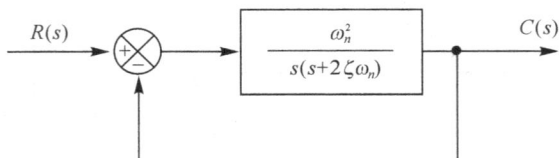

图 3-12　典型二阶系统结构图

由式(3-27)的分母可知二阶系统的特征方程为

$$s^2 + 2\zeta\omega_n s + \omega_n^2 = 0 \tag{3-28}$$

由上式解得二阶系统的两个特征根(即极点)为

$$s_{1,2} = -\zeta\omega_n \pm \omega_n \sqrt{\zeta^2 - 1} \tag{3-29}$$

随着阻尼比 ζ 取值的不同,二阶系统的特征根(极点)也不相同,下面逐一加以说明。

(1)无阻尼($\zeta = 0$)

当 $\zeta = 0$ 时,两个特征根为

$$s_{1,2} = \pm j\omega_n$$

这是一对共轭纯虚根,如图 3-13(a)所示。

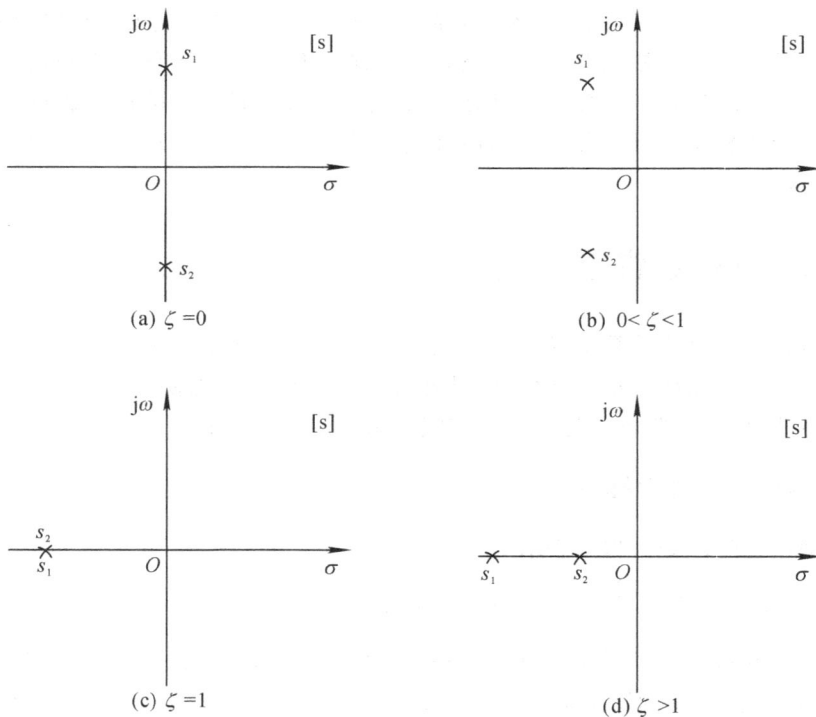

图 3-13　[s]平面上二阶系统的闭环极点分布

（2）欠阻尼（$0<\zeta<1$）

当 $0<\zeta<1$ 时，两个特征根为

$$s_{1,2}=-\zeta\omega_n\pm j\omega_n\sqrt{1-\zeta^2}$$

这是一对共轭复数，如图 3-13(b) 所示。

（3）临界阻尼（$\zeta=1$）

当 $\zeta=1$ 时，特征方程有两个相同的负实根，如图 3-13(c) 所示。

$$s_{1,2}=-\omega_n$$

（4）过阻尼（$\zeta>1$）

当 $\zeta>1$ 时，两个特征根为

$$s_{1,2}=-\zeta\omega_n\pm\omega_n\sqrt{\zeta^2-1}$$

这是两个不相等的负实根，如图 3-13(d) 所示。

$$s_{1,2}=-\zeta\omega_n\pm\omega_n\sqrt{\zeta^2-1}=-\omega_n(\zeta\mp\sqrt{\zeta^2-1})$$

3.3.2 典型二阶系统的单位阶跃响应

现对式(3-27)，即图 3-12 所示的典型二阶系统，分析其单位阶跃响应。在零初始条件下，当输入量为单位阶跃函数时，输出量的拉氏变换式为

$$C(s)=\Phi(s)R(s)=\frac{\omega_n^2}{(s^2+2\zeta\omega_ns+\omega_n^2)}\cdot\frac{1}{s} \tag{3-30}$$

当阻尼比 ζ 为不同值时，所对应的单位阶跃响应也有不同的形式。

（1）欠阻尼（$0<\zeta<1$）情况

式(3-30)可以展开成如下的部分分式

$$
\begin{aligned}
C(s)&=\frac{\omega_n^2}{(s^2+2\zeta\omega_ns+\omega_n^2)}\cdot\frac{1}{s}\\
&=\frac{1}{s}-\frac{s+2\zeta\omega_n}{s^2+2\zeta\omega_ns+\omega_n^2}\\
&=\frac{1}{s}-\frac{s+\zeta\omega_n}{(s+\zeta\omega_n)^2+(\omega_n\sqrt{1-\zeta^2})^2}-\frac{\zeta\omega_n}{(s+\zeta\omega_n)^2+(\omega_n\sqrt{1-\zeta^2})^2}
\end{aligned}
$$

对上式两边取拉氏反变换，可得

$$
\begin{aligned}
c(t)&=1-e^{-\zeta\omega_nt}(\cos\sqrt{1-\zeta^2}\omega_nt+\frac{\zeta}{\sqrt{1-\zeta^2}}\sin\sqrt{1-\zeta^2}\omega_nt)\\
&=1-\frac{e^{-\zeta\omega_nt}}{\sqrt{1-\zeta^2}}\sin(\sqrt{1-\zeta^2}\omega_nt+\arctan\frac{\sqrt{1-\zeta^2}}{\zeta})\\
&=1-\frac{e^{-\zeta\omega_nt}}{\sqrt{1-\zeta^2}}\sin(\omega_dt+\theta)\qquad(t\geqslant0)
\end{aligned}
\tag{3-31}
$$

式中：$\omega_d=\omega_n\sqrt{1-\zeta^2}$ 为阻尼振荡频率；$\theta=\arctan\dfrac{\sqrt{1-\zeta^2}}{\zeta}$ 为相位角。

由式(3-31)可知，欠阻尼时二阶系统的单位阶跃响应呈衰减正弦振荡，如图 3-14 所示。其衰减速度取决于特征根实部绝对值的 $\zeta\omega_n$ 大小。振荡周期为 $T_d=\dfrac{2\pi}{\omega_d}=\dfrac{2\pi}{\omega_n\sqrt{1-\zeta^2}}$。当 t

→∞时,动态分量衰减到零,输出量等于输入量。

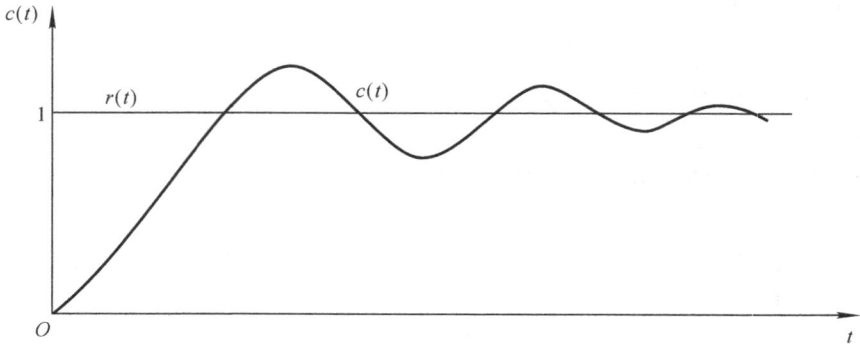

图 3-14　二阶欠阻尼系统的单位阶跃响应

(2)无阻尼($\zeta=0$)情况

式(3-30)可以展为

$$C(s)=\frac{\omega_n^2}{s^2+\omega_n^2}\frac{1}{s}=\frac{1}{s}-\frac{s}{s^2+\omega_n^2}$$

两边取拉氏反变换

$$c(t)=1-\cos\omega_n t \qquad (t\geqslant0) \tag{3-32}$$

上式表明,当 $\zeta=0$ 无阻尼时,二阶系统的单位阶跃响应为无衰减的等幅正(余)弦振荡曲线,如图 3-15 中 $\zeta=0$ 曲线所示,振荡角频率为 ω_n。

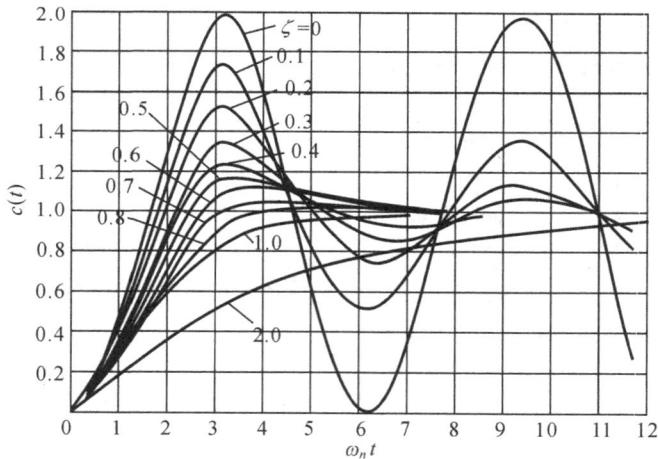

图 3-15　二阶系统的单位阶跃响应曲线

(3)临界阻尼($\zeta=1$)情况

式(3-30)可以展为

$$C(s)=\frac{\omega_n^2}{s(s+\omega_n)^2}=\frac{1}{s}-\frac{\omega_n}{(s+\omega_n)^2}-\frac{1}{s+\omega_n}$$

两边取拉氏反变换

$$c(t)=1-e^{-\omega_n t}(1+\omega_n t) \qquad (t\geqslant0) \tag{3-33}$$

上式表明,当 $\zeta=1$ 临界阻尼时,二阶系统的单价阶跃响应没有振荡,是一条无超调的单调上升曲线,如图 3-15 中 $\zeta=1$ 曲线所示。

(4)过阻尼($\zeta>1$)情况

系统特征根为

$$s_1 = -(\zeta + \sqrt{\zeta^2 - 1})\omega_n$$

$$s_2 = -(\zeta - \sqrt{\zeta^2 - 1})\omega_n$$

式(3-30)可以展为

$$C(s) = \frac{s_1 s_2}{(s-s_1)(s-s_2)} \cdot \frac{1}{s}$$

$$= \frac{1}{s} + \frac{1}{2\sqrt{\zeta^2-1}(\zeta+\sqrt{\zeta^2-1})} \cdot \frac{1}{s+\zeta\omega_n+\omega_n\sqrt{\zeta^2-1}}$$

$$- \frac{1}{2\sqrt{\zeta^2-1}(\zeta-\sqrt{\zeta^2-1})} \cdot \frac{1}{s+\zeta\omega_n-\omega_n\sqrt{\zeta^2-1}}$$

两边取拉氏反变换

$$c(t) = 1 + \frac{1}{2\sqrt{\zeta^2-1}(\zeta+\sqrt{\zeta^2-1})} e^{-(\zeta+\sqrt{\zeta^2-1})\omega_n t} - \frac{1}{2\sqrt{\zeta^2-1}(\zeta-\sqrt{\zeta^2-1})} e^{-(\zeta-\sqrt{\zeta^2-1})\omega_n t}$$

$$= 1 + \frac{\omega_n}{2\sqrt{\zeta^2-1}} \left(\frac{e^{s_1 t}}{-s_1} - \frac{e^{s_2 t}}{-s_2} \right) \qquad (t \geqslant 0) \tag{3-34}$$

上式表明,二阶过阻尼系统的单位阶跃响应特性包含两个单调衰减的指数项,非振荡。此时的二阶系统就是两个一阶环节串联。且当 $\zeta \geqslant 2$ 时,s_2 所对应的一阶环节,单调衰减的指数项衰减快,其对特性的影响小,可以忽略。这时,二阶系统的输出响应就类似于一阶系统的响应。这样,二阶系统便可视为一阶系统。

表 3-2 给出了不同值时典型二阶系统特征方程根及其单位阶跃响应示意曲线。图3-15画出了不同 ζ 值时,二阶系统单位阶跃响应的准确响应曲线。

表 3-2　二阶系统的阻尼系数与单位阶跃响应关系

阻尼系数	特征方程根	根在复平面上的位置	单位阶跃响应
$\zeta=0$ （无阻尼）	$s_{1,2} = \pm j\omega_n$		

续表

阻尼系数	特征方程根	根在复平面上的位置	单位阶跃响应
$0<\zeta<1$ （欠阻尼）	$s_{1,2}=-\zeta\omega_n\pm j\omega_n\sqrt{1-\zeta^2}$	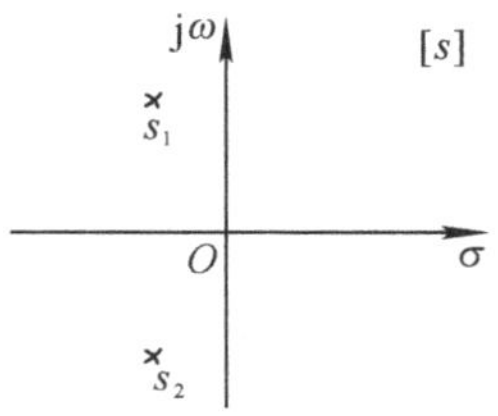 （衰减振荡）	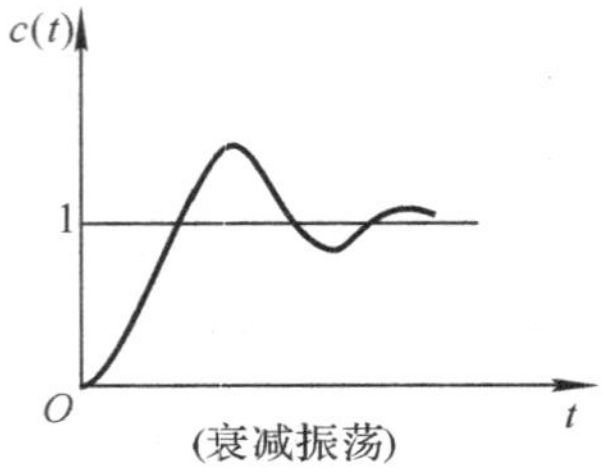 （衰减振荡）
$\zeta=1$ （临界阻尼）	$s_{1,2}=-\omega_n$	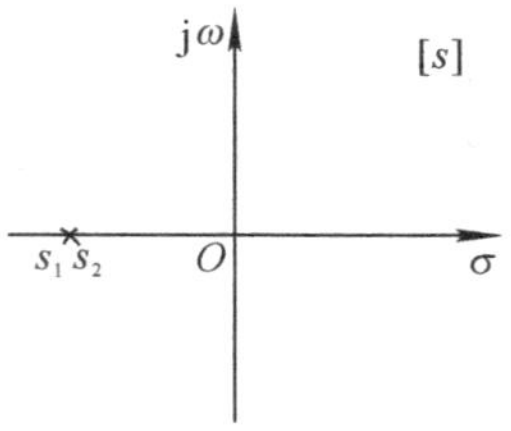 （单调上升）	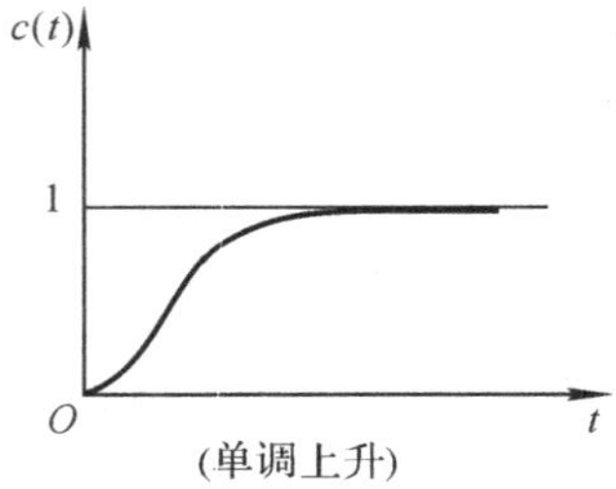 （单调上升）
$\zeta>1$ （过阻尼）	$s_{1,2}=-\zeta\omega_n\pm\omega_n\sqrt{\zeta^2-1}$	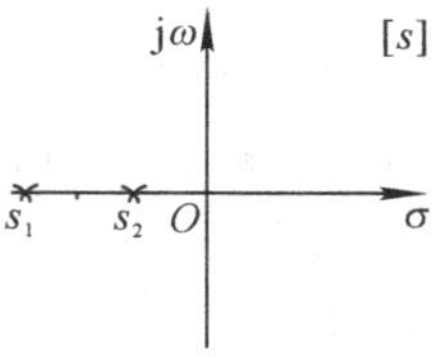 （单调上升）	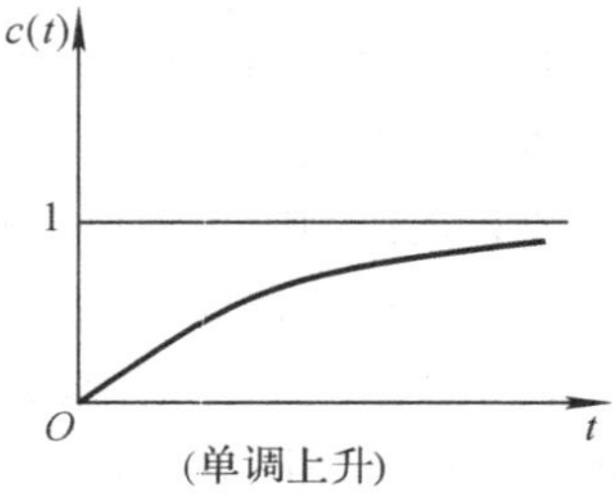 （单调上升）

3.3.3　二阶欠阻尼系统的动态性能指标

由上面分析可知,不同的阻尼比,即 ζ 值不同时,二阶系统单位阶跃响应有很大的区别。当 $\zeta=0$ 时,系统持续振荡,是不能正常工作的;而 $\zeta\geq1$ 时,系统输出的过渡过程虽没有超调,但响应过程往往显得缓慢,快速性较差;欠阻尼情况 $0<\zeta<1$ 在实际控制工程中是最有实际意义和代表性的。下面分析欠阻尼情况下系统动态性能指标的计算。

前已求出,二阶系统在欠阻尼情况下的单位阶跃响应为式(3-31),即

$$c(t)=1-\frac{e^{-\zeta\omega_n t}}{\sqrt{1-\zeta^2}}\sin(\omega_d t+\theta)\qquad(t\geq0) \tag{3-35}$$

以下各指标的计算均依据此式。

(1) 上升时间 t_r

根据上升时间的定义,当 $t=t_r$ 时,$c(t)=1$。由式(3-35)

$$c(t)=1-\frac{e^{-\zeta\omega_n t_r}}{\sqrt{1-\zeta^2}}\sin(\omega_d t_r+\theta)=1$$

则有

$$\frac{\mathrm{e}^{-\zeta\omega_n t_r}}{\sqrt{1-\zeta^2}}\sin(\omega_d t_r + \theta) = 0$$

由于在 $t < \infty$ 期间，$\mathrm{e}^{-\zeta\omega_n t_r}/\sqrt{1-\zeta^2} > 0$，所以只能使 $\sin(\omega_d t_r + \theta) = 0$。由此得

$$\omega_d t_r + \theta = \pi$$

$$t_r = \frac{\pi - \theta}{\omega_d} = \frac{\pi - \theta}{\omega_n \sqrt{1-\zeta^2}} \qquad (3\text{-}36)$$

式中：$\theta = \arctan\dfrac{\sqrt{1-\zeta^2}}{\zeta}$。

（2）峰值时间

对式(3-35)两边取导数并令其等于零，可求得峰值时间。

$$\tan(\omega_d t_p + \theta) = \frac{\sqrt{1-\zeta^2}}{\zeta}$$

由于

$$\frac{\sqrt{1-\zeta^2}}{\zeta} = \tan\theta$$

所以

$$\omega_d t_p = 0, \pi, 2\pi, \cdots$$

因为峰值时间是对应于出现第一个峰值的时间，所以

$$t_p = \frac{\pi}{\omega_d} = \frac{\pi}{\omega_n \sqrt{1-\zeta^2}} \qquad (3\text{-}37)$$

（3）超调量 $\sigma\%$

将峰值时间表达式(3-37)代入式(3-35)，可得输出量的最大值

$$c(t_p) = 1 - \frac{\mathrm{e}^{-\zeta\pi/\sqrt{1-\zeta^2}}}{\sqrt{1-\zeta^2}}\sin(\pi + \theta)$$

因为

$$\sin(\pi + \theta) = -\sin\theta = -\sqrt{1-\zeta^2}$$

所以

$$c(t_p) = 1 + \mathrm{e}^{-\zeta\pi/\sqrt{1-\zeta^2}}$$

根据超调量的定义

$$\sigma\% = \frac{c(t_P) - c(\infty)}{c(\infty)} \times 100\%$$

在单位阶跃输入下，稳态值 $c(\infty) = 1$，因此得最大超调量为

$$\sigma\% = \mathrm{e}^{-\zeta\pi/\sqrt{1-\zeta^2}} \times 100\% \qquad (3\text{-}38)$$

由式(3-38)可知，二阶欠阻尼系统的阶跃响应的最大超调量只与阻尼比有关，并随阻尼比的增大而减小。图 3-16 表示了百分比超调量和阻尼比之间的函数关系。阻尼比可根据系统允许的最大超调来确定。控制系统的百分比超调一般取为 $25\% \sim 1.5\%$，而相应的阻尼比为 $0.4 \sim 0.8$。

（4）调节时间 t_s

调节时间 t_s 是 $c(t)$ 与稳态值 $c(\infty)$ 之间的偏差达到允许范围（一般取 $\Delta = 5\%$ 或 2%）且不再超过的过渡过程时间。即

$$\Delta c = c(\infty) - c(t) = \frac{\mathrm{e}^{-\zeta\omega_n t/\sqrt{1-\zeta^2}}}{\sqrt{1-\zeta^2}}\sin(\omega_d t + \theta) \leqslant \Delta \qquad (\Delta = 5\% \text{ 或 } 2\%)$$

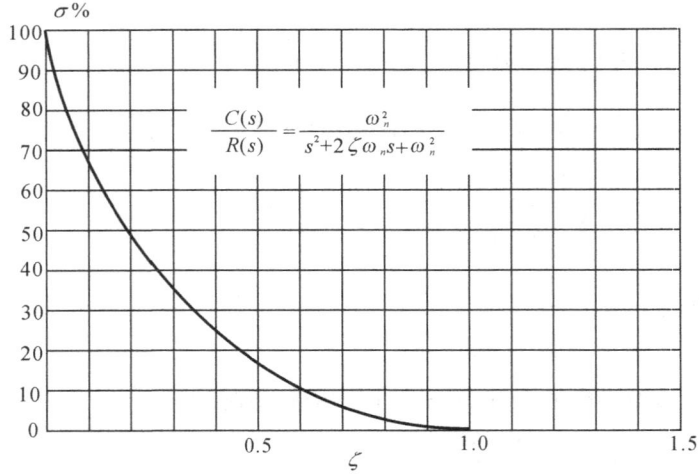

图 3-16　百分比超调量和阻尼比之间的关系曲线

从上式来看,调整时间表达式最难确定。但是,由式(3-35)可知,二阶欠阻尼系统的单位阶跃响应曲线 $c(t)$ 位于一对曲线 $1\pm\dfrac{e^{-\zeta\omega_n t}}{\sqrt{1-\zeta^2}}$ 之间,如图 3-17 所示,这对曲线就称为响应曲线的包络线。

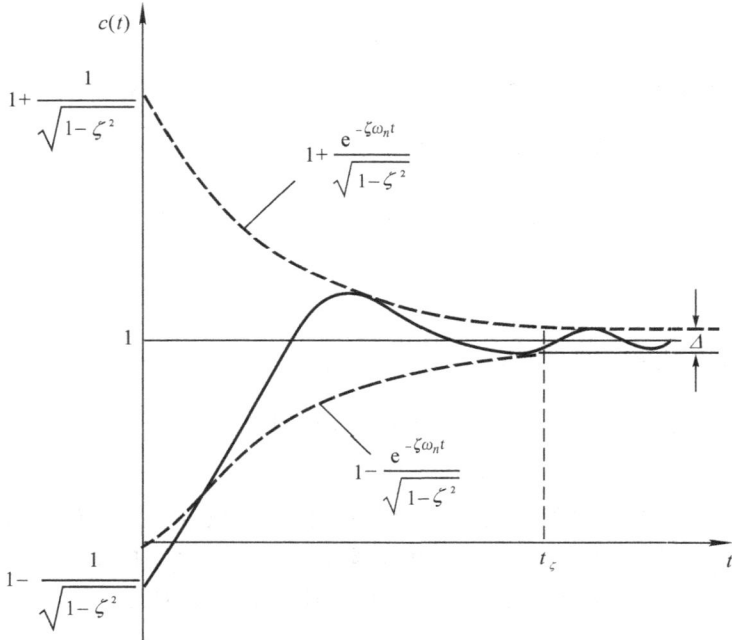

图 3-17　二阶欠阻尼系统单位阶跃响应的一对包络线

借用此包络线,可以得到调节时间 t_s 的一个近似表达式。若允许误差带是 Δ,可认为 t_s 就是包络线衰减到 Δ 区域所需的时间,则有

$$\frac{e^{-\zeta\omega_n t}}{\sqrt{1-\zeta^2}}=\Delta$$

解得

$$t_s=\frac{1}{\zeta\omega_n}(\ln\frac{1}{\Delta}+\ln\frac{1}{\sqrt{1-\zeta^2}}) \tag{3-39}$$

当 ω_n 不变时，t_s 是阻尼比 ζ 的函数，利用式 (3-35)可以得到与 $\Delta=5\%$ 和 $\Delta=2\%$ 相应的 t_s 与 ζ 的关系曲线，如图 3-18 所示。

根据图 3-18，可以采用近似公式。在式(3-39) 中，当 $0<\zeta<0.9$，可忽略 $\ln\frac{1}{\sqrt{1-\zeta^2}}$。此时

$$t_s=\frac{3}{\zeta\omega_n}\quad(\Delta=5\%) \tag{3-40}$$

$$t_s=\frac{4}{\zeta\omega_n}\quad(\Delta=2\%) \tag{3-41}$$

（5）振荡次数 N

根据定义，在 $0\leqslant t\leqslant t_s$ 内，阶跃响应曲线穿越其稳态值 $c(\infty)$ 次数的一半称为振荡次数。即

$$N=\frac{t_s}{T_d}=\frac{t_s}{2t_p} \tag{3-42}$$

式中：T_d 为振荡周期，$T_d=\frac{2\pi}{\omega_d}=2t_p$。

当 $\Delta=5\%$ 时，t_s 由式(3-40)求取，代入式(3-42)有

$$N=\frac{1.5\sqrt{1-\zeta^2}}{\pi\zeta} \tag{3-43}$$

当 $\Delta=2\%$ 时，t_s 由式(3-41)求取，代入式(3-42)有

$$N=\frac{2\sqrt{1-\zeta^2}}{\pi\zeta} \tag{3-44}$$

二阶欠阻尼系统的阶跃响应的振荡次数只与阻尼比有关，其关系曲线如图 3-19 所示。

为便于使用，把二阶系统在欠阻尼情况下的动态性能指标各公式汇总在表 3-3。

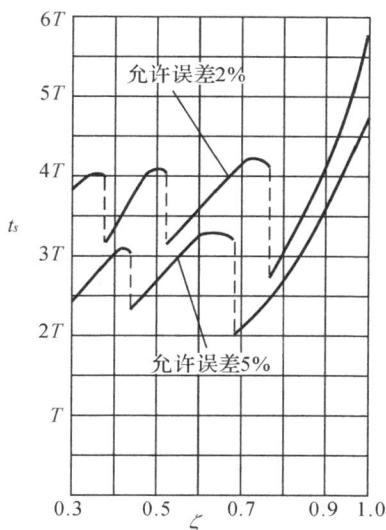

图 3-18 ζ 与 t_s 的关系曲线

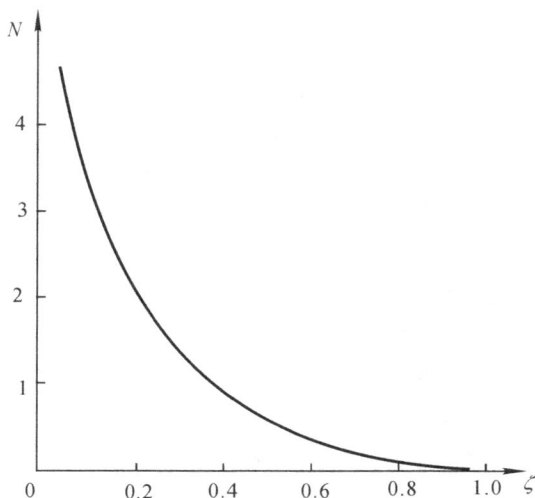

图 3-19 振荡次数 N 与阻尼比 ζ 的关系曲线

表 3-3　二阶系统动态性能指标各公式($0<\zeta<1$)

性能指标名称及符号	计算公式	说　明
上升时间 t_r	$t_r = \dfrac{\pi - \theta}{\omega_n \sqrt{1-\zeta^2}}$	其中 $\theta = \arctan \dfrac{\sqrt{1-\zeta^2}}{\zeta}$
峰值时间 t_p	$t_p = \dfrac{\pi}{\omega_n \sqrt{1-\zeta^2}}$	
超调量 $\sigma\%$	$\sigma\% = e^{-\frac{\zeta\pi}{\sqrt{1-\zeta^2}}} \times 100\%$	也可从图 3-16 中查得,有时这样更为方便
调节时间 t_s	$t_s = \dfrac{3}{\zeta\omega_n}$　　$(\Delta=5\%)$ $t_s = \dfrac{4}{\zeta\omega_n}$　　$(\Delta=2\%)$	当 $0<\zeta<0.9$ 时表示在此条件下可用左边两个公式
振荡次数 N	$N = \dfrac{1.5\sqrt{1-\zeta^2}}{\pi\zeta}$　　$(\Delta=5\%)$ $N = \dfrac{2\sqrt{1-\zeta^2}}{\pi\zeta}$　　$(\Delta=2\%)$	

　　表 3-3 中最重要的两个指标是超调量 $\sigma\%$ 和调节时间 t_s。超调量 $\sigma\%$ 反映了系统工作的平稳性,调节时间 t_s 反映了系统工作的快速性。超调量 $\sigma\%$ 小些固然有利于平稳性,但可能导致调节时间 t_s 变大。但超调量 $\sigma\%$ 过大也不利于系统工况,甚至可能破坏机器。因此两者之间应取得平衡。

　　从表 3-3 可知,影响单位阶跃响应各项性能指标的是二阶系统的阻尼比 ζ 和无阻尼自然频率 ω_n 这两个重要参数。

　　从图 3-16 可见,随着阻尼比 ζ 的增大,最大超调减小,振荡减弱,平稳性好。但它又导致上升时间和峰值时间也增大,使初始响应速度变慢。小的阻尼比,虽然可以加快初始响应速度,但它使最大超调增大,振荡加剧,衰减变慢,因而增长了调节时间。我们可以为系统设计适当的超调量,根据理论分析和实际经验,当 $\zeta=0.707$ 时,超调量和调节时间都比较理想,一般称其为最佳阻尼比。

　　根据允许超调量设计阻尼比 ζ 后,系统的各种快速性指标就由无阻尼自然频率 ω_n 决定。随着 ω_n 的增大,上升时间 t_r、峰值时间 t_p、调节时间 t_s 均缩短,故系统响应加快。系统设计时,在可能的情况下,无阻尼自然频率 ω_n 可设计得大些,主要由调节时间 t_s 来确定。

　　例 3-2　某系统如图 3-2 所示。其开环传递函数为

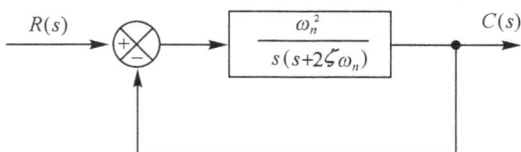

图 3-20　例 3-2

$$G(s)=\frac{\omega_n^2}{s(s+2\zeta\omega_n)}=\frac{1000}{s(s+34.55)}$$

试求其单位阶跃响应表达式及性能指标。

解　系统的闭环传递函数为

$$\Phi(s)=\frac{G(s)}{1+G(s)}=\frac{1000}{s^2+34.55s+1000}$$

根据闭环传递函数表达式,已知

$$\omega_n^2=1000,\qquad 2\zeta\omega_n=34.55$$

可求出无阻尼自然频率 ω_n 和阻尼比 ζ 分别为

$$\omega_n=\sqrt{1000}=31.6(\mathrm{rad/sec})$$

$$\zeta=\frac{34.55}{2\omega_n}=\frac{34.55}{2\times31.6}=0.546$$

可以看出,系统工作在欠阻尼情况,其单位阶跃响应为

$$c(t)=1-\frac{\mathrm{e}^{-\zeta\omega_n t}}{\sqrt{1-\zeta^2}}\sin(\sqrt{1-\zeta^2}\,\omega_n t+\arctan\frac{\sqrt{1-\zeta^2}}{\zeta})$$

$$=1-\frac{\mathrm{e}^{-0.546\times31.6t}}{\sqrt{1-0.546^2}}\sin\left(\sqrt{1-0.546^2}\times31.6t+\arctan\frac{\sqrt{1-0.546^2}}{0.546}\right)$$

$$=1-1.19\mathrm{e}^{-17.25t}\sin(26.47t+0.993)$$

各性能指标为

$$t_r=\frac{\pi-\theta}{\omega_n\sqrt{1-\zeta^2}}=\frac{\pi-0.993}{31.6\sqrt{1-0.546^2}}=0.085(\mathrm{sec})$$

$$t_p=\frac{\pi}{\omega_n\sqrt{1-\zeta^2}}=\frac{\pi}{31.6\sqrt{1-0.546^2}}=0.11(\mathrm{sec})$$

$$t_s(\Delta=5\%)=\frac{3}{\zeta\omega_n}=\frac{3}{0.546\times31.6}=0.174(\mathrm{sec})$$

$$\sigma\%=\mathrm{e}^{-\frac{\zeta\pi}{\sqrt{1-\zeta^2}}}\times100\%=\mathrm{e}^{-\frac{0.546\pi}{\sqrt{1-0.546^2}}}=12.9\%$$

例 3-3　设一个带速度反馈的伺服系统,其方块图如图 3-21 所示。要求系统的性能指标为 $\sigma\%=20\%$, $t_p=1\mathrm{sec}$。试确定系统的 K 值和 K_A 值。

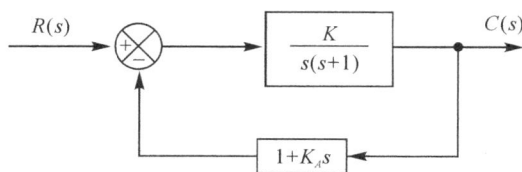

图 3-21　例 3-3

解　①写出此系统的闭环传递函数

$$\Phi(s)=\frac{C(s)}{R(s)}=\frac{K}{s^2+(1+KK_A)s+K}=\frac{\omega_n^2}{s^2+2\zeta\omega_n s+\omega_n^2}$$

故　　　　$$\omega_n^2=K,\qquad 2\zeta\omega_n=(1+KK_A)$$

②根据要求的 $\sigma\%$ 求取相应的阻尼比 ζ。

因为 $\qquad \sigma\% = \mathrm{e}^{-\frac{\zeta\pi}{\sqrt{1-\zeta^2}}} \times 100\%$

所以 $\qquad \zeta = \sqrt{\dfrac{\ln^2\sigma\%}{\ln^2\sigma\% + \pi^2}} = \sqrt{\dfrac{\ln^2 0.2}{\ln^2 0.2 + \pi^2}} = 0.456$

③由已知条件 $t_p = 1\mathrm{sec}$ 和求出的 $\zeta = 0.456$ 求无阻尼自然频率 ω_n,即

因为 $\qquad t_p = \dfrac{\pi}{\omega_n\sqrt{1-\zeta^2}}$

所以 $\qquad \omega_n = \dfrac{\pi}{t_P\sqrt{1-\zeta^2}} = \dfrac{\pi}{1\sqrt{1-0.456^2}} = 3.53(\mathrm{rad/sec})$

④求出 K,K_A

$$K = \omega_n^2 = (3.53)^2 = 12.5$$

$$K_A = \frac{2\zeta\omega_n - 1}{K} = 0.178$$

例 3-4 图 3-22 是一个机械平移系统,当有 9.5N 的阶跃力作用于系统时,质量块 m 的位移曲线如图 3-22(b)所示。试确定质量 m,黏性摩擦系数 μ 和弹簧刚度 k 的数值。

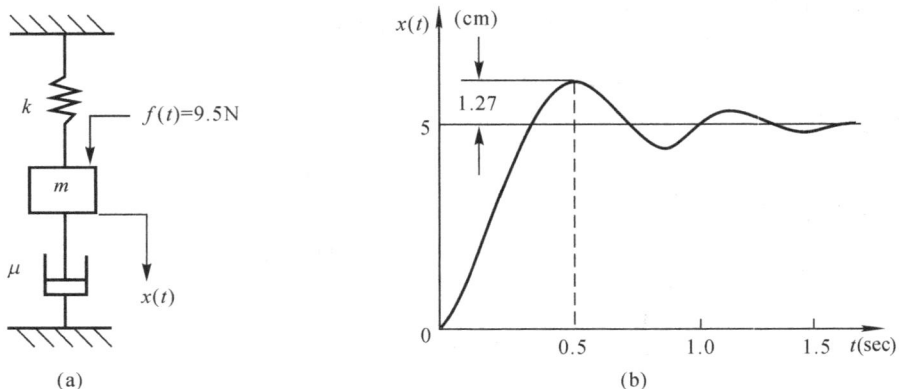

图 3-22 机械系统和阶跃响应

解 ①系统的运动方程为

$$m\frac{\mathrm{d}^2 x(t)}{\mathrm{d}t^2} + \mu\frac{\mathrm{d}x(t)}{\mathrm{d}t} + kx(t) = f(t)$$

传递函数为

$$\frac{X(s)}{F(s)} = \frac{1}{ms^2 + \mu s + k} = \frac{1}{k}\frac{\dfrac{k}{m}}{s^2 + \dfrac{\mu}{m}s + \dfrac{k}{m}}$$

与二阶系统标准式相比得

$$\omega_n^2 = k/m, \quad 2\zeta\omega_n = \mu/m$$

②在阶跃力作用下,响应的拉氏变换为

$$X(s) = \frac{1}{ms^2 + \mu s + k}\frac{9.5}{s}$$

③由响应曲线知,响应的稳态值是 5cm。

利用终值定理,得

$$X(\infty)=\lim_{s\to0}sX(s)=\lim_{s\to0}s\,\frac{1}{ms^2+\mu s+k}\,\frac{9.5}{s}=\frac{9.5}{k}=5(\mathrm{cm})$$

故弹簧刚度为

$$k=\frac{9.5}{5}=1.9(\mathrm{N/cm})$$

④由响应曲线知,响应的百分比超调量为

$$\sigma_p\%=\frac{1.27}{5}\times100\%=25.4\%$$

系统的阻尼比为

$$\zeta=\sqrt{\frac{\ln^2\sigma\%}{\ln^2\sigma\%+\pi^2}}=\sqrt{\frac{\ln^2 0.254}{\ln^2 0.254+\pi^2}}=0.4$$

由响应曲线知,$t_p=0.5\mathrm{sec}$,故

$$\omega_n=\frac{\pi}{t_p\ \sqrt{1-\zeta^2}}=\frac{\pi}{0.5\ \sqrt{1-0.4^2}}=6.86(\mathrm{rad/sec})$$

⑤系统的另两个参数为

$$m=\frac{k}{\omega_n^2}=\frac{190}{6.86^2}=4(\mathrm{kg})$$

$$\mu=2\zeta\omega_n m=2\times0.4\times6.86\times4=22\left(\frac{\mathrm{N}}{\mathrm{m/sec}}\right)$$

3.3.4　二阶系统的单位脉冲响应

由式(3-27)已知二阶系统的闭环传递函数为

$$\Phi(s)=\frac{C(s)}{R(s)}=\frac{\omega_n^2}{s^2+2\zeta\omega_n s+\omega_n^2}$$

当输入信号为单位脉冲函数时,有

$$r(t)=\delta(t),R(s)=1$$

则输出信号的拉氏变换式为

$$C(s)=\Phi(s)R(s)=\frac{\omega_n^2}{s^2+2\zeta\omega_n s+\omega_n^2}\tag{3-45}$$

取上式的反拉氏变换,或者将式(3-31)、(3-32)、(3-33)、(3-34)对时间求导,就可得到不同时的二阶系统的单位脉冲响应。

欠阻尼($0<\zeta<1$)时

$$g(t)=c(t)=\frac{\omega_n}{\sqrt{1-\zeta^2}}\mathrm{e}^{-\zeta\omega_n t}\sin\omega_n\ \sqrt{1-\zeta^2}\,t\qquad(t\geqslant0)\tag{3-46}$$

无阻尼($\zeta=0$)时

$$g(t)=c(t)=\omega_n\sin\omega_n t\qquad(t\geqslant0)\tag{3-47}$$

临界阻尼($\zeta=1$)时

$$g(t)=c(t)=\omega_n^2 t\mathrm{e}^{-\omega_n t}\qquad(t\geqslant0)\tag{3-48}$$

过阻尼($\zeta>1$)时

$$g(t)=c(t)=\frac{\omega_n}{2\sqrt{\zeta^2-1}}\left[\mathrm{e}^{-(\zeta-\sqrt{\zeta^2-1})\omega_n t}-\mathrm{e}^{-(\zeta+\sqrt{\zeta^2-1})\omega_n t}\right]\qquad(t\geqslant0)\qquad(3\text{-}49)$$

上述不同 ζ 时的单位脉冲响应曲线如图 3-23 所示。

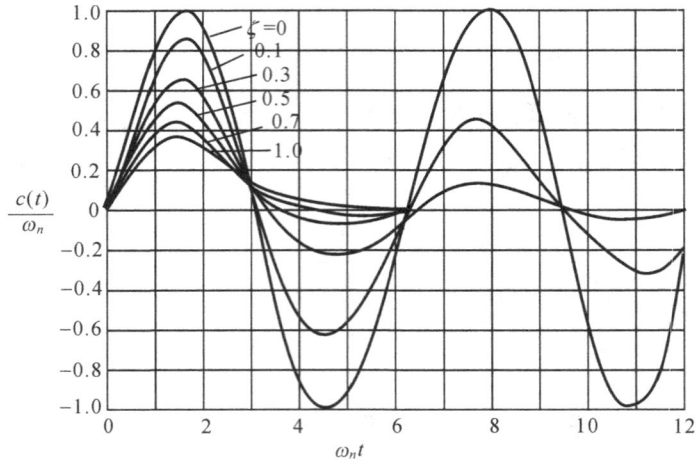

图 3-23　二阶系统的单位脉冲响应曲线

3.3.5　二阶系统的单位斜坡响应

当二阶系统的输入信号为单位斜坡函数时,有

$$r(t)=t,\quad R(s)=\frac{1}{s^2}$$

则输出信号的拉氏变换式为

$$C(s)=\Phi(s)R(s)=\frac{\omega_n^2}{s^2+2\zeta\omega_n s+\omega_n^2}\cdot\frac{1}{s^2}\qquad(3\text{-}50)$$

下面直接给出不同 ζ 时二阶系统的单位斜坡响应。

(1)欠阻尼($0<\zeta<1$)时

$$c(t)=t-\frac{2\zeta}{\omega_n}+\frac{\mathrm{e}^{-\zeta\omega_n t}}{\omega_n\sqrt{1-\zeta^2}}\sin\left[\omega_d t+\arctan\frac{2\zeta\sqrt{1-\zeta^2}}{2\zeta^2-1}\right]\qquad(t\geqslant0)\qquad(3\text{-}51)$$

式中:　　　　$\omega_d=\omega_n\sqrt{1-\zeta^2}$

(2)临界阻尼($\zeta=1$)时

$$c(t)=t-\frac{2}{\omega_n}+\frac{2}{\omega_n}\mathrm{e}^{-\omega_n t}(1+\frac{\omega_n t}{2})\qquad(t\geqslant0)\qquad(3\text{-}52)$$

(3)过阻尼($\zeta>1$)时

$$c(t)=t-\frac{2\zeta}{\omega_n}+\frac{2\zeta^2-1-2\zeta\sqrt{\zeta^2-1}}{2\omega_n\sqrt{\zeta^2-1}}\mathrm{e}^{-(\zeta+\sqrt{\zeta^2-1})\omega_n t}$$

$$+\frac{2\zeta^2-1+2\zeta\sqrt{\zeta^2-1}}{2\omega_n\sqrt{\zeta^2-1}}\mathrm{e}^{-(\zeta-\sqrt{\zeta^2-1})\omega_n t}\qquad(t\geqslant0)\qquad(3\text{-}53)$$

由式(3-51)、(3-52)、(3-53)可知,二阶系统的单位斜坡响应 $c(t)$ 由稳态分量 $c_s(t)$ 和动

态分量 $c_t(t)$ 组成,即

$$c(t) = c_s(t) + c_t(t) \tag{3-54}$$

其中

$$c_s(t) = t - \frac{2\zeta}{\omega_n} \tag{3-55}$$

$$c_t(\infty) = \lim_{t \to \infty} c_t(t) = 0 \tag{3-56}$$

故输入信号 $r(t)$ 与输出信号 $c(t)$ 之间的稳态误差 e_{ss} 为

$$e_{ss} = \lim_{t \to \infty} [r(t) - c(t)] = r(t) - c_s(t)$$

$$= t - [t - \frac{2\zeta}{\omega_n}] = \frac{2\zeta}{\omega_n}$$

即

$$e_{ss} = \frac{2\zeta}{\omega_n} \tag{3-57}$$

图 3-24 二阶系统的单位斜坡响应

式(3-57)说明,二阶系统对单位斜坡输入存在跟踪误差,其值为 $2\zeta/\omega_n$,是一个常数。或者说,在单位斜坡输入时,二阶系统的输出滞后输入,滞后时间为 $2\zeta/\omega_n$。减小阻尼比 ζ 和增大无阻尼自然频率 ω_n,可以减小二阶系统斜坡响应的稳态误差或跟踪的时间滞后,但会影响响应的平稳性。二阶系统的单位斜坡响应曲线如图 3-24 所示。

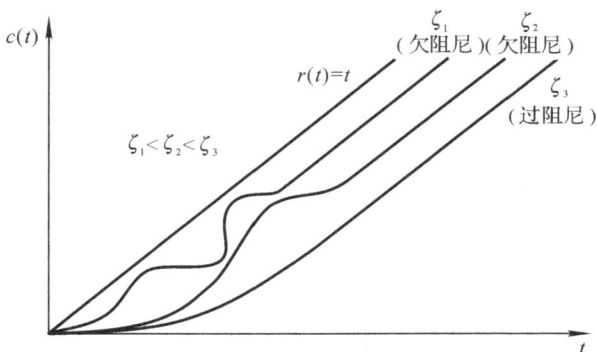

3.4 高阶系统的时间响应

控制工程中,习惯上把三阶以上的系统称为高阶系统。严格地说,大多数系统都是高阶系统。对高阶系统进行理论上的定量分析较复杂且困难,这里只对高阶系统时间响应进行简要的分析说明。

高阶系统的闭环传递函数为

$$\Phi(s) = \frac{C(s)}{R(s)} = \frac{b_m s^m + b_{m-1} s^{m-1} + \cdots + b_1 s + b_0}{a_n s^n + a_{n-1} s^{n-1} + \cdots + a_1 s + a_0}$$

$$= \frac{K(s + z_1)(s + z_2) \cdots (s + z_m)}{(s + p_1)(s + p_2) \cdots (s + p_n)} \tag{3-58}$$

式中:$n \geqslant 3, n \geqslant m$;系统参数 $a_i (i = 0, 1, 2, \cdots, n), b_j (j = 0, 1, 2, \cdots, m), K = b_m/a_n$ 为定常值; $-z_i (i = 0, 1, 2, \cdots, m)$ 为闭环系统零点;$-p_j (j = 0, 1, 2 \cdots, n)$ 为闭环系统极点。

设在高阶系统的 n 个闭环极点中,有 n_1 个实数极点,n_2 对共轭复数极点,而且闭环极点与零点互不相等。当输入为单位阶跃函数时,输出量的拉氏变换为

$$C(s) = \Phi(s) \cdot \frac{1}{s} - \frac{K \prod_{i=1}^{m} (s + z_i)}{\prod_{j=1}^{n_1} (s + p_j) \prod_{k=1}^{n_2} (s^2 + 2\zeta_k \omega_k s + \omega_k^2)} \cdot \frac{1}{s}$$

式中:

$$n = n_1 + 2n_2$$

对上式两边取拉氏反变换,可得高阶系统的单位阶跃响应为

$$c(t) = 1 + \sum_{j=1}^{n_1} A_j \mathrm{e}^{-p_j t} + \sum_{k=1}^{n_2} B_k \mathrm{e}^{-\zeta_k \omega_k t} \cos(\omega_k \sqrt{1 - \zeta_k^2}\,)t$$

$$+ \sum_{k=1}^{n_2} C_k \mathrm{e}^{-\zeta_k \omega_k t} \sin(\omega_k \sqrt{1 - \zeta_k^2}\,)t \qquad (t \geqslant 0) \tag{3-59}$$

式中：$A_j (j=1,2,\cdots,n_1)$，B_k 和 $C_k (k=1,2,\cdots,n_2)$ 均为待定常数。

由上式看出，高阶系统的单位阶跃响应与一、二阶系统的形式相同，均由两大部分组成。一是稳态分量"1"，与时间 t 无关；二是与时间 t 有关的动态（或称暂态）分量。动态分量包含指数项和正弦、余弦项。

分析式(3-59)，有如下结论：

①高阶系统的单位阶跃响应是由一阶和二阶系统的单位阶跃响应组成。

②若所有实数极点为负值，所有共轭复数极点具有负实部，换句话说，所有闭环极点都分布在 s 平面的左半边，那么当时间 t 趋于无穷大时，动态分量都趋于零，系统的稳态输出量为"1"，为单位阶跃信号的输入幅值。这时，高阶系统是稳定的。但只要有一个正极点或正实部的复数极点存在，那么当 t 趋于无穷大时，该极点对应的动态分量就趋于无穷大，系统输出也就为无穷大（实际系统中，保护将起作用，系统停止运行），系统是不稳定的。

③动态响应各分量衰减的快慢取决于式(3-59)中 e 的指数大小。闭环极点的负值或负实部的绝对值越大，其对应的响应分量衰减得越迅速；反之，则衰减缓慢。这可以用闭环极点在 s 平面的位置来表示，距虚轴最近的闭环极点，其对应的响应分量衰减得越慢。动态响应各分量的幅值则与式(3-59)中三个系数 A_j、B_k、C_k 有关。

考虑到实际工程控制系统经常设计成具有衰减振荡的动态性能。因此，在高阶系统中，如果存在一对离虚轴最近的共轭复数极点，其他闭环极点与虚轴的距离比起这一对共轭复数极点与虚轴的距离大 5 倍以上，而且其附近不存在零点，则可以认为系统的动态响应主要由这对极点决定，并将其称为闭环主导极点。类似地，闭环主导极点的概念也可用于一个距虚轴最近的实数极点上。

在高阶系统的分析中，试图按性能指标定义，依式(3-59)求出高阶系统的性能指标解析式是十分困难的事情。在控制工程中，常常采用主导极点的概念对高阶系统进行近似分析。实践表明，这种近似分析方法是行之有效的。因此，如果能找到一对共轭复数主导极点，那么，高阶系统就可以近似地当作二阶系统来分析，并用二阶系统的性能指标公式来估计系统的性能。如果主导极点是一个实数极点，高阶系统就近似为一阶系统了。

基于闭环主导极点的概念分析、设计控制系统时，抓住了矛盾的主要方面，使工作得到简化且易于进行。在实际工作中采用这种分析方法时，要注意先决条件是否满足，即闭环主导极点是否存在。

例 3-5 某控制系统的闭环传递函数为

$$\Phi(s) = \frac{2.7}{s^3 + 5s^2 + 4s + 2.7}$$

试绘出单位阶跃响应曲线，并求动态性能指标 t_r、t_p、t_s 和 $\sigma\%$。再用主导极点方法求解作对比。

解 ①系统为三阶，三个闭环极点分别为

$$s_{1,2} = -0.4 \pm \mathrm{j}0.69, \quad s_3 = -4.2$$

于是闭环传递函数可写为

$$\Phi(s) = \frac{4.2 \times 0.8^2}{(s+4.2)(s^2+2\times 0.5\times 0.8s+0.8^2)}$$

由此可得　　　$p_1 = -4.2, \quad \zeta = 0.5, \quad \omega_n = 0.8$

直接利用式(3-59)，便可得单位阶跃响应为

$$c(t) = 1 - 0.04e^{-4.2t} + e^{-0.4t}(0.96\cos 0.69t + 0.81\sin 0.69t)$$

相应的单位阶跃响应曲线如图 3-25 所示。

　由图求得系统响应的各项性能指标：

上升时间　　$t_r = 3.2\text{sec}$

峰值时间　　$t_p = 4.6\text{sec}$

调节时间　　$t_s = 7.0\text{sec}$

超调量　　　$\sigma\% = 16\%$

②该系统的实数极点与复数极点实部之比为 10.5，复数极点 s_1, s_2 可视为主导极点。三阶系统可用具有这一对复数极点的二阶系统近似。近似的二阶系统闭环传递函数为

$$\Phi(s) = \frac{0.64}{s^2 + 0.8s + 0.64}$$

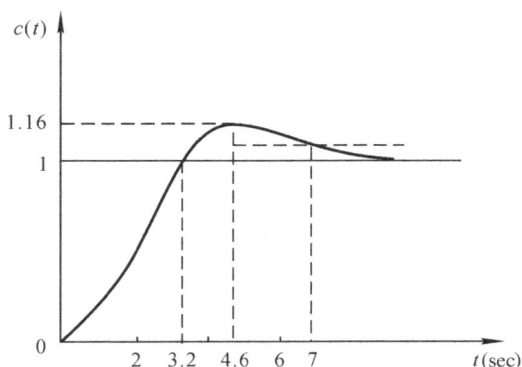

图 3-25　三阶系统单位阶跃响应曲线

由二阶系统性能指标计算公式计算得

上升时间　　$t_r = 3.03\text{sec}$

峰值时间　　$t_p = 4.55\text{sec}$

调节时间　　$t_s = 7.25\text{sec}$

超调量　　　$\sigma\% = 16.3\%$

比较两种方法所求到的性能指标，数值非常接近。这说明系统由于存在一对闭环主导极点，三阶系统可降阶为二阶系统进行分析，其结果不会带来大的误差。

3.5　稳定性分析及代数判据

稳定性是控制系统能否正常工作的前提条件。不能稳定运行的系统，根本谈不上有什么样的性能指标。分析并找出保证系统稳定工作的条件，是设计、综合系统的重要任务之一。本节介绍关于稳定的初步概念、线性定常系统稳定的条件和劳斯稳定判据。

3.5.1　系统稳定的充分必要条件

控制系统稳定的物理概念是，当系统受到有界的内部或外部扰动作用时，系统的输出发生变化，而扰动消除后，经过足够长的时间，若系统输出能回到原来的平衡状态，则认为该系统是稳定的。反之，若随着时间的推移，系统不能回到原平衡状态或输出发散，则该系统是不稳定的。

根据高阶系统单位阶跃响应的分析，影响系统输出量随时间变化的是动态分量。而动

态分量是否衰减只取决于系统闭环极点的符号。若所有闭环极点为负实数和具有负实部的共轭复数,则其对应的动态分量随时间 t 的增长而衰减;若有一个以上的正极点或正实部的复极点,则其对应的动态分量随时间的增长会越来越大,系统输出发散。

由此可得出线性定常系统稳定的充分必要条件是:系统所有闭环极点全部为负实数或具有负实部的共轭复数。换句话说,所有闭环极点必须分布在 s 平面虚轴的左半边。

3.5.2 劳斯判据

由于四阶以上的高阶系统,人工求闭环极点相当困难。因此,工程上希望能有一种不必解出闭环极点就能知道它们是否全在 s 左半平面上的代替方法。劳斯、古尔维茨、林纳德—奇帕特等分别提出了不必求解方程就可判断系统稳定性的方法,称为代数判据。这里,只介绍最常用的劳斯(Routh)判据,其他方法可参阅有关资料。

劳斯稳定判据:令系统闭环传递函数

$$\Phi(s)=\frac{B(s)}{A(s)}=\frac{b_m s^m + b_{m-1}s^{m-1}+\cdots+b_1 s+b_0}{a_n s^n + a_{n-1}s^{n-1}+\cdots+a_1 s+a_0} \tag{3-60}$$

式中: $B(s)$ 是分子多项式, $A(s)$ 是分母多项式,也称为系统特征多项式。将 $A(s)$ 写成如下特征方程形式。注意,各项必须降幂排列。

$$A(s)=a_n s^n + a_{n-1}s^{n-1}+\cdots+a_1 s+a_0=0 \tag{3-61}$$

将特征方程式(3-61)的各项系数排成如表 3-4 所示的劳斯表。

表 3-4 劳斯表

s^n	a_n	a_{n-2}	a_{n-4}	a_{n-6}	$\cdots$
s^{n-1}	a_{n-1}	a_{n-3}	a_{n-5}	a_{n-7}	$\cdots$
s^{n-2}	b_1	b_2	b_3	b_4	
s^{n-3}	c_1	c_2	c_3		
$\vdots$	$\vdots$	$\vdots$	$\vdots$	$\vdots$	
s^0	d_1				

表中 $b_1=\dfrac{a_{n-1}a_{n-2}-a_n a_{n-3}}{a_{n-1}}$, $b_2=\dfrac{a_{n-1}a_{n-4}-a_n a_{n-5}}{a_{n-1}}$

$b_3=\dfrac{a_{n-1}a_{n-6}-a_n a_{n-7}}{a_{n-1}}$, $\cdots$

直至其余 b_i 值等于零为止。

$$c_1=\frac{b_1 a_{n-3}-a_{n-1}b_2}{b_1}, \quad c_2=\frac{b_1 a_{n-5}-a_{n-1}b_3}{b_1}$$

$$c_3=\frac{b_1 a_{n-7}-a_{n-1}b_4}{b_1}, \quad \cdots$$

直至其余 c_i 值等于零为止。

这一过程一直延续到第 $n+1$ 行。

由表 3-4 看出,劳斯表前两行由间隔取特征方程式的系数形成。第一行是奇数项系数,第二行是偶数项系数。其余行按公式计算。表中共有" $n+1$ "行, n 为特征方程最高次幂,即系统阶数。同时,为了简化运算,可以用一个正整数去除或乘某一行的各项,并不改变稳定性的结论。

劳斯稳定判据:系统稳定的充分必要条件是

①特征方程中的幂次不能缺项。

②各项系数均为正值。

③劳斯表的第一列系数均为正值。

例 3-6　若系统特征方程为

$$s^3 + 3s^2 + 2s + 4 = 0$$

试用劳斯判据判别其稳定性。

解　①特征方程的系数均大于 0 且无缺项。

②列劳斯表如下:

$$
\begin{array}{ccc}
s^3 & 1 & 2 \\
s^2 & 3 & 4 \\
\end{array}
$$

$$s^1 \quad \dfrac{2}{3} \quad 0 \quad b_1 = \dfrac{3 \times 2 - 1 \times 4}{3} = \dfrac{2}{3} \qquad\qquad b_2 = \dfrac{3 \times 0 - 1 \times 0}{3} = 0$$

$$s^0 \quad 4 \qquad c_1 = \dfrac{2/3 \times 4 - 3 \times 0}{2/3} = 4$$

结论:劳斯表第一列各数均大于零,系统稳定。

例 3-7　某单位反馈的控制系统如图 3-26 所示,试用劳斯判据判断系统的稳定性。

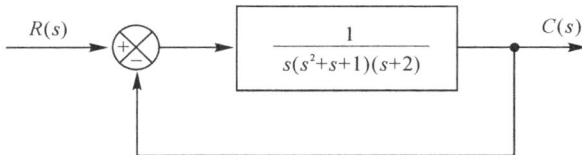

图 3-26　例 3-7

解　从图 3-26 中得知系统的开环传递函数为

$$G(s) = \dfrac{1}{s(s^2 + s + 1)(s + 2)}$$

且为单位反馈,即 $H(s) = 1$。因此其闭环传递函数为

$$\varPhi(s) = \dfrac{C(s)}{R(s)} = \dfrac{G(s)}{1 + G(s)H(s)} = \dfrac{1}{s(s^2 + s + 1)(s + 2) + 1}$$

闭环系统特征方程为

$$s(s^2 + s + 1)(s + 2) + 1 = s^4 + 3s^3 + 3s^2 + 2s + 1 = 0$$

可见,特征方程的系数均大于 0 且无缺项。

列劳斯表如下:

$$
\begin{array}{cccc}
s^4 & 1 & 3 & 1 \\
s^3 & 3 & 2 & \\
\end{array}
$$

$$s^2 \quad \dfrac{7}{3} \quad 1 \qquad\qquad b_1 = \dfrac{3 \times 3 - 1 \times 2}{3} = \dfrac{7}{3}$$

82 控制工程基础

$$s^1 \qquad \frac{5}{7} \qquad\qquad c_1 = \frac{7/3 \times 2 - 3 \times 1}{7/3} = \frac{5}{7}$$

$$s^0 \qquad 1$$

结论:劳斯表第一列各数均大于零,系统稳定。

例 3-8　某单位反馈的控制系统如图 3-27 所示,试用劳斯判据确定使系统稳定的 K 值范围。

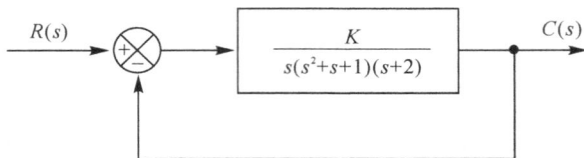

图 3-27　例 3-8

解　类似例 3-7,求得其闭环传递函数为

$$\Phi(s) = \frac{C(s)}{R(s)} = \frac{G(s)}{1+G(s)H(s)} = \frac{K}{s(s^2+s+1)(s+2)+K}$$

闭环系统特征方程为

$$s(s^2+s+1)(s+2)+K = s^4+3s^3+3s^2+2s+K = 0$$

可见,特征方程的系数均大于 0 且无缺项。

列劳斯表如下:

$$s^4 \qquad 1 \qquad\quad 3 \qquad\quad K$$

$$s^3 \qquad 3 \qquad\quad 2$$

$$s^2 \qquad \frac{7}{3} \qquad\quad K$$

$$s^1 \qquad 2-\frac{9}{7}K$$

$$s^0 \qquad K$$

要使系统稳定,必须满足

$$\begin{cases} 2-\dfrac{9}{7}K > 0 \\ K > 0 \end{cases}$$

所以 K 取值范围是

$$0 < K < \frac{14}{9}$$

当 $K = \dfrac{14}{9}$ 时,系统处于临界稳定状态,出现等幅振荡。

若劳斯表中第一列各元素中出现负值,则意味着特征方程有正根或正实部的复根,系统不稳定。且各元素符号改变的次数,便等于正根的个数。

例 3-9　设系统特征方程如下:

$$s^4+2s^3+3s^2+4s+5=0$$

试判别系统的稳定性。

解　①特征方程的系数均大于 0 且无缺项。

②列劳斯表如下:

s^4	1	3	5
s^3	2	4	
s^2	1	5	
s^1	-6		
s^0	5		

因为第一列元素值中有一个为负值,不满足全部为正值,所以系统不稳定。又由于第一列元素值符号改变两次,所以特征方程有两个具有正实部的根,即在[s]右半平面有两个闭环极点。

如果劳斯表的任一行中,出现第一个元素为零,其余各元素不全为零的情况,将使劳斯表无法往下排列。此时可用一个很小的正数 ε 来代替这个零,而继续排列劳斯表中的其他元素。当第一列元素有变化时,则符号变化次数,就是带正实部的特征根的数目;若 ε 的上、下行的第一列的元素符号相同,则特征根中有一对虚根。

例 3-10　用劳斯判据判别特征方程为

$$s^4+2s^3+3s^2+6s+1=0$$

的系统的稳定性,并说明使系统不稳定的特征根的性质。

解　列劳斯表如下:

s^4	1	3	1
s^3	2	6	
s^2	$0\approx\varepsilon$	1	
s^1	$\dfrac{6\varepsilon-2}{\varepsilon}<0$		
s^0	1		

因为劳斯表第一列出现零元,故系统不稳定。又第一列元素的符号变化两次,故特征根中有两个带正实部的根。

如果劳斯表的任一行中,出现所有元素均为零的情况,可用上一行的元素为系数构造一辅助多项式 $F(s)$,将其对 s 求导一次得 $F'(s)$,然后用 $F'(s)$ 的系数取代全零行,继续求出劳斯表的其他元。在这种情况下,系统存在着对称于复平面原点的特征根。这些根或者是两个符号相反、绝对值相等的实根,或者是一对共轭纯虚根,或者是一对共轭复根。由于根对称于复平面原点,故 $F(s)$ 的次数总是偶数,令 $F(s)=0$ 可以求得这些对称根。

例 3-11　设控制系统的特征方程为

$$s^5+s^4+3s^3+3s^2+2s+2=0$$

求使系统不稳定的特征根的数目和性质。

解 列劳斯表如下：

s^5	1	3	2
s^4	1	3	2
s^3	0	0	
s^2			
s^1			
s^0			

劳斯表的 s^3 行出现全零元。故辅助多项式为

$$F(s) = s^4 + 3s^2 + 2 = 0$$

$F(s)$对 s 求导得

$$F'(s) = 4s^3 + 6s = 0$$

用 $F'(s)$ 的系数取代全零行，作 s^3 行的元素，得到的劳斯表如下：

s^5	1	3	2
s^4	1	3	2
s^3	4	6	
s^2	3/2	2	
s^1	2/3		
s^0	2		

劳斯表的第一列的元没有符号变化，故系统不含带正实部的根。解辅助方程 $F(s) = s^4 + 3s^2 + 2 = 0$ 得 $s = \pm j$ 和 $s = \pm j\sqrt{2}$，即系统含有两对纯虚根，系统临界稳定。

3.6 稳态误差分析及计算

对于稳定系统，稳态误差是衡量系统稳态响应的时域指标，是系统控制精度及抑制干扰能力的度量。它根据系统对某些典型输入信号下的稳态误差值或误差系数来评价其性能的优劣。控制系统设计的主要任务之一，就是如何使稳态误差最小，或小于某一允许值。

3.6.1 误差及稳态误差定义

(1)误差

控制工程中，对图 3-28 所示的典型结构，误差有两种定义方法。

一般地，总是希望系统的输出能够复现输入信号。因此，误差可定义为两者之差：

$$e(t) = r(t) - c(t) \tag{3-62}$$

但由于机电控制系统输入输出的物理量常常不同，输入信号通常以电量的形式呈现，而输出往往是某个机械量或别的物理量，故式(3-62)可能无法运算。我们可以通过传感检测装置把输出物理量转换为电量，再输入控制器，从而也就可以与输入信号进行比较运算，即从实用的观点来看，误差也可定义为

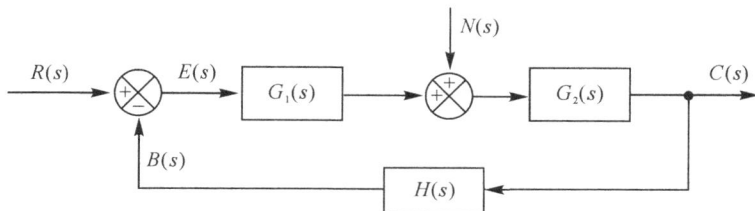

图 3-28 典型控制系统方块图

$$e(t) = r(t) - b(t) \tag{3-63}$$

在以下的讨论中,若无特别说明,总是采用式(3-63)的定义。该误差又称为偏差。

对式(3-63)两边进行拉氏变换

$$E(s) = R(s) - B(s) \tag{3-64}$$

由图 3-28 可知,

$$E(s) = R(s) - B(s) = R(s) - H(s)C(s) \tag{3-65}$$

由此可见,在单位反馈,即 $H(s) = 1$ 时,两种误差定义是一致的。对于非单位反馈系统,误差不等于偏差,但两者之间具有确定的关系,故式(3-63)的定义并不失一般性。

(2)稳态误差

稳定的系统,我们更关心误差的终值,称为稳态误差,记作 e_{ss}。

$$e_{ss} = \lim_{t \to \infty} e(t) \tag{3-66}$$

3.6.2 利用终值定理求稳态误差

图 3-28 中,考虑输入信号 $R(s)$ 引起的误差 $E(s)$ 时,令 $N(s) = 0$,即不考虑扰动作用。误差传递函数为

$$\Phi_e(s) = \frac{E(s)}{R(s)} = \frac{1}{1 + G_1(s)G_2(s)H(s)} = \frac{1}{1 + G_k(s)} \tag{3-67}$$

式中:$G_k(s) = G_1(s)G_2(s)H(s)$ 为系统的开环传递函数。

从而求得误差表达式为

$$E(s) = \Phi_e(s)R(s) = \frac{R(s)}{1 + G_k(s)} \tag{3-68}$$

可以用拉氏变换的性质之一终值定理计算稳态误差,即

$$e_{ss} = \lim_{t \to \infty} e(t) = \lim_{s \to 0} sE(s) = \lim_{s \to 0} s \frac{R(s)}{1 + G_k(s)} \tag{3-69}$$

例 3-12 图 3-29 是曲线记录仪的笔位伺服系统简化方块图。求给定输入为单位阶跃信号时的稳态误差 e_{ss}。

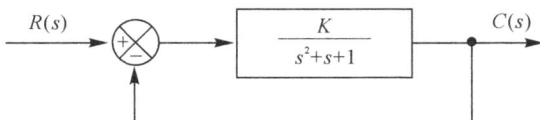

图 3-29 例 3-12 笔位伺服系统简化方块图

解 系统的开环传递函数为

$$G_k(s) = \frac{K}{s^2 + s + 1}$$

输入为单位阶跃信号

$$R(s) = \frac{1}{s}$$

由式(3-68)求得

$$E(s) = \frac{1}{1 + G_k(s)} R(s) = \frac{s^2 + s + 1}{s^2 + s + 1 + K} \cdot \frac{1}{s}$$

设系统是稳定的,应用式(3-69),有

$$e_{ss} = \lim_{s \to 0} sE(s) = \lim_{s \to 0} \left[s \frac{s^2 + s + 1}{s^2 + s + 1 + K} \cdot \frac{1}{s} \right] = \frac{1}{1 + K}$$

若在前向通道串入一积分环节,如图3-30所示

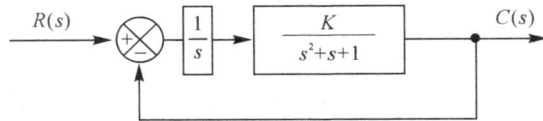

图 3-30　例 3-12 加入积分环节

系统开环传递函数为

$$G_k(s) = \frac{K}{s(s^2 + s + 1)}$$

若系统仍是稳定的,应用终值定理,有

$$e_{ss} = \lim_{s \to 0} sE(s) = \lim_{s \to 0} \left[s \frac{s(s^2 + s + 1)}{s^3 + s^2 + s + K} \cdot \frac{1}{s} \right] = 0$$

前向通道串入积分环节后,稳态误差变为零。

注意,不稳定的系统因无稳态,因此也就无稳态误差,也不能应用终值定理。

3.6.3　系统的型别与开环增益

由式(3-69)看出,稳态误差与系统开环传递函数 $G_k(s)$ 和输入信号 $R(s)$ 的形式有关。

把系统的开环传递函数写成如下标准形式:

$$G_k(s) = \frac{K(\tau_1 s + 1) \cdots (\tau_i^2 s^2 + 2\zeta_i \tau_i s + 1) \cdots}{s^\nu (T_1 s + 1) \cdots (T_j^2 s^2 + 2\zeta_j T_j s + 1) \cdots} \tag{3-70}$$

式中:K 为系统的开环放大系数或开环增益。ν 为开环传递函数中积分环节的个数。分别称 $\nu = 0, 1, 2$ 的系统为 0 型、1 型、2 型系统。ν 的数值反映了系统跟踪参考输入信号的能力。实际系统中,ν 一般不超过 2,否则系统很难稳定。

例 3-13　评价例 3-12 中,系统的型别与开环增益对稳态误差的影响。

解　①系统的开环传递函数为

$$G_k(s) = \frac{K}{s^2 + s + 1}$$

对比式(3-70),得到:系统的开环增益为 K,且系统没有积分环节,即 $\nu = 0$,是 0 型系统。

在例 3-12 中已经计算得输入为单位阶跃信号时的稳态误差

$$e_{ss} = \frac{1}{1+K}$$

可见,开环增益 K 越大,稳态误差 e_{ss} 越小,因此提高开环增益 K 对减小稳态误差总是有益的。但从劳斯稳定性分析的例题中得知,提高开环增益 K 会使系统的稳定性变差。因此,开环增益 K 的大小应当适中,兼顾各性能指标。

②由例 3-12,在系统的前向通道串入一积分环节后,系统开环传递函数成为

$$G_k(s) = \frac{K}{s(s^2+s+1)}$$

系统的开环增益仍为 K。但系统有一个积分环节,即 $\nu=1$,是 1 型系统。已经计算得输入为单位阶跃信号时的稳态误差

$$e_{ss} = 0$$

即型数的提高可使稳态误差为零,可称其为无差系统。相应的,0 型系统就是有差系统。因此在可能的情况下,可设法提高系统的型数以减小稳态误差。当然,这不仅同样受到稳定性因素的制约,也会受到系统结构因素的制约。

3.6.4　误差系数

静态误差系数的定义如下:

静态位置误差系数

$$K_p = \lim_{s \to 0} G_k(s) \tag{3-71}$$

静态速度误差系数

$$K_\nu = \lim_{s \to 0} sG_k(s) \tag{3-72}$$

静态加速度误差系数

$$K_a = \lim_{s \to 0} s^2 G_k(s) \tag{3-73}$$

根据式(3-70)所示的系统开环传递函数的标准形式:

$$G_k(s) = \frac{K(\tau_1 s+1)\cdots(\tau_i^2 s^2+2\zeta\tau_i s+1)\cdots}{s^\nu(T_1 s+1)\cdots(T_j^2 s^2+2\zeta_j T_j s+1)\cdots}$$

可以计算三个静态误差系数的值。

当 $s \to 0$ 时,式(3-70)成为

$$\lim_{s \to 0} G_k(s) = \lim_{s \to 0} \frac{K(\tau_1 s+1)\cdots(\tau_i^2 s^2+2\zeta\tau_i s+1)\cdots}{s^\nu(T_1 s+1)\cdots(T_j^2 s^2+2\zeta_j T_j s+1)\cdots} = \lim_{s \to 0} \frac{K}{s^\nu} \tag{3-74}$$

由此计算静态位置误差系数,由式(3-71)和(3-74)

$$K_p = \lim_{s \to 0} G_k(s) = \lim_{s \to 0} \frac{K}{s^\nu} \tag{3-75}$$

(1)对于 $\nu=0$ 的 0 型系统,由式(3-75)

$$K_p = \lim_{s \to 0} G_k(s) = \lim_{s \to 0} \frac{K}{s^0} = K$$

(2)对于 $\nu=1$ 的 1 型系统,由式(3-75)

$$K_p = \lim_{s \to 0} G_k(s) = \lim_{s \to 0} \frac{K}{s^1} = \infty$$

(3)对于 $\nu=2$ 的 2 型系统,由式(3-75)

$$K_p = \lim_{s \to 0} G_k(s) = \lim_{s \to 0} \frac{K}{s^2} = \infty$$

用同样方法计算静态速度误差系数,由式(3-72)和(3-74)

$$K_v = \lim_{s \to 0} s G_k(s) = \lim_{s \to 0} s \cdot \frac{K}{s^\nu} \qquad (3\text{-}76)$$

(1)对于 $\nu = 0$ 的 0 型系统,由式(3-76)

$$K_v = \lim_{s \to 0} s G_k(s) = \lim_{s \to 0} s \cdot \frac{K}{s^0} = 0$$

(2)对于 $\nu = 1$ 的 1 型系统,由式(3-76)

$$K_v = \lim_{s \to 0} s G_k(s) = \lim_{s \to 0} s \cdot \frac{K}{s^1} = K$$

(3)对于 $\nu = 2$ 的 2 型系统,由式(3-76)

$$K_v = \lim_{s \to 0} s G_k(s) = \lim_{s \to 0} s \cdot \frac{K}{s^2} = \infty$$

类似地,计算静态加速度误差系数,式(3-73)和(3-74)

$$K_a = \lim_{s \to 0} s^2 G_k(s) = \lim_{s \to 0} s^2 \cdot \frac{K}{s^\nu} \qquad (3\text{-}77)$$

(1)对于 $\nu = 0$ 的 0 型系统,由式(3-77)

$$K_a = \lim_{s \to 0} s^2 G_k(s) = \lim_{s \to 0} s^2 \cdot \frac{K}{s^0} = 0$$

(2)对于 $\nu = 1$ 的 1 型系统,由式(3-77)

$$K_a = \lim_{s \to 0} s^2 G_k(s) = \lim_{s \to 0} s^2 \cdot \frac{K}{s^1} = 0$$

(3)对于 $\nu = 2$ 的 2 型系统,由式(3-77)

$$K_a = \lim_{s \to 0} s^2 G_k(s) = \lim_{s \to 0} s^2 \cdot \frac{K}{s^2} = K$$

把上述计算结果列成表 3-5,以便于应用。

表 3-5　静态误差系数值

系统型别	K_p 静态位置误差系数	K_v 静态速度误差系数	K_a 静态加速度误差系数
0 型	K	0	0
1 型	∞	K	0
2 型	∞	∞	K

3.6.5　误差系数在稳态误差计算中的应用

上一小节介绍了三个静态误差系数。应用这三个系数可以导出计算稳态误差的另一种方法。这种方法,不仅使稳态误差的计算简化,不需要从式(3-69)利用终值定理每次进行推导;而且容易看出稳态误差与系统结构、参数间的关系。

由式(3-69),稳态误差的计算式为

$$e_{ss} = \lim_{s \to 0} s \frac{R(s)}{1 + G_k(s)} \tag{3-78}$$

可见稳态误差不仅与开环传递函数 $G_k(s)$ 有关,还与输入信号的拉氏变换有关。下面分别讨论三种典型输入作用时,稳态误差与误差系数间的关系。

(1)阶跃函数输入

当输入为阶跃函数时,$r(t) = A_1 \cdot 1(t)$,$R(s) = A_1/s$,式中 A_1 是阶跃输入的幅值。由式(3-78),稳态误差为

$$e_{ss} = \lim_{s \to 0} s \frac{R(s)}{1 + G_k(s)} = \lim_{s \to 0} s \frac{1}{1 + G_k(s)} \cdot \frac{A_1}{s} = \frac{A_1}{1 + \lim_{s \to 0} G_k(s)}$$

将静态位置误差系数 K_p 的定义式(3-71)代入上式

$$e_{ss} = \frac{A_1}{1 + K_p} \tag{3-79}$$

根据表 3-5,静态位置误差系数 K_p 的值与系统开环传递函数的型别有关。因此,综合表 3-5 和式(3-79),得到输入为阶跃函数时的稳态误差 e_{ss}。即

输入为阶跃函数 $R(s) = \dfrac{A_1}{s}$	系统型别	误差系数 K_p	稳态误差 $e_{ss} = \dfrac{A_1}{1 + K_p}$
	0 型	K	$\dfrac{A_1}{1 + K}$
	1 型	∞	0
	2 型	∞	0

(2)斜坡函数输入

当输入为斜坡函数时,$r(t) = A_t \cdot t$,$R(s) = A_t/s^2$,式中 A_t 是斜坡输入的幅值。由式(3-78),稳态误差为

$$e_{ss} = \lim_{s \to 0} s \frac{R(s)}{1 + G_k(s)} = \lim_{s \to 0} s \frac{1}{1 + G_k(s)} \cdot \frac{A_t}{s^2} = \frac{A_t}{\lim_{s \to 0} s G_k(s)}$$

将静态速度误差系数的定义式(3-72)代入上式

$$e_{ss} = \frac{A_t}{K_v} \tag{3-80}$$

根据表 3-5,静态速度误差系数 K_v 的值与系统开环传递函数的型别有关。因此,综合表 3-5 和式(3-80),得到输入为斜坡函数时的稳态误差。即

输入为斜坡函数 $R(s) = \dfrac{A_t}{s^2}$	系统型别	误差系数 K_v	稳态误差 $e_{ss} = \dfrac{A_t}{K_v}$
	0 型	0	∞
	1 型	K	$\dfrac{A_t}{K}$
	2 型	∞	0

(3)抛物线函数输入

当输入为抛物线函数时,$r(t) = A_a \cdot \dfrac{1}{2} t^2$,$R(s) = A_a/s^3$,式中 A_a 是抛物线输入的幅值。

由式(3-78),稳态误差为

$$e_{ss} = \lim_{s \to 0} s \frac{R(s)}{1+G_k(s)} = \lim_{s \to 0} s \frac{1}{1+G_k(s)} \cdot \frac{A_a}{s^3} = \frac{A_a}{\lim_{s \to 0} s^2 G_k(s)}$$

将静态加速度误差系数 K_a 的定义式(3-73)代入上式

$$e_{ss} = \frac{A_a}{K_a} \tag{3-81}$$

根据表 3-5,静态加速度误差系数 K_a 的值与系统开环传递函数的型别有关。因此,综合表 3-5 和式(3-81),得到输入为抛物线函数时的稳态误差 e_{ss}。即

输入为抛物线函数 $R(s) = \dfrac{A_a}{s^3}$	系统型别	误差系数 K_a	稳态误差 $e_{ss} = \dfrac{A_a}{K_a}$
	0 型	0	∞
	1 型	0	∞
	2 型	K	$\dfrac{A_a}{K}$

至此,我们可以总结一下稳态误差 e_{ss} 的求取方法。

方法一:对于图 3-28 所示的典型结构,考虑输入信号 $R(s)$ 引起的稳态误差 e_{ss}。我们可以利用终值定理来求取,即采用式(3-69):

$$e_{ss} = \lim_{t \to \infty} e(t) = \lim_{s \to 0} s E(s) = \lim_{s \to 0} s \frac{R(s)}{1+G_k(s)}$$

当已知系统的输入和开环传递函数时,式(3-69)是可以求解的。当然,前提是要求系统是稳定的。

方法二:借助三个静态误差系数和系统的型别与开环增益两个参数,并考虑到输入信号的形式,我们可以快速地结合查表求出稳态误差。采用这种方法,不仅计算十分方便简捷,而且概念清晰,对如何减小稳态误差 e_{ss} 也有指导意义。

三个静态误差系数可从表 3-5 中查得。

稳态误差 e_{ss} 计算结果可从表 3-6 中查得。由表 3-6 中可见,系统的型别值 ν 越高,开环增益 K 越大,则稳态误差 e_{ss} 就越小。由于在阶跃输入下,0 型系统稳态误差不为零,习惯上称其为有差系统;而 1 型、2 型系统稳态误差为零,习惯上称其为无差系统。或者统一把 0 型、1 型、2 型系统称为具有 0 阶、1 阶、2 阶无差度。

表 3-6　根据输入信号确定稳态误差(表中 K 为开环增益)

系统型别	阶跃输入 $R(s) = \dfrac{A_1}{s}$ 稳态误差 $e_{ss} = \dfrac{A_1}{1+K_p}$	斜坡输入 $R(s) = \dfrac{A_t}{s^2}$ 稳态误差 $e_{ss} = \dfrac{A_t}{K_\nu}$	抛物线输入 $R(s) = \dfrac{A_a}{s^3}$ 稳态误差 $e_{ss} = \dfrac{A_a}{K_a}$
0 型	$\dfrac{A_1}{1+K}$	∞	∞
1 型	0	$\dfrac{A_t}{K}$	∞
2 型	0	0	$\dfrac{A_a}{K}$

用该法求取误差系数和稳态误差 e_{ss} 步骤：

①确定给定系统是否为形如图 3-28 的典型结构，以便符合误差定义式(3-63)。如确为典型结构，则获得系统的开环传递函数 $G_k(s)$，并将其转化为式(3-70)所描述的标准形式。

②确定系统的型别 ν 和开环增益 K。

③由表 3-5 可求得三个静态误差系数。

④由输入信号的形式，结合表 3-6，可求得稳态误差 e_{ss}。

例 3-14　单位反馈系统的开环传递函数为 $G_k(s)=\dfrac{100}{s(s+10)(0.5s+1)}$，求三个静态误差系数 K_p,K_ν,K_a，并利用这些系数求输入 $r(t)=t^2$ 时的稳态误差 e_{ss}。

解　①单位反馈系统确实是典型结构。但原题给定的传递函数并非标准形式，进行转换：

$$G_k(s)=\frac{10}{s(0.1s+1)(0.5s+1)}$$

②$\nu=1$，为 1 型系统，开环增益 $K=10$。

③由表 3-5 直接写出：

$$K_p=\infty,\quad K_\nu=K=10,\quad K_a=0$$

④$r(t)=2\times\dfrac{1}{2}t^2$，其拉氏变换 $R(s)=\dfrac{2}{s^3}$。由表 3-6 得

$$e_{ss}=\frac{A_a}{K_a}=\frac{2}{0}=\infty$$

(4)典型信号合成输入

当系统的输入由阶跃、斜坡和抛物线组成时，输入信号为

$$r(t)=A_1\cdot 1(t)+A_t t+A_a\cdot\frac{1}{2}t^2$$

拉氏变换为

$$R(s)=\frac{A_1}{s}+\frac{A_t}{s^2}+\frac{A_a}{s^3}$$

式中：A_1,A_t,A_a 分别为阶跃、斜坡和抛物线信号的幅值。

对这样的合成输入，除了可通过终值定理求出稳态误差外，还可以采用叠加原理，分别求出系统对阶跃、斜坡和抛物线输入下的稳态误差，然后再将所得结果叠加即可。

例 3-15　已知某单位反馈系统的开环传递函数为

$$G_k(s)=\frac{2.5(s+1)}{s^2(0.25s+1)}$$

试求在参考输入信号 $r(t)=2+3t+4t^2$ 下系统的稳态误差。

解　①可以先判别系统的稳定性，求稳态误差只有对稳定的系统才有意义。但有时若非特别指明，本步骤也可跳过。

系统的闭环特征方程为

$$0.25s^3+s^2+2.5s+2.5=0$$

列劳斯表如下：

$$s^3\qquad 0.25\qquad 2.5$$

s^2	1	2.5
s^1	1.875	
s^0	2.5	

劳斯表第一列均为正数,故系统稳定。

②给定的传递函数已是标准形式,得出:

$\nu=2$,为 2 型系统,开环增益 $K=2.5$。

由表 3-5:

$$K_p=\infty,\quad K_v=\infty,\quad K_a=K=2.5$$

对输入信号作拉氏变换

$$R(s)=\frac{2}{s}+\frac{3}{s^2}+\frac{8}{s^3}$$

由表 3-6,分别求出阶跃、斜坡和抛物线输入下的稳态误差:

阶跃输入下,

$$e_{ss1}=\frac{2}{1+K_p}=0$$

斜坡输入下,

$$e_{ss2}=\frac{3}{K_v}=0$$

抛物线输入下,

$$e_{ss3}=\frac{8}{K_a}=\frac{8}{2.5}=3.2$$

所以,系统的稳态误差

$$e_{ss}=e_{ss1}+e_{ss2}+e_{ss3}=0+0+3.2=3.2$$

例 3-16　已知系统的结构如图 3-31 所示。求 $R(s)=\frac{1}{s}+\frac{1}{s^2}$ 时系统的稳态误差。

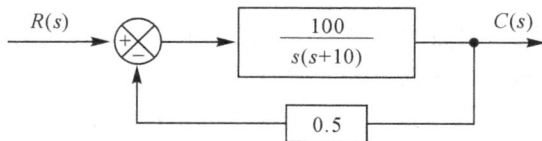

图 3-31　例 3-16

解　求系统的开环传递函数并化为标准形式

$$G_k(s)=G(s)H(s)=\frac{100\times0.5}{s(s+10)}=\frac{5}{s(0.1s+1)}$$

为 1 型系统,且开环增益 $K=5$。

若不要求计算静态误差系数,可直接从表 3-6 中查取稳态误差。分别求:

阶跃输入 $R_1(s)=\frac{1}{s}$ 时,由表 3-6,

$$e_{ss1}=0$$

斜坡输入 $R_2(s) = \dfrac{1}{s^2}$ 时,由表 3-6,

$$e_{ss2} = \frac{1}{K} = \frac{1}{5}$$

系统总的稳态误差为

$$e_{ss} = e_{ss1} + e_{ss2} = \frac{1}{5}$$

3.6.6 扰动作用下的稳态误差计算

实际系统中,除了给定输入作用外,往往还会受到不希望的扰动作用。例如,在机电拖动系统中,负载力矩的波动、电源电压波动等;在第 1 章所介绍的液位控制系统中,液体的流出量就是扰动作用。

在图 3-28 的系统典型结构中,只考虑由扰动作用 $N(s)$ 引起的稳态误差时,令 $r(t) = 0$,即 $R(s) = 0$。此时,系统的误差传递函数为

$$\Phi_{eN}(s) = \frac{E_N(s)}{N(s)} = \frac{-G_2(s)H(s)}{1 + G_1(s)G_2(s)H(s)} = \frac{-G_2(s)H(s)}{1 + G_k(s)}$$

其误差拉氏变换式为

$$E_N(s) = \Phi_{eN}(s)N(s) = -\frac{G_2(s)H(s)}{1 + G_k(s)}N(s)$$

利用终值定理,计算扰动作用下的稳态误差,即

$$e_{Nss} = \lim_{s \to 0} sE_N(s) = -\lim_{s \to 0} s \frac{G_2(s)H(s)}{1 + G_k(s)}N(s) \qquad (3\text{-}82)$$

注意,前面所定义的静态误差系数是在输入作用下得出的,并不适用于求取扰动作用下的稳态误差,即不能采用表 3-5 和表 3-6 中的结论。

例 3-17 求图 3-32 所示的单位反馈系统,在单位阶跃扰动作用下的稳态误差。

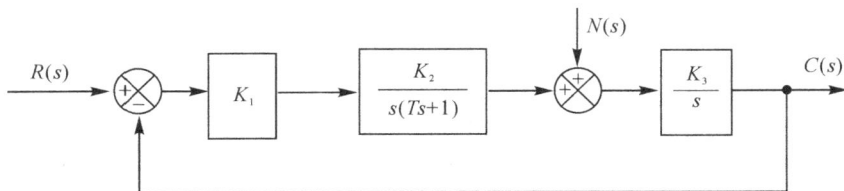

图 3-32 例 3-17

解 对比图 3-28,有

$$G_1(s) = K_1 \frac{K_2}{s(Ts+1)} \quad , \quad G_2(s) = \frac{K_3}{s} \quad , \quad H(s) = 1$$

单位阶跃扰动作用:

$$N(s) = \frac{1}{s}$$

由式(3-82),系统的稳态误差为

$$e_{Nss} = -\lim_{s \to 0} s \frac{G_2(s)H(s)}{1 + G_k(s)}N(s)$$

$$= -\lim_{s \to 0} s \frac{\dfrac{K_3}{s}}{1 + \dfrac{K_1 K_2 K_3}{s^2(Ts+1)}} \frac{1}{s}$$

$$= -\lim_{s \to 0} s \frac{K_3 s(Ts+1)}{s^2(Ts+1) + K_1 K_2 K_3} \frac{1}{s} = 0$$

例 3-18 求图 3-33 所示的单位反馈系统,在单位阶跃扰动作用下的稳态误差。

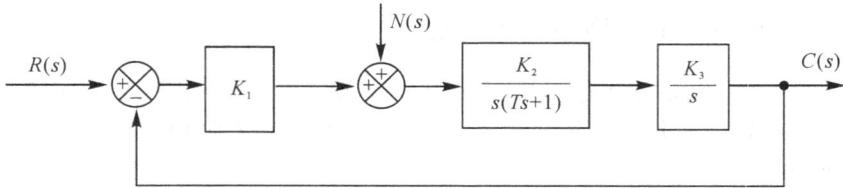

图 3-33　例 3-18

解 本题与例 3-17 几乎相同,仅是扰动作用位置不同。

对比图 3-28,有

$$G_1(s) = K \quad , \quad G_2(s) = \frac{K_2}{s(Ts+1)} \frac{K_3}{s} \quad , \quad H(s) = 1$$

单位阶跃扰动作用:

$$N(s) = \frac{1}{s}$$

由式(3-82),系统的稳态误差为

$$e_{Nss} = \lim_{s \to 0} s \frac{G_2(s)H(s)}{1 + G_k(s)} N(s)$$

$$= -\lim_{s \to 0} s \frac{\dfrac{K_2}{s(Ts+1)} \dfrac{K_3}{s}}{1 + \dfrac{K_1 K_2 K_3}{s^2(Ts+1)}} \frac{1}{s}$$

$$= -\lim_{s \to 0} s \frac{K_2 K_3}{s^2(Ts+1) + K_1 K_2 K_3} \frac{1}{s} = -\frac{1}{K_1}$$

从上两例的分析可知,在扰动作用下,系统的稳态误差与开环传递函数、扰动作用及扰动作用的位置有关。从扰动作用的位置来看,系统稳态误差与偏差信号到扰动点之间的积分环节的数目以及增益的大小有关,而与扰动点作用点后面的积分环节的数目以及增益的大小无关。

3.6.7　给定输入、扰动共同作用下系统误差

实际控制系统中,给定输入和扰动往往是同时存在的。根据线性系统的叠加原理,可分别求出各自作用下的稳态误差值,然后相加,即

$$e = e_{ss} + e_{Nss} \tag{3-83}$$

由于作用在系统上的扰动方向会变化,因此,在实际系统设计中,常取它们的绝对值相加作为系统的稳态误差,即

$$e = |e_{ss}| + |e_{Nss}| \tag{3-84}$$

例 3-19　某控制系统的结构图如图 3-34 所示。给定输入作用和扰动作用均为单位斜坡函数,试求系统稳态误差值。

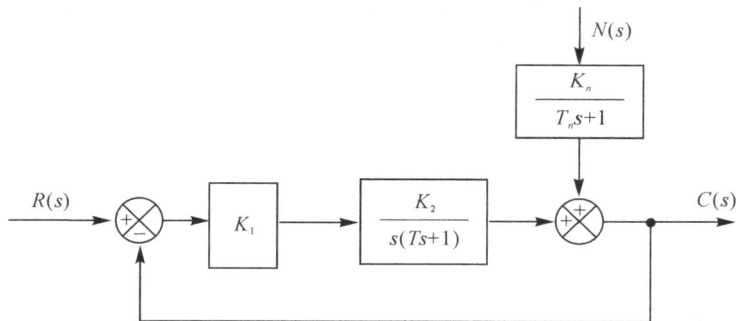

图 3-34　例 3-19

解　令 $N(s)=0,R(s)=1/s^2$,计算输入作用下的稳态误差为

$$e_{ss}=\frac{1}{K_1 K_2}$$

令 $R(s)=0,N(s)=1/s^2$,计算扰动作用下的稳态误差为

$$e_{Nss}=-\frac{K_n}{K_1 K_2}$$

当 $r(t)=t,n(t)=t$ 同时作用时,系统稳态误差

$$e=|e_{ss}|+|e_{Nss}|=\frac{1}{K_1 K_2}+\frac{K_n}{K_1 K_2}$$

K_1、K_2 值必须保证系统稳定。

3.6.8　减小稳态误差的方法

减小和消除稳态误差的方法有多种,一般采用以下几种:

①提高系统开环增益即放大系数。

②提高系统的型别,即增加开环系统中积分环节的个数。

但要注意的是:方法①、②在一般情况下会使闭环系统稳定性变坏,因此要在系统稳定范围内使用。

③复合控制结构。当要求控制系统既要高稳态精度,又要求有良好的动态性能时,如果单靠加大开环放大系数或在主通道内串入积分环节,往往不能同时满足上述要求,这时可采用复合控制的方法。具体可参见第 5 章有关内容。

3.7　MATLAB 在时域分析中的应用

系统的时域分析包括时域上的稳定性分析,以及研究系统对输入和扰动在时域内的瞬态行为。由于系统闭环极点在复平面上的位置决定了系统的稳定性,而 MATLAB 软件提供了快速求解和绘制系统零、极点位置的函数,因此应用 MATLAB 可以很方便地求解系统的稳定性。同样,控制系统工具箱提供了丰富的、用于控制系统时间响应分析的工具函数。

3.7.1 应用 MATLAB 分析系统的动态特性

系统的特征,如上升时间、过渡过程时间、超调量以及稳态误差等,都能从时间响应上反映出来。MATLAB 的时域分析函数具体可见附录 2。

例 3-20 对于典型的二阶系统

$$G(s) = \frac{\omega_n^2}{s^2 + 2\zeta\omega_n + \omega_n^2}$$

试求 $\omega_n = 6$,阻尼比 ζ 取:①$\zeta=0$;②$0<\zeta<1$;③$\zeta=1$;④$\zeta>1$。该系统的单位阶跃响应。

解 在 MATLAB 命令行中输入

```
>> wn=6;                                              %定义无阻尼自然频率
>> kosi=0;num1=wn.^2;den1=[1,2 * kosi * wn,wn.^2];    %定义ζ=0时模型
>> kosi=0.7;num2=wn.^2;den2=[1,2 * kosi * wn,wn.^2];  %定义0<ζ<1时模型
>> kosi=1;num3=wn.^2;den3=[1,2 * kosi * wn,wn.^2];    %定义ζ=1时模型
>> kosi=4;num4=wn.^2;den4=[1,2 * kosi * wn,wn.^2];    %定义ζ=4时模型
>> subplot(2,2,1); step(num1,den1);xlabel('ζ=0'); grid on;      %画出ζ=0响应图
>> subplot(2,2,2); step(num2,den2);xlabel('0<ζ<1'); grid on;    %画出0<ζ<1响应图
>> subplot(2,2,3); step(num3,den3);xlabel('ζ=1'); grid on;      %画出ζ=1响应图
>> subplot(2,2,4); step(num4,den4);xlabel('ζ=4'); grid on;      %画出ζ=4响应图
```

执行完毕后,阻尼不同时二阶系统的单位阶跃响应曲线如图 3-35 所示。

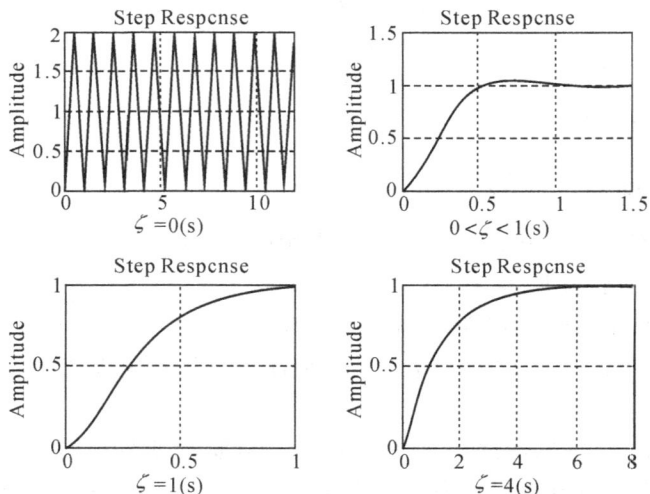

图 3-35 二阶系统的单位阶跃响应

例 3-21 已知三阶系统的传递函数为

$$G(s) = \frac{50(s+4)}{s^3 + 2s^2 + 100s + 100}$$

求系统的单位阶跃响应和单位脉冲响应。

解 执行如下指令

```
>> num=[50,200];den=[1,2,100,100];                   %定义模型
>> sys=tf(num,den);                                   %建立模型
```

```
>> [y,t,x]=step(sys);                         %求取单位阶跃响应值
>> [y1,t1,x1]=impulse(sys);                   %求取单位脉冲响应值
>> subplot(211);plot(t,y);                    %绘制单位阶跃响应"时间—幅值"图
>> title('单位阶跃响应');grid on;
>> xlabel('时间');ylabel('幅值');
>> subplot(212);plot(t1,y1);                  %绘制单位脉冲响应"时间—幅值"图
>> title('单位脉冲响应');grid on;
>> xlabel('时间');ylabel('幅值');
```

执行完后,响应曲线如图 3-36 所示。

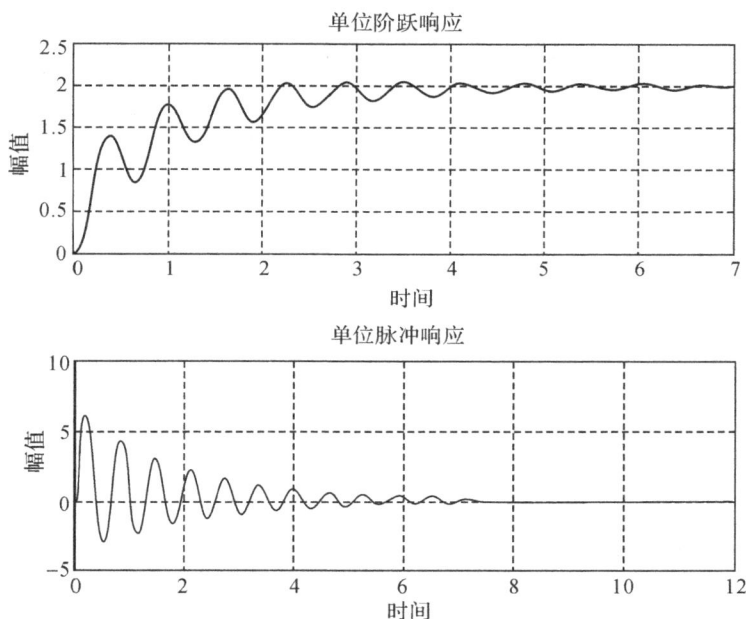

图 3-36 三阶系统单位阶跃、单位脉冲响应曲线图

3.7.2 应用 MATLAB 分析系统的稳定性

根据系统稳定性的充要条件,可以应用 MATLAB 的 pzmap 函数绘制系统的零极点图或 root 函数求取系统的特征根来判断系统的稳定性。

例 3-22 已知系统的传递函数为

$$G(s) = \frac{s^4 + 2s^3 + 4s^2 + 3s + 6}{s^5 + 3s^4 + 4s^3 + 2s^2 + 7s + 10}$$

求出系统的零、极点和增益;绘制零、极点图,判断系统的稳定性。

解 在 MATLAB 命令行中输入以下指令

```
>> num=[1 2 4 3 6];den=[1 3 4 2 7 10];       %建立分子、分母矢量
>> [z,p,k]=tf2zp(num,den)                      %求取零、极点和增益
>> pzmap(num,den);                             %绘制零极点图
>> title('零、极点图');
```

运行后,零、极点和增益为

z＝－1.2263 ＋ 1.3332i

－1.2263－1.3332i

0.2263 ＋ 1.3332i

0.2263－1.3332i

p＝0.6906 ＋ 1.1430i

0.6906－1.1430i

－1.5236 ＋ 1.3718i

－1.5236－1.3718i

－1.3341

k ＝ 1

零极点图为图 3-37，图中圆圈为零点，叉为极点。

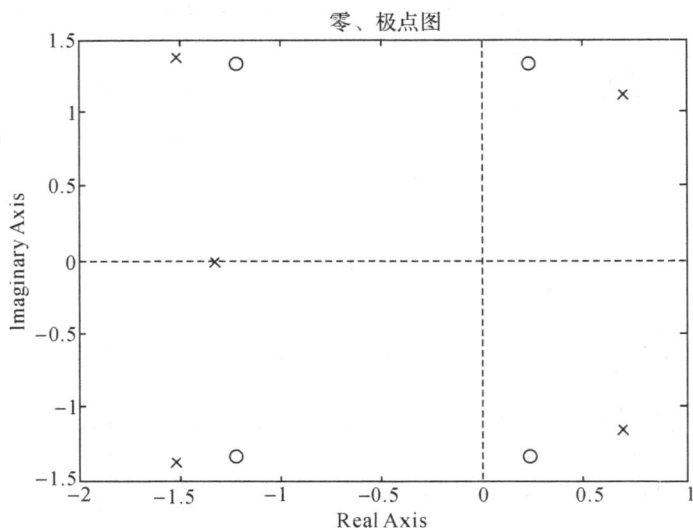

图 3-37　零极点图

从极点值中可以得出，该系统有两个极点具有正实部，因此系统不稳定。

例 **3-23**　系统闭环特征方程为

$$s^3 + s^2 + 2s + 24 = 0$$

用 MATLAB 判断系统稳定性。

解　键入

den＝[1 1 2 24]；

roots(den)

运行结果为

ans＝

－3.0000

1.000＋2.6458i

1.000－2.6458i

可见，系统有两个位于右半平面的共轭复根，故系统不稳定。

3.7.3　稳态误差分析

例 3-24　设单位反馈系统的开环传递函数为 $G(s)=\dfrac{1}{s(s+1)}$，求给定信号分别为单位脉冲、单位阶跃时的系统响应及稳态误差。

（1）求单位脉冲响应及稳态误差

MATLAB 程序如下：

```
t=0:0.1:15;
[num,den]=cloop([1],[1 1 0]);
y=impulse(num,den,t);
subplot(312);plot(t,y);
er=y(length(t));
```

运行结果见图 3-38。

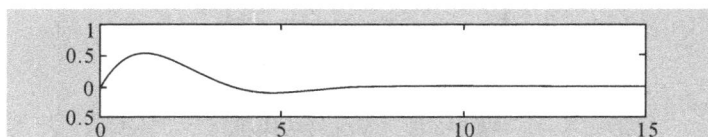

图 3-38　系统的单位脉冲响应

同时在命令窗口中得到

er=2.6275e-004　　　　　　　%系统稳态误差

（2）求单位阶跃响应及稳态误差

MATLAB 程序如下：

```
t=0:0.1:20;
[num,den]=cloop([1],[1 1 0]);
y=step(num,den,t);
subplot(312);plot(t,y);
er=y(length(t));
```

运行结果见图 3-39。

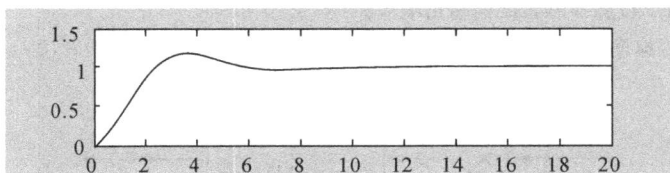

图 3-39　系统的单位阶跃响应

同时在命令窗口中得到

er=2.4294e-005　　　　　　　%系统稳态误差

习   题

3-1 已知某单位反馈系统的开环传递函数为

$$G_k(s) = \frac{K}{Ts+1}$$

试求其单位阶跃响应。

3-2 设某温度计可用一阶系统模型表示其特性,现在用温度计测量容器中的水温,当它插入恒温水中 1min 时,显示了该温度的 98%,试求其时间常数。又若给容器加热,水温由 0 ℃按 10 ℃/min 规律上升,求该温度计的测量误差。

3-3 一阶系统的结构如题 3-3 图所示,其中 K_1 为开环放大倍数,K_2 为反馈系数。设 $K_1=100$,$K_2=0.1$。试求系统的调节时间 t_s(按 ±5% 误差计算);如果要求 $t_s=0.1$,求反馈系数 K_2。

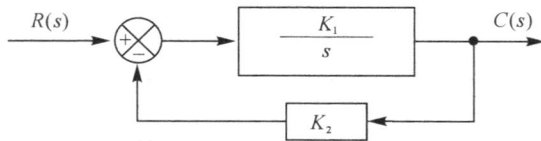

题 3-3 图   系统的结构图

3-4 设单位反馈系统的开环传递函数为

$$G_k(s) = \frac{4}{s(s+5)}$$

求该系统的单位阶跃响应。

3-5 已知某系统的闭环传递函数为

$$\Phi(s) = \frac{C(s)}{R(s)} = \frac{\omega_n^2}{s^2 + 2\zeta\omega_n s + \omega_n^2}$$

系统单位阶跃响应的最大超调 $\sigma\% = 8\%$,峰值时间 $t_p = 1\sec$,试确定 ζ 和 ω_n 值。

3-6 一单位反馈系统的开环传递函数为

$$G_k(s) = \frac{1}{s(s+1)}$$

求:(1)系统的单位阶跃响应及动态性能指标 t_r、t_p、t_s 和 $\sigma\%$;

(2)输入量为单位脉冲时系统的输出响应。

3-7 某二阶系统的结构框图如题 3-7 图所示,试画出 $K_A=0,0<K_A<1$ 和 $K_A>1$ 时的单位阶跃响应曲线。

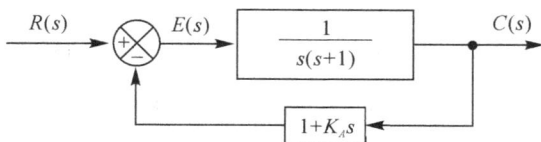

题 3-7 图   控制系统框图

3-8 由实验测得二阶系统的单位阶跃响应曲线 $c(t)$ 如题 3-8 图所示,试计算其系统参数 ζ 和 ω_n。

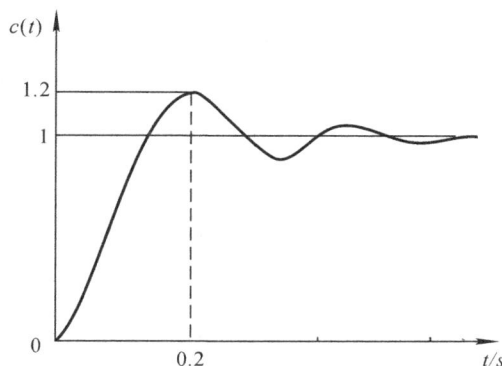

题 3-8 图　二阶系统的单位阶跃响应曲线

3-9　某系统如题 3-9 图所示,若要求单位阶跃响应 $c(t)$ 的最大超调 $\sigma\% = 20\%$,调节时间 $t_s \leqslant 2\sec(\Delta = 0.02)$,试确定 K 值和 b 值。

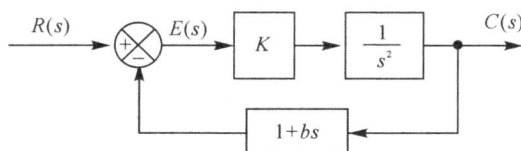

题 3-9 图　控制系统框图

3-10　典型二阶系统的单位阶跃响应为

$$c(t) = 1 - 1.25e^{-1.2t}\sin(1.6t + 53.1°)$$

试求系统的最大超调 $\sigma\%$、峰值时间 t_p、调节时间 t_s。

3-11　已知某三阶控制系统的闭环传递函数为

$$\Phi(s) = \frac{C(s)}{R(s)} = \frac{378}{(s+3.56)(s+0.2+j0.5)(s+0.2-j0.5)}$$

试说明该系统是否有主导极点。如有,求出该极点,并简要说明该系统对单位阶跃输入的响应。

3-12　已知控制系统的特征方程为

(1) $s^5 + 2s^4 + s^3 + 3s^2 + 4s + 5 = 0$

(2) $2s^4 + s^3 + 3s^2 + 5s + 10 = 0$

(3) $s^4 + 3s^3 + s^2 + 3s + 1 = 0$

(4) $s^6 + 2s^5 + 8s^4 + 20s^3 + 12s^2 + 16s + 16 = 0$

试分析系统的稳定性。

3-13　设某系统的特征方程

$$s^3 + (a+1)s^2 + (a+b-1)s + b - 1 = 0$$

试确定待定参数 a 及 b,以便使系统稳定。

3-14　已知单位反馈系统的开环传递函数为

(1) $G_k(s) = \dfrac{100}{s(0.1s+2)(s+5)}$

(2) $G_k(s) = \dfrac{3s+1}{s^2(4s^2+120s+2500)}$

试分析闭环系统的稳定性。

3-15　试分析题 3-15 图所示系统的稳定性。

(a)   (b)

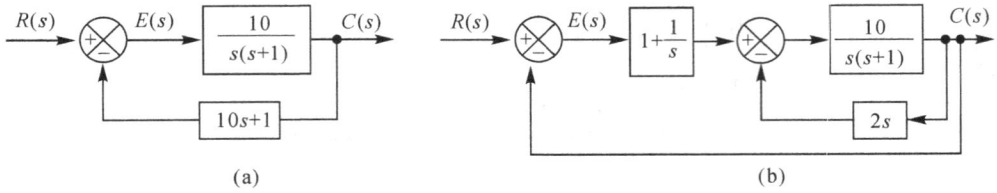

题 3-15 图　控制系统框图

3-16　试确定使题 3-16 图所示系统稳定的 K 值。

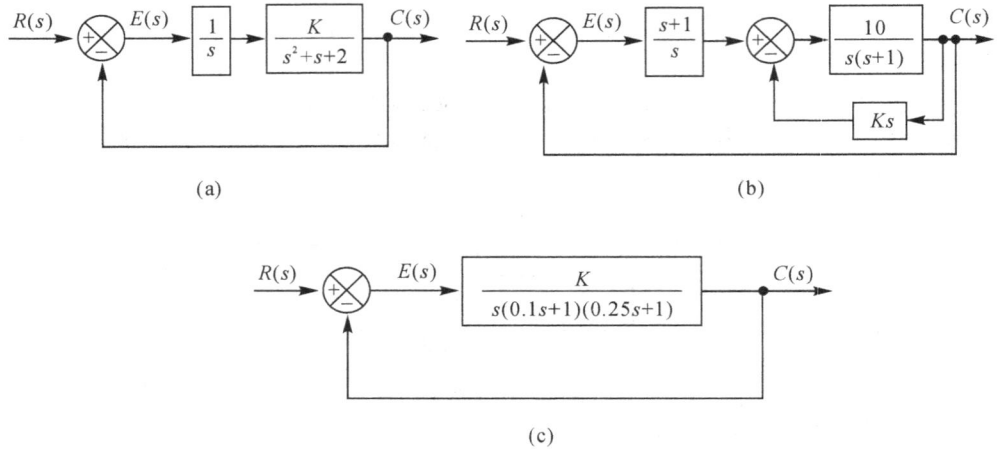

(a)   (b)

(c)

题 3-16　控制系统框图

3-17　已知单位反馈系统的开环传递函数为

$$G_k(s) = \frac{K}{s\left(\dfrac{s^2}{\omega_n^2} + 2\dfrac{\zeta}{\omega_n}s + 1\right)}$$

式中，$\omega_n = 90\,\mathrm{rad/sec}$，$\zeta = 0.3$，试确定使系统稳定的 K 值。

3-18　设单位反馈系统的开环传递函数为

$$G_k(s) = \frac{K}{s\left(\dfrac{1}{3}s + 1\right)\left(\dfrac{1}{6}s + 1\right)}$$

要求闭环特征根实部均小于 -1，试确定 K 值的取值范围。

3-19　已知单位反馈系统的开环传递函数为

$$G_k(s) = \frac{K}{s(s^2 + 6s + 25)}$$

试根据下述条件确定 K 的取值范围。

(1) 使闭环系统稳定；

(2) 当 $r(t) = 3t$ 时，其稳态误差 $e_{ss} \leqslant 0.6$。

3-20　已知单位反馈系统的开环传递函数如下，试求三个静态误差系数，并分别求出当 $r(t) = 1(t)$、t、t^2 时系统的稳态误差值。

(1) $G_k(s) = \dfrac{10}{(s+2)(s+5)}$

(2) $G_k(s) = \dfrac{5(0.5s+1)}{s(0.3s+1)}$

$$(3) G_k(s) = \frac{5(2s+3)}{s^2(0.3s+2)(s^2+2s+4)}$$

3-21　已知单位反馈系统的传递函数为

$$\Phi(s) = \frac{C(s)}{R(s)} = \frac{a_1 s + a_0}{a_n s^n + a_{n-1} s^{n-1} + \cdots + a_1 s + a_0}$$

求参考输入为斜坡函数时的稳态误差 e_{ss}。

3-22　设单位反馈系统的开环传递函数为

$$G_k(s) = \frac{10}{s^2(s+1)}$$

试求三个静态误差系数,以及系统在参考输入 $r(t) = a_0 + a_1 t + a_2 t^2$ 作用下的稳态误差。

3-23　控制系统框图如题 3-23 图所示。当扰动信号分别为 $n(t) = 1(t)$、$n(t) = t$ 时,试分别计算下列两种情况下扰动信号 $n(t)$ 产生的稳态误差 e_{Nss},并对其结果进行比较。

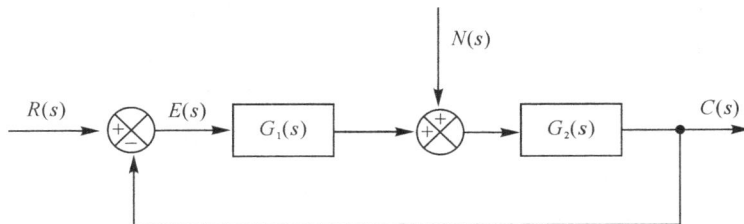

题 3-23 图　控制系统框图

$$(1) G_1(s) = K_1, \quad G_2(s) = \frac{K_2}{s(T_2 s+1)}$$

$$(2) G_1(s) = \frac{K_1(T_1 s+1)}{s}, \quad G_2(s) = \frac{K_2}{s(T_2 s+1)} \qquad (T_1 > T_2)$$

第 4 章　频域分析法

频域分析法是以输入信号的频率作为变量,对系统的特性在频域范围内进行分析的一种方法。它能借助作图法分析系统的稳定性、响应的快速性和准确性等重要特性,能间接地揭示系统的时域本质,使得系统的物理特性能够清晰地展示出来,能比较方便地判断某些环节或参数对系统性能的影响,并能指出系统究竟应该如何改进。对一些难以用传递函数等数学模型来描述的系统或环节,可以用实验方法来测定或分析,具有很强的实用性。

频域分析法主要适用于线性定常系统,它是一种应用十分广泛的工程分析方法。

用图解法来表示系统的频率特性,并能从频率特性图,尤其是波德图中判读系统的稳定性、快速性和准确性是本章的学习要点。

4.1　频率响应和频率特性

4.1.1　频率响应

先用一个例子来说明频率响应的基本概念。

例 4-1　如图 4-1 所示 RC 网络,在例 2-12 中已推导出其微分方程,其传递函数为一阶惯性系统:

$$G(s) = \frac{C(s)}{R(s)} = \frac{1}{RCs+1} = \frac{1}{Ts+1} \qquad (T=RC,\text{电路的时间常数})$$

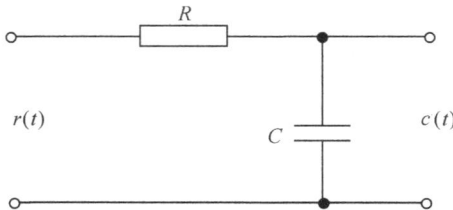

图 4-1　RC 低通滤波器

设输入信号为正弦电压函数:

$$r(t) = A\sin\omega t \tag{4-1}$$

式中:A 是输入信号的幅值;ω 是输入信号的圆频率,量纲为弧度/秒(rad/sec)。

输入信号的拉氏变换为

$$R(s) = \frac{A\omega}{s^2 + \omega^2} \tag{4-2}$$

输出为

$$C(s) = G(s)R(s) = \frac{1}{Ts+1} \cdot \frac{A\omega}{s^2 + \omega^2} \tag{4-3}$$

对上式进行拉氏反变换,可得电容两端的输出电压为

$$c(t) = \frac{A\omega T}{1 + \omega^2 T^2} e^{-\frac{t}{T}} + \frac{A}{\sqrt{1 + \omega^2 T^2}} \sin(\omega t - \arctan\omega T) \tag{4-4}$$

式中:第一项是输出的瞬态分量,随着 $t \to \infty$,这个瞬态分量趋于零;第二项是稳态分量。所以系统的稳态响应为

$$\lim_{t \to \infty} c(t) = \frac{A}{\sqrt{1 + \omega^2 T^2}} \sin(\omega t - \arctan\omega T) \tag{4-5}$$

由式(4-5)可知,系统的稳态输出也是正弦电压,且与输入是同一频率。但输出幅值与输入幅值相比,从 $A \Rightarrow \dfrac{A}{\sqrt{1 + \omega^2 T^2}}$,即输出输入幅值比为 $\dfrac{1}{\sqrt{1 + \omega^2 T^2}}$。输出相角与输入相角相比滞后了,从 $0 \Rightarrow -\arctan\omega T$,即输出输入相位差为 $-\arctan\omega T$。并且知道,无论是幅值比还是相位差,它们都是频率 ω 的函数。当频率一定时,稳态输出与输入的幅值比和相位差是一定的,频率改变时,它们也随着频率的变化而变化。

由本例我们得到了频率响应的基本概念。所谓频率响应,就是指系统对于正弦输入的稳态输出响应。它有三点属性,简短地说就是:同频、变幅、移相。

4.1.2　频率特性

频率特性是指系统在正弦输入时的稳态输出随频率的变化关系。在例 4-1 中得知,系统输出输入的幅值比和相位差都是频率 ω 的函数,频率特性研究的就是当频率 ω 从 $0 \to \infty$ 时,幅值比和相位差的变化特性。例 4-1 所示的一阶系统,其幅值比随频率的变化规律是

$$A(\omega) = \frac{1}{\sqrt{1 + \omega^2 T^2}} \tag{4-6}$$

其相位差随频率的变化规律是

$$\varphi(\omega) = -\arctan\omega T \tag{4-7}$$

式(4-6)和(4-7)就构成了一阶系统的频率特性,它们分别称为幅频特性和相频特性。就例 4-1 所示一阶系统而言,其幅频特性和相频特性随频率的变化是:当 ω 从 $0 \to \infty$ 时,$A(\omega)$ 从 $1 \to 0$,$\varphi(\omega)$ 从 $0° \to -90°$。

频率特性可以由幅频特性和相频特性构成,后面将会谈到,频率特性还可以由其他形式构成,例如实频特性和虚频特性。

任意系统的频率特性的获得并非一定要按例 4-1 所示的步骤。事实上,在例 4-1 系统的传递函数 $G(s)$ 中,令 $s = j\omega$,则

$$G(j\omega) = G(s)\big|_{s=j\omega} = \frac{1}{j\omega T + 1}$$

$G(j\omega)$ 是一个复变函数,将其分解为实部和虚部:

$$G(\mathrm{j}\omega) = \frac{1}{\mathrm{j}\omega T + 1} = \frac{1 - \mathrm{j}\omega T}{(1 + \mathrm{j}\omega T)(1 - \mathrm{j}\omega T)}$$

$$= \frac{1}{1 + \omega^2 T^2} + \mathrm{j}\frac{-\omega T}{1 + \omega^2 T^2} \tag{4-8}$$

由式(4-8)，$G(\mathrm{j}\omega)$ 的模和相角分别是：

$$|G(\mathrm{j}\omega)| = \sqrt{\left[\frac{1}{1 + \omega^2 T^2}\right]^2 + \left[\frac{-\omega T}{1 + \omega^2 T^2}\right]^2} = \frac{1}{\sqrt{1 + \omega^2 T^2}} \tag{4-9}$$

$$\angle G(\mathrm{j}\omega) = \arctan\frac{\dfrac{-\omega T}{1 + \omega^2 T^2}}{\dfrac{1}{1 + \omega^2 T^2}} = -\arctan\omega T \tag{4-10}$$

由式(4-9)和(4-10)可以发现，复变函数的模和相角正好是式(4-6)和(4-7)所表示的一阶系统的幅频特性和相频特性，即对于一阶系统，$G(\mathrm{j}\omega)$ 就是其频率特性。于是频率特性的获得就变得非常简单了，只需在传递函数中 $G(s)$ 中，令 $s = \mathrm{j}\omega$ 即可。这不是巧合。事实上，任何线性定常系统的频率特性都可以这样取得，即设 $G(\mathrm{j}\omega)$ 为频率特性：

$$G(\mathrm{j}\omega) = G(s)\big|_{s = \mathrm{j}\omega} \tag{4-11}$$

已知，频率特性 $G(\mathrm{j}\omega)$ 可以由幅频特性 $A(\omega)$ 和相频特性 $\varphi(\omega)$ 构成：

$$A(\omega) = |G(\mathrm{j}\omega)| \tag{4-12}$$

$$\varphi(\omega) = \angle G(\mathrm{j}\omega) \tag{4-13}$$

由式(4-8)，复变函数 $G(\mathrm{j}\omega)$ 还可以由其实部和虚部构成：

$$G(\mathrm{j}\omega) = P(\omega) + \mathrm{j}Q(\omega) \tag{4-14}$$

式(4-14)中，$P(\omega)$、$Q(\omega)$ 分别称为实频特性和虚频特性，且

$$P(\omega) = \mathrm{Re}[G(\mathrm{j}\omega)] \tag{4-15}$$

$$Q(\omega) = \mathrm{Im}[G(\mathrm{j}\omega)] \tag{4-16}$$

幅相频率特性 $A(\omega)$、$\varphi(\omega)$ 和实虚频率特性 $P(\omega)$、$Q(\omega)$ 之间的关系是

$$A(\omega) = \sqrt{P^2(\omega) + Q^2(\omega)} \tag{4-17}$$

$$\varphi(\omega) = \arctan\frac{Q(\omega)}{P(\omega)} \tag{4-18}$$

$$P(\omega) = A(\omega)\cos[\varphi(\omega)] \tag{4-19}$$

$$Q(\omega) = A(\omega)\sin[\varphi(\omega)] \tag{4-20}$$

上述频率特性间的关系可以用图 4-2 说明。

总结本小节，从式(4-11)知道频率特性 $G(\mathrm{j}\omega)$ 与传递函数 $G(s)$ 之间存在着密切的联系，因此，频率特性也和传递函数或微分方程一样，也表征了系统的运动规律。这就是频域分析法的理论依据。

在数学形式上，由于频率特性 $G(\mathrm{j}\omega)$ 是复变函数，因此既可以用幅相频率特性 $A(\omega)$、$\varphi(\omega)$ 表示；也可以用实虚频率特性 $P(\omega)$、$Q(\omega)$ 表示。

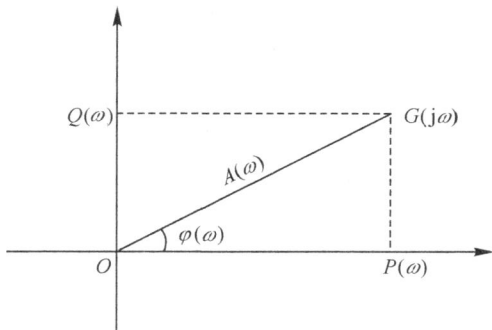

图 4-2　幅相频率特性 $A(\omega)$、$\varphi(\omega)$ 和实虚频率特性 $P(\omega)$、$Q(\omega)$ 之间的关系

4.1.3　频率特性的求取方法

一般来说,可以由三种方法求取频率特性。

(1)根据定义来求取。如例 4-1 所述,已知系统的传递函数,将正弦信号作为输入信号,用拉氏反变换求出其输出的时域表达式,取稳态输出与正弦输入的幅值比与相位差就是该系统的频率特性。这种方法计算繁琐,在工程实践中很少使用。但重要的是我们得到了频率响应的基本概念,以及了解了同频、变幅、移相三点属性。

(2)根据传递函数来求取。已知系统的传递函数 $G(s)$,只要将复变量 s 用 $j\omega$ 代替,即得该系统的频率特性 $G(j\omega)$。这也是获得频率特性的主要途径。由于两者在形式上基本一致,在后面的叙述中,为方便起见,在不致引起概念混淆的情况下,有时我们甚至直接把 $G(s)$ 视为频率特性。

(3)用实验法来求取。当系统的微分方程或传递函数无法获知时,系统的频率特性可用实验方法来求取。具体方法是:对被测系统输入一个有一定幅值的正弦信号,并逐渐改变其频率 ω(从 $0 \to \infty$),测出每一频率下的幅值比与相位差,即可得该系统的频率特性图形曲线表示,进而有可能求出系统的传递函数(称为辨识)。

4.2　频率特性的图示法——奈奎斯特图和波德图

对控制系统进行分析和设计时,通常把频率特性用曲线表示,从曲线可以方便地分析系统的性能,并能找出改善系统性能的方法和途径。常用的图解表示法有奈奎斯特图和波德图。

4.2.1　奈奎斯特图

奈奎斯特(Nyquist)图又称幅相频率特性图或极坐标图。其特点是把频率作为参变量,当 ω 从 $0 \to \infty$ 时,将频率特性的幅频和相频特性或实频和虚频特性表示在复平面上。

已知,频率特性 $G(j\omega)$ 可以由幅频特性 $A(\omega)$ 和 $\varphi(\omega)$ 相频特性构成,由式(4-12)和(4-13):

$$A(\omega) = |G(j\omega)| \quad 及 \quad \varphi(\omega) = \angle G(j\omega)$$

对于给定的 ω，可以在复平面上用一矢量来表示 $G(j\omega)$，矢量的长度为幅值 $A(\omega)$，与正实轴的夹角为相位 $\varphi(\omega)$（规定：逆时针为正值，顺时针为负值）。当 ω 从 $0 \rightarrow \infty$ 变化时，$G(j\omega)$ 端点的轨迹即为奈奎斯特图。下面用一个例题来说明手工作图方法。

例 4-2 用幅相频率特性绘制例 4-1 RC 低通滤波器的奈奎斯特图。

解 已知该 RC 回路的传递函数为

$$G(s) = \frac{1}{Ts+1}$$

故频率特性为

$$G(j\omega) = \frac{1}{j\omega T+1}$$

若用幅频特性 $A(\omega)$ 和相频特性 $\varphi(\omega)$ 来表示 $G(j\omega)$，已在式(4-9)和(4-10)中求出：

$$A(\omega) = |G(j\omega)| = \frac{1}{\sqrt{1+\omega^2 T^2}}$$

$$\varphi(\omega) = \angle G(j\omega) = -\arctan\omega T$$

为方便作图，不妨设时间常数 $T=0.5\text{sec}$。计算得如下表格：

ω(rad/sec)	0	0.2	0.4	0.6	0.8	1	2	4	10	20	50	∞
$A(\omega)$	1.00	1.00	0.98	0.96	0.93	0.89	0.707	0.45	0.20	0.10	0.04	0.00
$\varphi(\omega)$(°)	0.00	−5.71	−11.31	−16.70	−21.80	−26.57	−45	−63.43	−78.69	−84.29	−87.71	−90.00

注：制作本表格时，$\omega=0, 1/T, \infty$ 为关键点，然后在 $\omega=1/T$ 左右各取若干点，本例中 $T=0.5$。

然后在复平面坐标上逐一描点，从最小的 ω 值起，在上面表格中查得对应的 $A(\omega)$ 和 $\varphi(\omega)$，借助圆规和量角器可确定一点，并标上该点的 ω 值。再取次小的 ω 值，再确定一点，同样标上该点的 ω 值。直到 $\omega=\infty$。关键点不可遗漏。最后把这些点光滑连接起来，即形成奈奎斯特曲线。还要在曲线上用箭头标明 ω 的增大方向。见图 4-3，本例的奈氏曲线是个半圆。

从绘制好的奈氏曲线中可以了解该系统的频率特性。例如，在 $\omega=0$ 时，输出输入幅值比最大，达到 1:1，随着 ω 的增大输出幅值逐渐

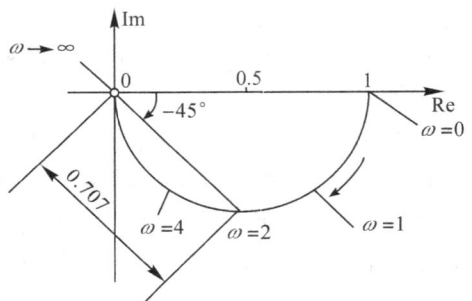

图 4-3 用幅相频率特性绘制的奈氏曲线
$G(j\omega) = 1/(j0.5\omega+1)$

减小，在 $\omega=\infty$ 时，奈氏曲线上对应点为原点，即输出幅值衰减为零。而在相频特性上，在 $\omega=0$ 时，输出输入相位差为零，即没有滞后。随着 ω 的增大输出相位逐渐滞后，在 $\omega \rightarrow \infty$ 时，极限滞后为 $-90°$，也就是输出落后输入 $1/4$ 个周期。

从图 4-3 的绘制过程可知，用幅相频率特性手工绘制奈氏曲线比较麻烦，一般可只取 6~8 点粗略绘制，但在曲线变化比较剧烈处，点应密集些。借助本章最后一节所介绍的 MATLAB 工具，可以方便地绘制出精确的奈氏曲线。

但即使是手工绘制奈氏曲线，借助用直角坐标表示的实虚频率特性，应该更方便些。

例 4-3 用实虚频率特性绘制例 4-1 RC 低通滤波器的奈奎斯特图。

解 式(4-8)已求出该一阶系统频率特性 $G(j\omega)$ 的实频和虚频表示：

$$G(\mathrm{j}\omega)=\frac{1}{1+\omega^2 T^2}+\mathrm{j}\,\frac{-\omega T}{1+\omega^2 T^2}$$

即

实频特性　　$P(\omega)=\dfrac{1}{1+\omega^2 T^2}$

虚频特性　　$Q(\omega)=-\dfrac{\omega T}{1+\omega^2 T^2}$

同样为方便作图,设时间常数 $T=0.5\mathrm{sec}$。计算得如下表格:

ω(rad/sec)	0	0.2	0.4	0.6	0.8	1	2	4	10	20	50	∞
$P(\omega)$	1.00	0.99	0.96	0.92	0.86	0.80	0.50	0.20	0.04	0.01	0.00	0.00
$Q(\omega)$	0.00	−0.10	−0.19	−0.28	−0.34	−0.40	−0.50	−0.40	−0.19	−0.10	−0.04	0.00

注:制作本表格时,关键点 $\omega=0,1/T,\infty$ 同样是必需的。

然后在复平面坐标上逐一描点,也是按 ω 的值从小到大描。由于 $P(\omega)$ 和 $Q(\omega)$ 均是在直角坐标下的值,标注起来比幅相频率特性值方便。除此之外,其他要求与例 4-2 的要求是相同的。

作图结果见图 4-4。

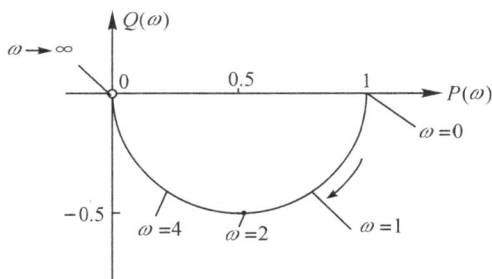

图 4-4　用实虚频率特性绘制的奈氏曲线
$$G(\mathrm{j}\omega)=1/(\mathrm{j}0.5\omega+1)$$

一般来说,奈氏曲线的手工绘制没什么捷径可走。相对地,波德图要方便得多。

4.2.2　波德图

波德(Bode)图又称对数频率特性曲线,它由对数幅频曲线和对数相频曲线组成。波德图的工程应用极为广泛,几乎成了自动控制系统性能表示的代名词。

(1)波德图横坐标

波德图的横坐标是频率 ω,量纲为(rad/sec)。见图 4-5。

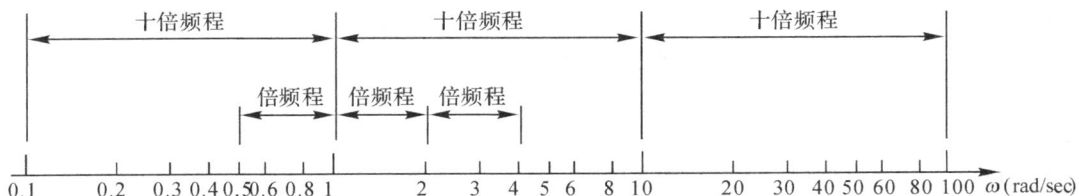

图 4-5　波德图横坐标为对数分度的频率 ω

该横坐标有下列特点:

①横坐标按对数分度 lgω,但标注的是 ω 本身。

②横坐标扩展了低频段,有益于详尽展现低频特性;压缩了高频段,有效地拓宽了频率展示范围。

③横坐标上频率每变化一倍范围,称为倍频程,每个倍频程宽度相等。频率每变化十倍范围,称为十倍频程(记作 dec),每个十倍频程宽度也相等。这种特点是由对数分度决定的。

④横坐标左右都可无限扩展频率范围,左端可趋于零,但永远不会等于零。右端可趋于无穷大。实际使用时,总是截取其中一段,通常是 2～4 个十倍频程即可以表现一个系统的频率特性。

⑤实际绘横坐标时,总是先根据要展现的频率特性,决定所需的十倍频程数量及起始和终止频率值,然后在一个十倍频程内部也要对数分度。表 4-1 以 ω＝1～10 这个十倍频程为例说明如何在其内部细分频率刻度。

表 4-1　十倍频程内部的频率刻度

ω	1	2	3	4	5	6	7	8	9	10
lgω	0	0.30	0.48	0.60	0.70	0.78	0.85	0.90	0.95	1.00
坐标位置在十倍频程内部所占%	0%	30%	48%	60%	70%	78%	85%	90%	95%	100%

(2)波德图纵坐标

波德图的纵坐标有上下两个,上面的纵坐标用于幅频曲线 $L(\omega)$,线性分度,单位是分贝(dB)。$L(\omega)$ 按下式求取:

$$L(\omega)=20\lg A(\omega) \tag{4-21}$$

分贝是个"很大"的单位,例如 6 分贝表示输出幅值为输入的 2 倍,20 分贝是 10 倍,40 分贝是 100 倍。

下面的纵坐标用于相频曲线 $\varphi(\omega)$,线性分度,单位是度(°)。通常以 45°,90°,180°等为增量。

把横纵坐标合在一起,即构成完整的波德图。绘制波德图坐标时要注意:

①幅频曲线和相频曲线属于同一张图,不能分开。

②横坐标位于幅频曲线的 0dB 和相频曲线的 0°,两条曲线所使用的横坐标必须相同。

③横坐标与纵坐标的交点不是原点,前面已介绍过横坐标的生成原理,对数坐标中不可能出现 ω＝0。

图 4-6 是例 4-1 RC 低通滤波器的波德图,该图的详细绘制方法将在典型环节波德图中介绍,此处仅供初步了解。

阅读该图我们知道,该系统的幅频特性 $L(\omega)$(渐近线)存在一个转折频率 ω＝1/T。在转折频率之前,$L(\omega)=0$dB,表示系统的输出幅

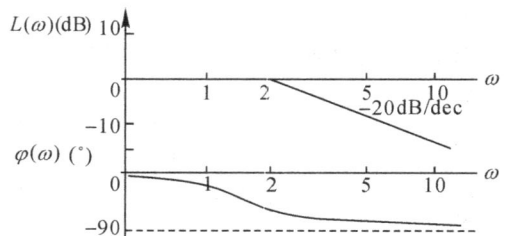

图 4-6　频率特性 $G(j\omega)=1/(j0.5\omega+1)$ 的波德图

值与输入幅值相等。在转折频率之后，$L(\omega)<0$dB，且 ω 越大下降越多，表示系统的输出幅值随 ω 增大逐渐衰减，直至为零。该系统的相频特性 $\varphi(\omega)$ 也是随 ω 增大而下降，在低频处为 $0°$，以后均小于 $0°$，负值表示滞后。$\varphi(\omega)$ 在转折频率处为 $-45°$，是最大滞后的一半，在 $\omega \to \infty$ 时，达到极限值 $-90°$。这些分析结论都与奈氏图是一致的。但显然，波德图对于频率特性表达得更清晰直观，它还可以迅速地查到任一频率时的幅值和相位值。后面我们还将学习到，波德图的绘制也远比奈氏图方便。鉴于波德图的重要性及其绘制的简单性，即便现在计算机已可取代人做很多工作，掌握波德图的手工绘制并能熟练运用也还是必须的。

4.3　典型环节的频率特性

一个系统都有若干个典型环节组成，熟悉了典型环节的频率特性图的画法，就能较容易地画出系统的频率特性。

4.3.1　典型环节的奈奎斯特图和波德图

（1）比例环节

传递函数：$G(s)=K$

频率特性：$G(\mathrm{j}\omega)=K$

显然有幅频特性和相频特性：

$$\begin{cases} A(\omega)=K \\ \varphi(\omega)=0° \end{cases} \tag{4-22}$$

实频特性和虚频特性：

$$\begin{cases} P(\omega)=K \\ Q(\omega)=0 \end{cases} \tag{4-23}$$

对数频率特性：

$$\begin{cases} L(\omega)=20\lg K \\ \varphi(\omega)=0° \end{cases} \tag{4-24}$$

① 奈奎斯特图

比例环节的频率特性 $G(\mathrm{j}\omega)=K$ 是常数，不随 ω 变化，故其奈氏曲线是复平面实轴上的一定点，其坐标为 $(K,\mathrm{j}0)$，如图 4-7 所示。

② 波德图

从式（4-24）可知，波德图幅频曲线是一条高度为 $20\lg K$ 且平行于频率轴的直线，即输出输入幅值比在任何频率下都相等。改变 K 值，$L(\omega)$ 直线的位置上下移动。相频曲线恒为 $0°$，即输出输入没有相位差，完全同步。波德图如图 4-8 所示。

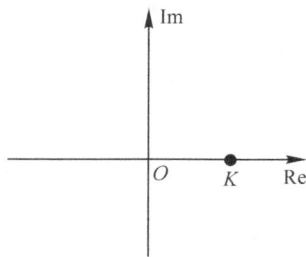

图 4-7　比例环节的奈氏图

（2）积分环节

传递函数：

$$G(s)=\frac{1}{s}$$

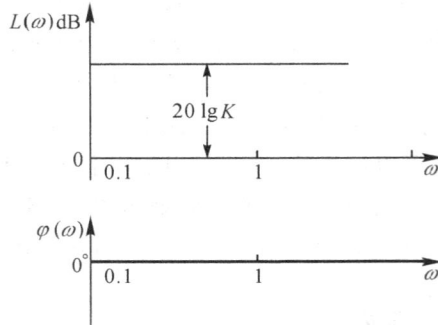

图 4-8　比例环节的波德图

频率特性：

$$G(\mathrm{j}\omega)=\frac{1}{\mathrm{j}\omega}=-\mathrm{j}\,\frac{1}{\omega}$$

显然有幅频特性和相频特性：

$$\begin{cases} A(\omega)=\dfrac{1}{\omega} \\ \varphi(\omega)=-\dfrac{\pi}{2}=-90° \end{cases}$$ （4-25）

实频和虚频特性：

$$\begin{cases} P(\omega)=0 \\ Q(\omega)=-\dfrac{1}{\omega} \end{cases}$$ （4-26）

对数频率特性：

$$\begin{cases} L(\omega)=20\lg\dfrac{1}{\omega}=-20\lg\omega \\ \varphi(\omega)=-90° \end{cases}$$ （4-27）

① 奈奎斯特图

从式(4-26)可知,当 ω 从 $0\to\infty$ 变化时,积分环节的奈氏曲线是复平面上虚轴的下半轴,从无穷远点指向原点。如图 4-9 所示。

② 波德图

由式(4-27)可得：

当 $\omega=1$, $L(1)=-20\lg1=0(\mathrm{dB})$；

当 $\omega=\omega_1$, $L(\omega_1)=-20\lg\omega_1(\mathrm{dB})$；

当 $\omega=\omega_2=10\omega_1$, $L(\omega_2)=-20\lg10\omega_1=-20-20\lg\omega_1(\mathrm{dB})$。

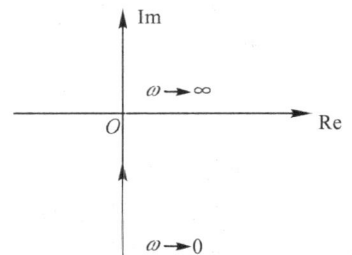

图 4-9　积分环节的奈氏图

即当频率增大一个十倍频程,幅值下降 20dB。由于 $\omega=\omega_1$ 可取为任意一点,所以得到结论：积分环节的幅频特性是一条向下倾斜的直线,该直线在 $\omega=1$ 处过零分贝线,直线斜率为 $-20\mathrm{dB/dec}$。注意斜率应标注在斜线旁。

由式(4-27)可知,积分环节的相频特性恒为 $-90°$,在波德图上为一条水平直线。

我们还可以推得,如果两个积分环节串联,传递函数为 $G(s)=1/s^2$ 时,其波德图幅频曲

线是一条在 $\omega=1$ 处过零分贝线,斜率为 $-40\mathrm{dB/dec}$ 的直线。相频曲线特性为一条 $-180°$ 的水平直线。

积分环节波德图如图 4-10 所示。

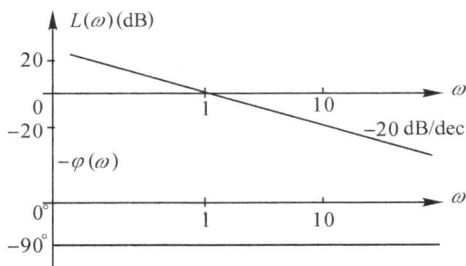

图 4-10　积分环节的波德图

（3）一阶惯性环节

一阶惯性环节已在前面数个例题中被引用,应该已经不陌生了。

传递函数：

$$G(s)=\frac{1}{Ts+1}$$

频率特性：

$$G(\mathrm{j}\omega)=\frac{1}{\mathrm{j}\omega T+1}=\frac{1}{1+\omega^2 T^2}+\mathrm{j}\frac{-\omega T}{1+\omega^2 T^2}$$

幅频特性和相频特性：

$$\begin{cases} A(\omega)=\dfrac{1}{\sqrt{1+\omega^2 T^2}} \\ \varphi(\omega)=-\arctan\omega T \end{cases} \tag{4-28}$$

实频特性和虚频特性：

$$\begin{cases} P(\omega)=\dfrac{1}{1+\omega^2 T^2} \\ Q(\omega)=-\dfrac{\omega T}{1+\omega^2 T^2} \end{cases} \tag{4-29}$$

对数频率特性：

$$\begin{cases} L(\omega)=20\lg\dfrac{1}{\sqrt{1+\omega^2 T^2}}=-20\lg\sqrt{1+\omega^2 T^2} \\ \varphi(\omega)=-\arctan\omega T \end{cases} \tag{4-30}$$

①奈奎斯特图

我们已在例 4-3 中绘制过一阶惯性环节当时间常数 $T=0.5$ 时的奈氏图。T 等于任意数值时画法是一样的。可以采用实频特性和虚频特性先制作表 4-2 所示的表格,然后描点成曲线。图 4-11 是一阶惯性环节的奈氏曲线,可以证明它是个半圆。

表 4-2 　一阶惯性环节的实频特性和虚频特性数值

ω	0	$\frac{1}{10T}$	$\frac{1}{8T}$	$\frac{1}{4T}$	$\frac{1}{2T}$	$\frac{1}{1.25T}$	$\frac{1}{T}$	$\frac{1.25}{T}$	$\frac{2}{T}$	$\frac{4}{T}$	$\frac{8}{T}$	$\frac{10}{T}$	∞
ωT	0	0.1	0.125	0.25	0.5	0.8	1	1.25	2	4	8	10	∞
$P(\omega)$	1.00	0.99	0.98	0.94	0.80	0.61	0.50	0.39	0.20	0.06	0.02	0.01	0.00
$Q(\omega)$	0.00	-0.10	-0.12	-0.24	-0.40	-0.49	-0.50	-0.49	-0.40	-0.24	-0.12	-0.10	0.00

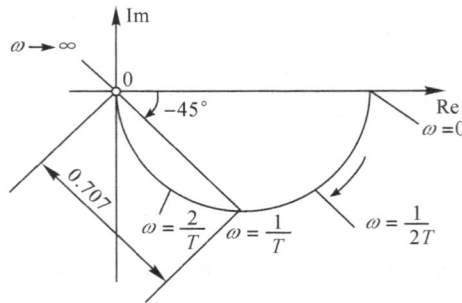

图 4-11 　一阶惯性环节奈氏图

②波德图

一阶惯性环节波德图的绘制方法很重要,它引出了渐进线加修正的重要概念。

从式(4-30)可知,当 ω 从 $0 \to \infty$ 变化时,惯性环节的对数幅频特性曲线是一条曲线,当然可以按公式逐点绘制。但工程上还有更实用更简便地近似绘制方法。即先做出 $L(\omega)$ 的渐进线,然后进行误差修正,对于手工绘制而言,精度已经足够了。

在低频时 $\omega \ll 1/T$,由式(4-30)

$$L(\omega) = -20 \lg \sqrt{1+\omega^2 T^2} \approx -20 \lg 1 = 0 \mathrm{dB}$$

这是一条零分贝的水平线。

在高频 $\omega \gg 1/T$ 时,由式(4-30)

$$L(\omega) = -20 \lg \sqrt{1+\omega^2 T^2} \approx -20 \lg \omega T = -20 \lg T - 20 \lg \omega$$

与积分环节相同,这是一条斜率为 $-20 \mathrm{dB/dec}$ 的斜直线。

两条渐进线的交点在 $\omega_T = 1/T$,我们把此关键点 $\omega = \omega_T$ 称为转折频率。波德图如图 4-12所示。

在转折频率及其附近,渐进线与实际曲线的误差较大,应进行修正。修正量已预先算好,见图 4-13。实际上,只要简单地记住,在转折频率处修正量为 $-3 \mathrm{dB}$,在转折频率左右各一个倍频程处修正量为 $-1 \mathrm{dB}$。用此 3 点修正,然后光滑连接渐进线,误差已经可以忽略。表 4-3 是相应的修正数据。

表 4-3 　一阶惯性环节幅值比修正量(dB)

ω	$\frac{1}{10T}$	$\frac{1}{5T}$	$\frac{1}{2T}$	$\frac{1}{T}$	$\frac{2}{T}$	$\frac{5}{T}$	$\frac{10}{T}$
ωT	0.1	0.2	0.5	1	2	5	10
修正量(dB)	-0.04	-0.17	-0.97	-3.01	-0.97	-0.17	-0.04

至于对数相频特性曲线,只能按公式(4-30)逐点绘制。我们同样可以先制作表格再绘

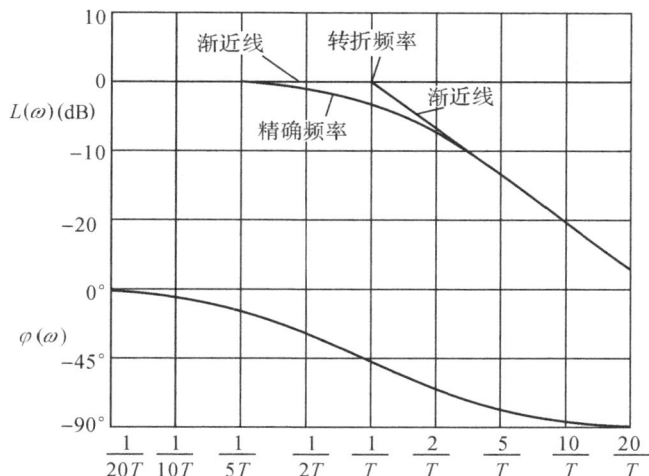

图 4-12 一阶惯性环节波德图

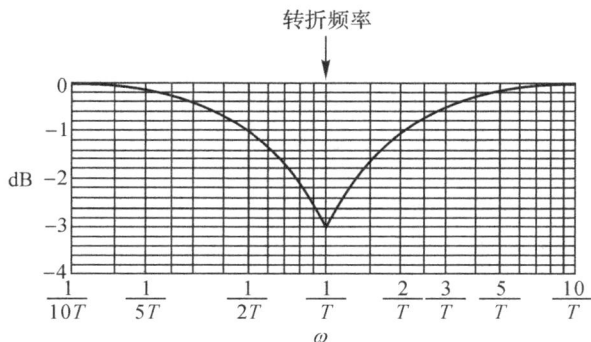

图 4-13 一阶惯性环节幅频曲线修正量

制。见表 4-4,其中的 3 个关键点为

当 $\omega < 0.1\dfrac{1}{T}$,$\varphi(\omega) \to 0°$;

当 $\omega = \dfrac{1}{T}$,$\varphi(\omega) = -45°$;

当 $\omega > 10\dfrac{1}{T}$,$\varphi(\omega) \to -90°$。

表 4-4 一阶惯性环节的相频特性数据

ω	0	$\dfrac{1}{10T}$	$\dfrac{1}{8T}$	$\dfrac{1}{4T}$	$\dfrac{1}{2T}$	$\dfrac{1}{1.25T}$	$\dfrac{1}{T}$	$\dfrac{1.25}{T}$	$\dfrac{2}{T}$	$\dfrac{4}{T}$	$\dfrac{8}{T}$	$\dfrac{10}{T}$	∞
ωT	0	0.1	0.125	0.25	0.5	0.8	1	1.25	2	4	8	10	∞
$\varphi(\omega)(°)$	0	-5.71	-7.13	-14.04	-26.57	-38.66	-45	-51.34	-63.43	-75.96	-82.87	-84.29	-90

    虽然一阶惯性环节相频曲线的绘制比较麻烦,但如果我们养成这样一个习惯,即每次绘波德图时都采用一样的十倍频程宽度和一样的纵坐标比例,保持不变,那么第一次绘一阶惯性环节相频曲线时把它绘在比如硬纸板上,尽量精确些,然后剪下来作为模板,以后每次靠着模板画,就一劳永逸了。

    对数相频特性对称于转折频率(ω_T,$-45°$)。

如图 4-12 所示可见,惯性环节具有低通滤波的特性(故称例 4-1 的电路为 RC 低通滤波器)。在低频段,输出能较准确地反映输入,在高频段,其输出很快衰减,即能滤掉输入信号的高频噪声部分。

(4) 二阶振荡环节

与一阶惯性环节一样,二阶振荡环节也是一个要重点熟悉的环节,这里只讨论欠阻尼($0<\zeta<1$)情况。

传递函数:

$$G(s)=\frac{\omega_n^2}{s^2+2\zeta\omega_n s+\omega_n^2} \quad (0<\zeta<1)$$

频率特性:

$$G(j\omega)=\frac{\omega_n^2}{(j\omega)^2+j2\zeta\omega_n\omega+\omega_n^2}$$

$$=\frac{1}{1-(\frac{\omega}{\omega_n})^2+j2\zeta\frac{\omega}{\omega_n}}$$

幅频特性和相频特性:

$$A(\omega)=\frac{1}{\sqrt{(1-\frac{\omega^2}{\omega_n^2})^2+4\zeta^2\frac{\omega^2}{\omega_n^2}}} \tag{4-31}$$

$$\varphi(\omega)=-\arctan\frac{2\zeta\frac{\omega}{\omega_n}}{1-\frac{\omega^2}{\omega_n^2}} \tag{4-32}$$

实频特性和虚频特性:

$$P(\omega)=\frac{1-\frac{\omega^2}{\omega_n^2}}{(1-\frac{\omega^2}{\omega_n^2})^2+4\zeta^2\frac{\omega^2}{\omega_n^2}} \tag{4-33}$$

$$Q(\omega)=-\frac{2\zeta\frac{\omega}{\omega_n}}{(1-\frac{\omega^2}{\omega_n^2})^2+4\zeta^2\frac{\omega^2}{\omega_n^2}} \tag{4-34}$$

对数幅频特性:

$$L(\omega)=-20\lg\sqrt{(1-\frac{\omega^2}{\omega_n^2})^2+4\zeta^2\frac{\omega^2}{\omega_n^2}} \tag{4-35}$$

对数相频特性仍为式(4-32)。

① 奈奎斯特图

仍是逐点描画。其中几个关键点是:

当 $\omega=0$, $A(\omega)=1$, $\varphi(\omega)=0°$;

当 $\omega=\omega_n$, $A(\omega)=\frac{1}{2\zeta}$, $\varphi(\omega)=-90°$, ω_n 是转折频率,奈氏曲线在此与虚轴相交;

当 $\omega=\infty$, $\varphi(\omega)=-180°$, 因为是二阶环节,每阶对应 $-90°$。

从式(4-33)和(4-34)也可知,实部可正可负,虚部永远不为正。据此可画出振荡环节的奈奎斯特图。可见,当 ω 从 $0\to\infty$ 变化时,二阶振荡环节的奈氏曲线起始于(1,j0)点,而终止于原点。曲线与虚轴的交点的频率是无阻尼固有频率 ω_n,幅值是 $1/2\zeta$,频率不变,幅值随着阻尼比 ζ 的不同而不同,曲线在第Ⅲ、第Ⅳ象限。ζ 不同,曲线的形状也不同,如图 4-14 所示。

当 $\zeta<0.707$ 时,$A(\omega)$ 在频率 ω_r 处出现峰值 M_r,称为谐振峰值,ω_r 称为谐振频率。谐振峰值出现在距原点最远处,如图 4-15 所示。

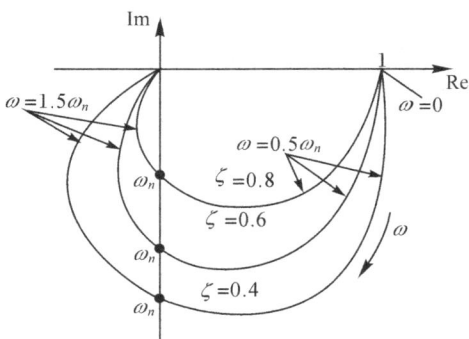

图 4-14　二阶振荡环节的奈氏图

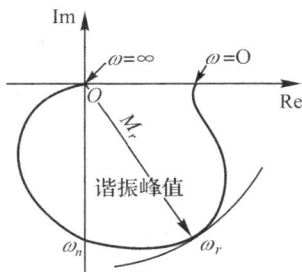

图 4-15　谐振峰值 M_r 和谐振频率 ω_r 示意图

可以用求极值的方法求谐振峰值 M_r 和谐振频率 ω_r。

令
$$\frac{\mathrm{d}A(\omega)}{\mathrm{d}\omega}\bigg|_{\omega=\omega_r}=0$$

求得
$$\omega_r=\omega_n\sqrt{1-2\zeta^2} \tag{4-36}$$

进一步求得
$$M_r=\frac{1}{2\zeta\sqrt{1-\zeta^2}} \tag{4-37}$$

从式(4-36)和(4-37)可知,$\zeta<0.707$ 时,ω_r 才存在;ζ 越小,M_r 和 ω_r 就越大。

当阻尼比 $\zeta\geqslant1$ 时,二阶振荡环节可转化为两个惯性环节的串联组合,不产生振荡。

② 波德图

二阶振荡环节的波德图与惯性环节一样,先绘制出两条渐近线,然后对转折频率处及附近进行修正。

在低频 $\omega\ll\omega_n$ 时,由式(4-35)
$$L(\omega)\approx0\mathrm{dB}$$
这是一条零分贝的水平线。

在高频 $\omega\gg\omega_n$ 时,由式(4-35)
$$L(\omega)\approx-20\lg\sqrt{\left(\frac{\omega^2}{\omega_n^2}\right)^2}=-40\lg\frac{\omega}{\omega_n}=40\lg\omega_n-40\lg\omega$$

这是一条斜率为$-40\mathrm{dB/dec}$的斜直线。

两条渐进线的交点在转折频率$\omega=\omega_n$。波德图如图 4-16 所示。

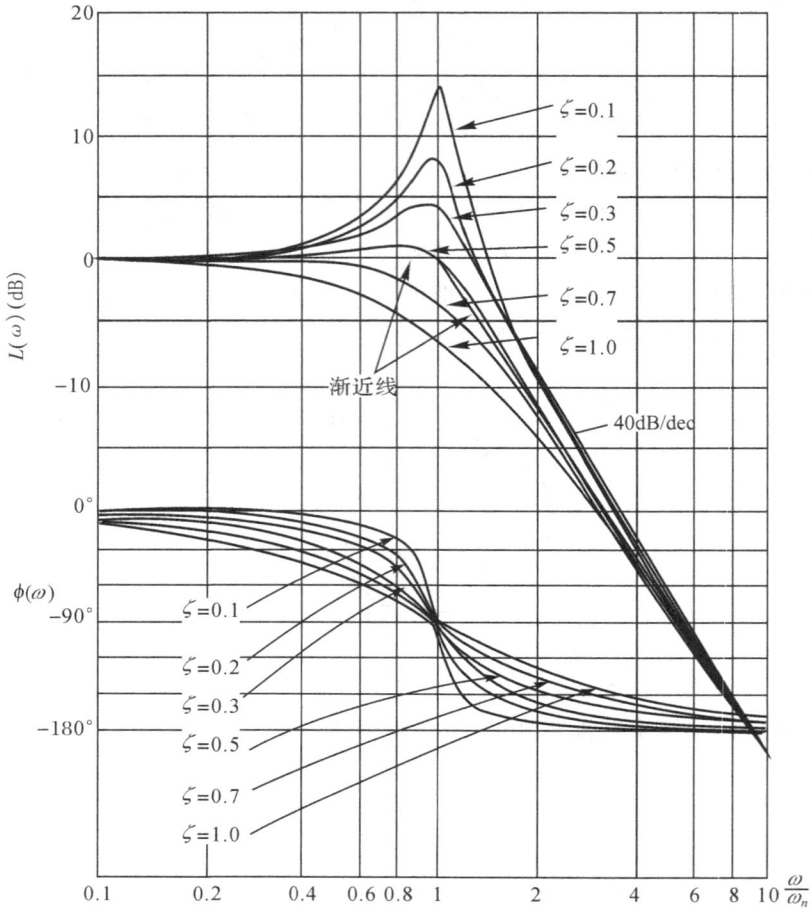

图 4-16 二阶振荡环节的波德图

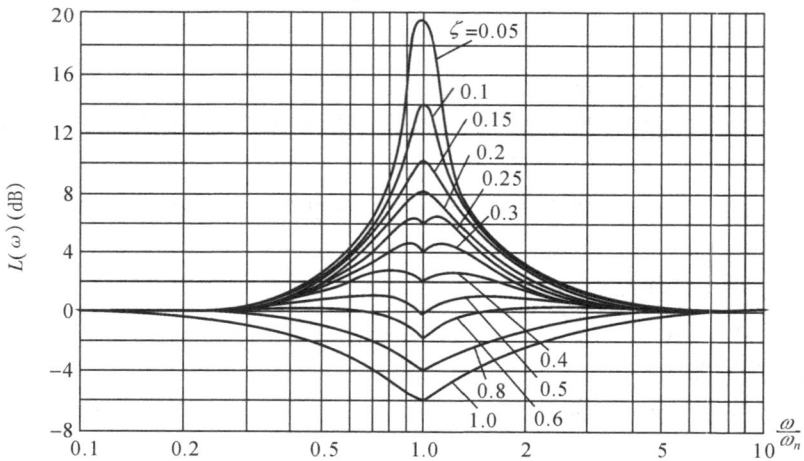

图 4-17 二阶振荡环节幅频曲线的修正曲线

渐近线与阻尼比 ζ 无关,但误差修正就有关了。由于阻尼比 ζ 的存在,二阶振荡环节幅频曲线的修正比一阶惯性环节要麻烦,且不同的阻尼比其修正值也不同,小阻尼比时,误差相当大,非修正不可。图 4-17 为不同阻尼比 ζ 下的修正曲线。表 4-5 是相应的修正数据。

表 4-5　二阶振荡环节幅值比修正量(dB)

ζ \ ω/ω_n	0.1	0.2	0.4	0.5	0.6	0.7	0.8	0.9	1	1.11	1.25	1.43	1.67	2	2.5	5	10
0.05	0.09	0.35	1.50	2.48	3.84	5.77	8.66	13.55	20.00	13.60	8.66	5.75	3.82	2.48	1.50	0.35	0.09
0.1	0.09	0.35	1.48	2.42	3.73	5.53	8.09	11.64	13.98	11.68	8.09	5.52	3.71	2.42	1.48	0.35	0.09
0.15	0.08	0.34	1.43	2.33	3.55	5.17	7.28	9.63	10.46	9.64	7.28	5.16	3.53	2.33	1.43	0.34	0.08
0.2	0.08	0.32	1.36	2.20	3.30	4.70	6.35	7.81	7.96	7.82	6.35	4.69	3.29	2.20	1.36	0.32	0.08
0.25	0.08	0.31	1.27	2.04	3.01	4.17	5.38	6.22	6.02	6.23	5.38	4.16	3.00	2.04	1.27	0.31	0.08
0.3	0.07	0.29	1.17	1.85	2.68	3.60	4.44	4.85	4.44	4.85	4.44	3.59	2.67	1.85	1.17	0.29	0.07
0.4	0.06	0.24	0.93	1.41	1.94	2.41	2.68	2.56	1.94	2.56	2.68	2.41	1.93	1.41	0.93	0.24	0.06
0.5	0.04	0.17	0.63	0.90	1.14	1.25	1.14	0.73	0.00	0.72	1.14	1.25	1.14	0.90	0.63	0.17	0.04
0.6	0.02	0.09	0.29	0.35	0.32	0.15	−0.22	−0.80	−1.58	−0.81	−0.22	0.15	0.33	0.35	0.29	0.09	0.02
0.7	0.00	0.00	−0.08	−0.22	−0.47	−0.87	−1.41	−2.11	−2.92	−2.11	−1.41	−0.86	−0.47	−0.22	−0.08	0.00	0.00
0.8	−0.02	−0.10	−0.47	−0.80	−1.24	−1.80	−2.47	−3.24	−4.08	−3.25	−2.47	−1.80	−1.24	−0.80	−0.47	−0.10	−0.02
0.9	−0.05	−0.22	−0.88	−1.38	−1.98	−2.67	−3.43	−4.25	−5.11	−4.26	−3.43	−2.66	−1.97	−1.38	−0.88	−0.22	−0.05
1.0	−0.09	−0.34	−1.29	−1.94	−2.67	−3.46	−4.30	−5.15	−6.02	−5.16	−4.30	−3.46	−2.66	−1.94	−1.29	−0.34	−0.09

根据修正曲线,一般在 $0.2\dfrac{\omega}{\omega_n} \sim 5\dfrac{\omega}{\omega_n}$ 取若干修正点,然后与渐近线光滑连接即可。

二阶振荡环节的相频曲线也是一条反正切函数曲线。与惯性环节类似,应按式(4-32)制作表格逐点绘制。但若要制作模板,则应以阻尼比 ζ 为参数多作几个,以适应不同需求。

据此,可绘出振荡环节的对数相频特性曲线,如图 4-16 所示,此曲线对称于点 $(\omega_n, -90°)$。其中的 3 个关键点为

当 $\omega \leqslant 0.1\omega_n$, $\varphi(\omega) \rightarrow 0°$;

当 $\omega = \omega_n$, $\varphi(\omega) = -90°$;

当 $\omega \geqslant 10\omega_n$, $\varphi(\omega) \rightarrow -180°$。

当 $\zeta = 0.707$ 或略小于此值时,幅频曲线和相频曲线在低频段近似于直线。在设计测振仪时尽量选择这样的 ζ 值,可使仪器在线性段工作。

(5)一阶微分环节

传递函数:
$$G(s) = \tau s + 1$$

频率特性:
$$G(j\omega) = j\omega\tau + 1$$

幅频特性和相频特性:
$$\begin{cases} A(\omega) = \sqrt{1 + \omega^2\tau^2} \\ \varphi(\omega) = \arctan\omega\tau \end{cases} \tag{4-38}$$

实频和虚频特性:
$$\begin{cases} U(\omega) = 1 \\ V(\omega) = \omega\tau \end{cases} \tag{4-39}$$

对数频率特性曲线:

$$\begin{cases} L(\omega)=20\lg\sqrt{1+\omega^2\tau^2} \\ \varphi(\omega)=\arctan\omega\tau \end{cases} \tag{4-40}$$

① 奈奎斯特图

从式(4-39)可以知,实部永远为 1,虚部永远大于等于零,且随 ω 增大而增大。所以可画出一阶微分环节的奈奎斯特图,如图 4-18 所示,它是一条从(1,j0)出发而平行于虚轴的直线,仅在第Ⅰ象限。

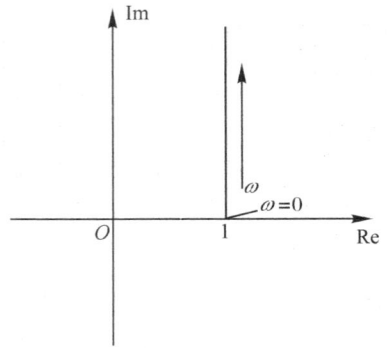

② 波德图

对照式(4-30)和式(4-40)可知,一阶惯性环节和一阶微分环节的频率特性仅相差一个负号,这意味两者的图形对称于横轴。因此,一阶惯性环节的幅频斜率、渐近线、修正量,相频数据等都适用于一阶微分环节,只不过差了一个符号。一阶微分环节波德图如图 4-19 所示。

以上介绍了一些典型环节的频率特性,现将它们汇总如表 4-6 所示。

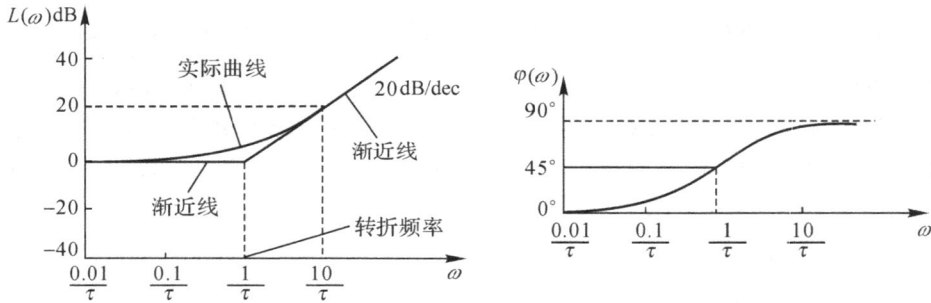

图 4-18　一阶微分环节奈氏图

图 4-19　一阶微分环节波德图

表 4-6　常用典型环节波德图特征表

环节	传递函数	$L(\omega)$斜率	关键点	$\varphi(\omega)$
比例	K	0	$L(\omega)=20\lg K$	$0°$
积分	$\dfrac{1}{s}$	-20dB/dec	$\omega=1,L(\omega)=0$	$-90°$
一阶惯性	$\dfrac{1}{Ts+1}$	$0\to-20\text{dB/dec}$	转折频率 $\omega=\dfrac{1}{T}$	$0°\sim-90°$
二阶振荡	$\dfrac{\omega_n^2}{s^2+2\zeta\omega_n s+\omega_n^2}$	$0\to-40\text{dB/dec}$	转折频率 $\omega=\omega_n$	$0°\sim-180°$
一阶微分	$\tau s+1$	$0\to+20\text{dB/dec}$	转折频率 $\omega=\dfrac{1}{\tau}$	$0°\sim+90°$

4.4　控制系统开环频率特性

频率特性法的最大特点是,可以根据系统的开环频率特性曲线分析系统的闭环性能,这样可以简化分析过程。所以绘制系统的开环频率特性曲线就显得尤为重要。

控制系统的开环传递函数可看作由典型环节串联而成,一般可表示为

$$G(s) = \frac{K \prod\limits_{i=1}^{m} (\tau_i s + 1)}{s^{\nu} \prod\limits_{j=1}^{n_1} (T_j s + 1)} \cdot \prod\limits_{k=1}^{n_2} \frac{\omega_{nk}^2}{s^2 + 2\zeta_k \omega_{nk} s + \omega_{nk}^2} \tag{4-41}$$

式中:分母的阶次 n 即为系统的阶次,$n = \nu + n_1 + 2n_2$;分子的阶次为 m,且有 $n \geqslant m$;K 为系统的开环增益;ν 为积分环节的个数,也即系统的型别,有 $\nu = 0, 1, 2$ 三种情况。

由式(4-41)中可以看出,系统的开环传递函数由上一节介绍的 5 种典型环节构成。当然,系统也可能包含其他一些非典型环节,因为用得较少,此处不再展开。

4.4.1　开环奈奎斯特图

除了一些特别简单的环节外,奈氏曲线的手工绘制总是采用逐点求取,光滑连线的方法,没有特别省力的途径。在例 4-2 和例 4-3 中曾经详细介绍了一阶惯性环节(系统)奈氏曲线的画法,控制系统开环奈氏曲线的画法与此是类似的。

手工绘制奈氏曲线时,一些关键点,如起点、终点以及与坐标轴交点不能遗漏,然后取若干中间点,再将它们光滑连接起来,以求曲线形状的大致准确。奈氏曲线的精确绘制可以借助本章最后一节介绍的 MATLAB 工具。开环奈氏曲线在控制系统稳定性的研究中有重要作用。

(1)开环奈氏曲线的起点

开环奈氏曲线的起点是 $\omega \to 0$ 时,开环频率特性 $G(j\omega)$ 在复平面上的位置。在式(4-41)中,令 $\omega \to 0$,有

$$G(j\omega) \big|_{\omega \to 0^+} \approx \frac{K}{(j\omega)^{\nu}} \bigg|_{\omega \to 0^+} \tag{4-42}$$

根据系统型别 ν 的不同,也即积分环节个数有不同,起点也不同。

①当 $\nu = 0$,即 0 型系统,式(4-42)成为

$$G(j\omega) \big|_{\omega \to 0^+} \approx \frac{K}{(j\omega)^0} \bigg|_{\omega \to 0^+} = K \tag{4-43}$$

所以幅频特性和相频特性分别为

$$A(\omega) \big|_{\omega \to 0^+} = K \tag{4-44}$$

$$\varphi(\omega) \big|_{\omega \to 0^+} = 0° \tag{4-45}$$

看得出起点在正实轴上。

②当 $\nu = 1$,即 1 型系统,式(4-42)成为

$$G(j\omega) \big|_{\omega \to 0^+} \approx \frac{K}{(j\omega)^1} \bigg|_{\omega \to 0^+} = -j \frac{K}{\omega} \bigg|_{\omega \to 0^+} \tag{4-46}$$

所以幅频特性和相频特性分别为

$$A(\omega)\big|_{\omega\to0^+}\approx\frac{K}{\omega}\bigg|_{\omega\to0^+}\tag{4-47}$$

$$\varphi(\omega)\big|_{\omega\to0^+}=-90°\tag{4-48}$$

看得出起点在负虚轴上无穷远处。

③当 $\nu=2$，即 2 型系统，式（4-42）成为

$$G(\text{j}\omega)\big|_{\omega\to0^+}\approx\frac{K}{(\text{j}\omega)^2}\bigg|_{\omega\to0^+}=-\frac{K}{\omega^2}\bigg|_{\omega\to0^+}\tag{4-49}$$

所以幅频特性和相频特性分别为

$$A(\omega)\big|_{\omega\to0^+}\approx\frac{K}{\omega^2}\bigg|_{\omega\to0^+}\tag{4-50}$$

$$\varphi(\omega)\big|_{\omega\to0^+}=-180°\tag{4-51}$$

看得出起点在负实轴上无穷远处。

图 4-20 表示了这三种型别的起点情况。

（2）开环奈氏曲线的终点

开环奈氏曲线的终点是 $\omega\to\infty$ 时，开环频率特性 $G(\text{j}\omega)$ 在复平面上的位置。在式（4-41）中，令 $\omega\to\infty$，有

$$G(\text{j}\omega)\big|_{\omega\to\infty}\approx\frac{K'}{(\text{j}\omega)^{n-m}}\bigg|_{\omega\to\infty}\tag{4-52}$$

已知，分两种情况：

①当 $n=m$，此时由式（4-52）可得

$$G(\text{j}\omega)\big|_{\omega\to\infty}\approx\frac{K'}{(\text{j}\omega)^0}\bigg|_{\omega\to\infty}=K'\tag{4-53}$$

因此终点在正实轴上。

②当 $n>m$，此时由式（4-52）可得

$$A(\omega)\big|_{\omega\to\infty}=\big|G(\text{j}\omega)\big|_{\omega\to\infty}=\left|\frac{K'}{(\text{j}\omega)^{n-m}}\right|_{\omega\to\infty}=0\tag{4-54}$$

$$\varphi(\omega)\big|_{\omega\to\infty}=\angle G(\text{j}\omega)\big|_{\omega\to\infty}=\angle\frac{K'}{(\text{j}\omega)^{n-m}}\bigg|_{\omega\to\infty}=-(n-m)\cdot90°\tag{4-55}$$

式中，K' 为常数。

因此终点在原点，只是入射角不同，入射角度大小取决于 $n-m$，且总是 $-90°$ 的整数倍。图 4-21 表示了终点情况。

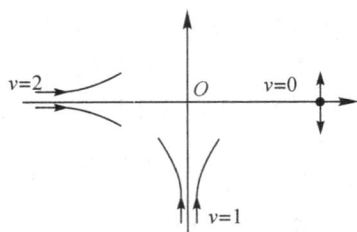

图 4-20 开环奈氏曲线的起点

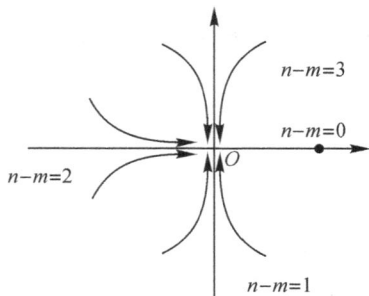

图 4-21 开环奈氏曲线的终点

把起终点的情况罗列于表 4-7。

表 4-7　开环奈氏曲线起终点

	系统型别	起点位置
起	0 型	正实轴(0°),坐标为 K
点	1 型	负虚轴($-90°$),无穷远处
	2 型	负实轴($-180°$),无穷远处
终	分母分子阶次之差 $n-m$	终点位置
点	$n-m=0$	正实轴,坐标为 K'
	$n-m>0$	原点,入射角为 $-(n-m)\cdot 90°$

(3)开环奈氏曲线与坐标轴的交点

可用解析法求取。将频率特性分解为实频特性和虚频特性:

$$G(j\omega)=P(\omega)+jQ(\omega) \tag{4-56}$$

令实频 $P(\omega)=0$,解出交点频率 $\omega=\omega_q$,再代入 $Q(\omega)$ 表达式,可求出曲线与虚轴的交点坐标。

令虚频 $Q(\omega)=0$,解出交点频率 $\omega=\omega_p$,再代入 $P(\omega)$ 表达式,可求出曲线与实轴的交点坐标。

利用上述三条,可以大致估出开环奈氏曲线的形状,若结合实频特性和虚频特性,则可绘制开环奈氏曲线。以下结合例题,给出绘制系统开环奈氏图的步骤。

例 4-4　某反馈控制系统,其开环传递函数为

$$G(s)=\frac{5}{(s+1)(0.2s+1)}$$

试绘制系统开环奈氏曲线。

解　①系统参数:0 型系统,$K=5,n=2,m=0$。

②求奈氏曲线起终点。

起点:查表 4-7 可得 0 型系统的起点为正实轴 K 处,即点 $(5,j0)$

终点:终点为原点,入射角为 $-(2-0)\cdot 90°=-180°$

③求 $G(j\omega)=P(\omega)+jQ(\omega)$

$$G(j\omega)=\frac{5}{(j\omega+1)(0.2j\omega+1)}=\frac{5(1-0.2\omega^2)}{0.04\omega^4+1.04\omega^2+1}+j\frac{-6\omega}{0.04\omega^4+1.04\omega^2+1}$$

即

$$P(\omega)=\frac{5(1-0.2\omega^2)}{0.04\omega^4+1.04\omega^2+1}\quad,\quad Q(\omega)=-\frac{6\omega}{0.04\omega^4+1.04\omega^2+1}$$

④制表。

再分别取若干 ω 值,求出其对应的实频和虚频特性,列表如下:

ω	0	0.2	0.5	0.7	1	1.5	2	2.23	3	4	7	∞
$P(\omega)$	5.0	4.8	3.8	3.0	1.9	0.8	0.2	-0.0	-0.3	-0.4	-0.3	0.0
$Q(\omega)$	0.0	-1.2	-2.4	-2.8	-2.9	-2.5	-2.1	-1.9	-1.3	-0.9	-0.3	0.0

可以看出,当 $\omega=2.23$ 时,曲线与虚轴相交。

⑤绘坐标轴,P、Q 用同一刻度比例尺。

将表格中的数据标在坐标系中,并标上 ω 值(例如 $\omega=1$)及 ω 增大方向。

⑥光滑连线。

系统的开环奈氏曲线如图 4-22 所示。

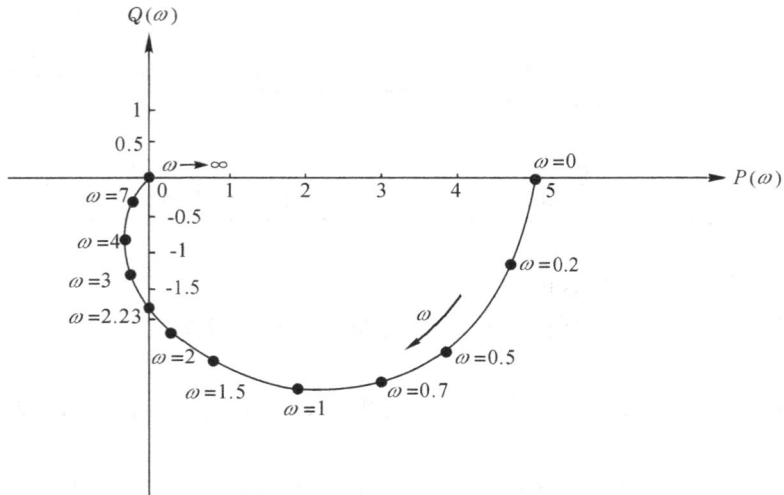

图 4-22 例 4-4 开环奈氏曲线

例 4-5 已知单位反馈控制系统开环传递函数为

$$G(s)=\frac{1}{s(s+1)}$$

试绘制系统开环奈氏曲线。

解 ①系统参数:1 型系统,$K=1,n=2,m=0$。

②求奈氏曲线起终点。

起点:查表 4-7 可得 1 型系统的起点为负虚轴无穷远处

终点:终点为原点,入射角为 $-(2-0)\cdot 90°=-180°$

③求 $G(j\omega)=P(\omega)+jQ(\omega)$

$$G(j\omega)=\frac{1}{j\omega(j\omega+1)}=\frac{-1}{1+\omega^2}+j\frac{-1}{\omega(1+\omega^2)}$$

即

$$P(\omega)=-\frac{1}{1+\omega^2}\quad,\quad Q(\omega)=-\frac{1}{\omega(1+\omega^2)}$$

当 $\omega=0$ 时,实频曲线有渐近线为 -1。

④制表。

再分别取若干 ω 值,求出其对应的实频和虚频特性,列表如下:

ω	0	0.2	0.3	0.5	0.7	0.8	1	1.5	∞
$P(\omega)$	-1.0	-1.0	-0.9	-0.8	-0.7	-0.6	-0.5	-0.3	0.0
$Q(\omega)$	∞	-4.8	-3	-1.6	-0.1	-0.8	-0.5	-0.2	0.0

可以看出,曲线与实、虚轴都没有交点。

⑤ 绘坐标轴,将表格中的数据标在坐标系中,并标上 ω 值(例如 ω=1)及 ω 增大方向。
⑥光滑连线。

系统的开环奈氏曲线如图 4-23 所示。

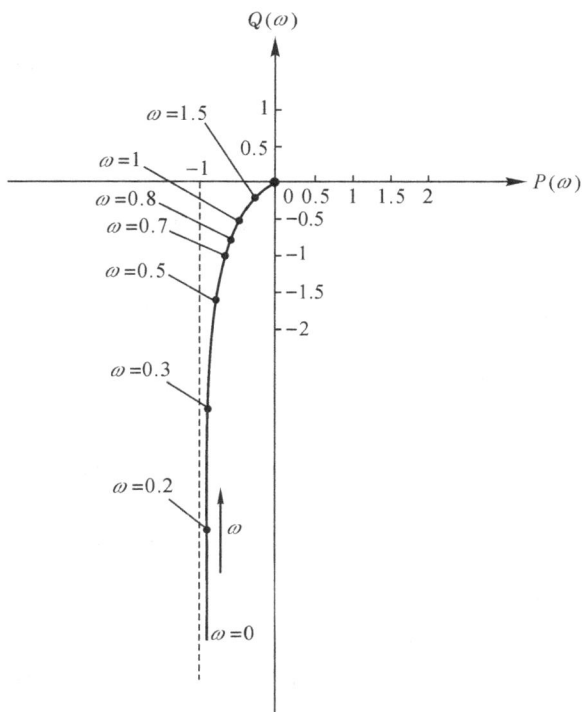

图 4-23　例 4-5 开环奈氏曲线

4.4.2　开环波德图

开环波德图在工程实际中的应用极为广泛与普及。

手工绘制系统开环奈氏曲线时,并没有利用到典型环节奈氏曲线的特性,但系统开环波德图的手工绘制却是以典型环节波德图为基础的。它与利用 MATLAB 工具的机绘波德图相比,各有其特点。虽然手工绘图的速度和精度都不如机器绘图,但它具有简单、方便的特点,还能展现从环节到系统的细节,精度也可满足一般要求。同时,熟悉和掌握开环波德图的手工绘制技术也对控制系统的校正与设计有更深刻的认识。正因为如此,开环波德图的手工绘制技能是必须掌握的。

由式(4-41),系统的开环传递函数是由典型环节串联而成的,即

$$G(s) = \frac{K \prod\limits_{i=1}^{m}(\tau_i s + 1)}{s^{\nu} \prod\limits_{j=1}^{n_1}(T_j s + 1)} \cdot \prod\limits_{k=1}^{n_2} \frac{\omega_{nk}^2}{s^2 + 2\zeta_k \omega_{nk} s + \omega_{nk}^2}$$
$$= G_1(s) \cdot G_2(s) \cdot G_3(s) \cdots G_z(s)$$

式中:z 为系统中环节的个数。

设第 i 个环节的传递函数 $G_i(s)$ 具有幅频特性 $A_i(\omega)$，因此

$$A(\omega) = A_1(\omega) \cdot A_2(\omega) \cdot A_3(\omega) \cdots A_z(\omega)$$

则幅频特性

$$\begin{aligned} L(\omega) &= 20\lg A(\omega) \\ &= 20\lg A_1(\omega) + 20\lg A_2(\omega) + 20\lg A_3(\omega) + \cdots + 20\lg A_z(\omega) \\ &= L_1(\omega) + L_2(\omega) + L_3(\omega) + \cdots + L_z(\omega) \end{aligned} \tag{4-57}$$

而相频特性

$$\varphi(\omega) = \varphi_1(\omega) + \varphi_2(\omega) + \varphi_3(\omega) + \cdots + \varphi_z(\omega) \tag{4-58}$$

由式(4-57)和(4-58)，系统的开环波德图均是由环节波德图叠加而成。根据以上分析，得出绘制系统开环波德图的原理性步骤：

①将开环传递函数写成典型环节乘积的标准形式，如式(4-41)。

②画出各环节的波德图。

③在同一个横坐标下，分别将各环节的幅频曲线以及相频曲线相加，就可求得系统开环波德图。

具体绘制时，还要注意要点与技巧，这很重要。以下展开介绍。

(1)幅频曲线 $L(\omega)$ 的绘制

实际手工绘制系统幅频曲线时，并不需要先绘制环节幅频曲线而后叠加处理，而是可以结合心算一笔画成(渐近线)。

式(4-41)中系统组成的 5 种典型环节可以分为两类：

第 1 类是比例环节 K 和积分环节 $1/s$，它们的特点是幅频曲线从低频到高频具有一致性，都是准确的直(斜)线。

第 2 类是惯性、振荡和一阶微分环节，其特点是它们的幅频曲线有两条不同的渐近线，在转折频率以前的低频段为零分贝。

因此在低频段，只有第 1 类环节发挥作用。这里所谓的低频段，确切地说是指 $\omega < \omega_1$ 的频率范围。ω_1 是第 2 类环节诸多转折频率中数值最小的，即第 1 个转折频率。

①低频段幅频曲线渐近线的画法

在低频段，即 ω 很小时，可在式(4-41)中，令 $\omega \to 0$，有

$$G(\mathrm{j}\omega)\Big|_{\omega \to 0^+} \approx \frac{K}{(\mathrm{j}\omega)^\nu}\Big|_{\omega \to 0^+}$$

即当 $\omega \to 0$

$$A(\omega) \approx \frac{K}{\omega^\nu}$$

$$L(\omega) \approx 20\lg K - \nu \cdot 20\lg \omega \tag{4-59}$$

式(4-59)指出了低频段幅频曲线的画法。该式是一条水平或倾斜的直线，区别只是在于斜率的不同。该式的频率适用范围是 $\omega < \omega_1$。

由式(4-59)，低频段幅频曲线的斜率取决于系统的型别 ν。

(a)$\nu = 0$，即 0 型系统

此时式(4-59)成为

$$L(\omega) \approx 20\lg K (\mathrm{dB}) \tag{4-60}$$

与比例环节相同,是一条高度为 $20\lg K$(dB)的水平线,见图 4-24。

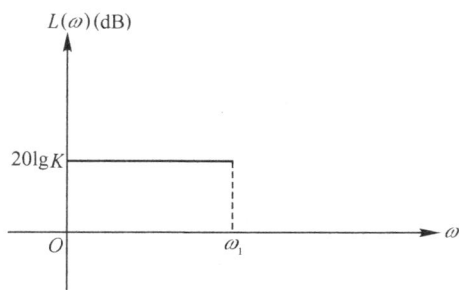

图 4-24　0 型系统低频段

(b)$\nu=1$,即 1 型系统

此时式(4-59)成为

$$L(\omega)\approx 20\lg K-20\lg\omega\text{(dB)} \tag{4-61}$$

这是比例环节与一个积分环节的叠加,所以是一条斜率为 -20dB/dec 的斜直线。注意到 $\omega=1$ 时,式(4-61)成为

$$L(1)\approx 20\lg K-20\lg 1=20\lg K\text{(dB)}$$

因此该斜直线将经过点(1,$20\lg K$),此时应假定 $\omega=1$ 位于低频段,即 $\omega_1>1$。见图 4-25。

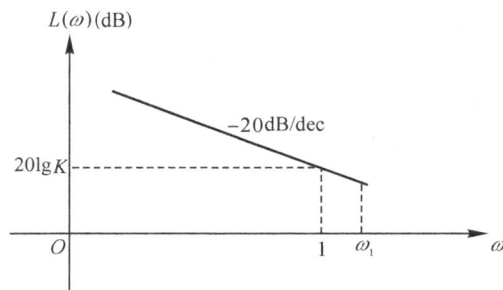

图 4-25　1 型系统低频段($\omega_1>1$)

如果假定不成立,即 $\omega_1<1$,说明 $\omega=1$ 已不在低频段,已超出式(4-61)的适用范围,因为第 2 类环节已开始发挥作用。但显然,斜直线的延长线仍将经过点(1,$20\lg K$)。此点结论用于该斜直线的定位。见图 4-26。

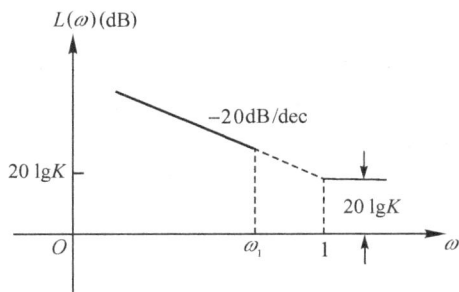

图 4-26　1 型系统低频段($\omega_1<1$)

(c)$\nu=2$,即 2 型系统

此时式(4-59)成为

$$L(\omega)\approx 20\lg K-40\lg\omega(dB) \tag{4-62}$$

这是比例环节与两个积分环节的叠加,所以是一条斜率为-40dB/dec 的斜直线。注意,当$\omega=1$时,式(4-62)成为

$$L(1)\approx 20\lg K-40\lg 1=20\lg K(dB)$$

与 1 型系统类似,该斜直线或其延长线将经过点$(1,20\lg K)$,图 4-27(a)、(b)分别表明了$\omega_1>1$和$\omega_1<1$两种情况。在开环增益K相同的情况下,2 型系统和 1 型系统的低频段幅频曲线的区别仅仅是斜率的不同。

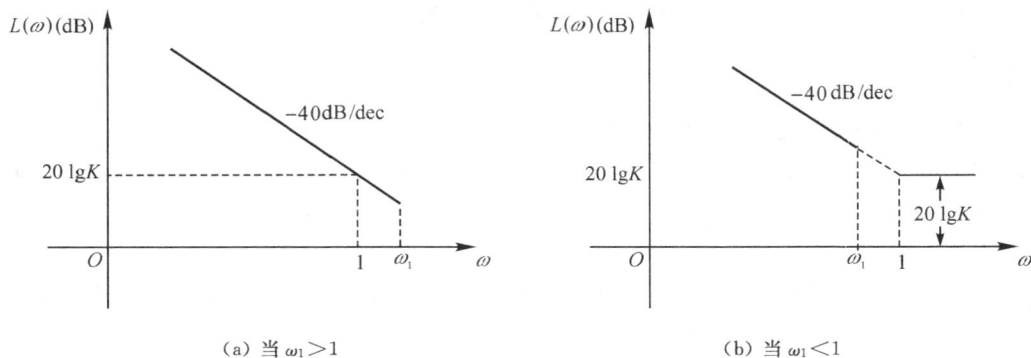

(a) 当$\omega_1>1$ (b) 当$\omega_1<1$

图 4-27 2 型系统低频段

至此,开环波德图幅频曲线的低频段的各种情况均有了说明。

②超出低频段后幅频曲线渐近线的画法

当频率ω逐渐增大,超出低频段后,第 2 类环节将逐个开始对幅频曲线发生影响。第 2 类环节在其自身的转折频率之后,渐近线是具有一定斜率的斜直线,且在转折点处的纵坐标均为零分贝。因此,幅频曲线的叠加仅只是渐近线斜率的叠加(代数和)。

通过几个例子予以说明。

例 4-6 绘制以下开环传递函数的幅频曲线渐近线

$$G(s)=\frac{2}{0.5s+1}$$

解 先读题,这是 0 型系统,$K=2$,$20\lg K=6$dB。

一阶惯性环节转折频率$\omega_1=\frac{1}{T}=\frac{1}{0.5}=2$,对应斜率为$-20$dB/dec。

开始作图,0 型系统低频段为水平线,高度 6dB。到达转折频率$\omega_1=2$时渐近线转折,斜率代数和为$0-20=-20$dB/dec。见图 4-28,凡斜直线均需标注斜率。

例 4-7 绘制以下开环传递函数的幅频曲线渐近线

$$G(s)=\frac{2}{s(s+0.2)}$$

解 先读题,给定$G(s)$尚未标准化,整理

$$G(s)=\frac{10}{s(5s+1)}$$

这是 1 型系统,$K=10,20\lg K=20$dB。

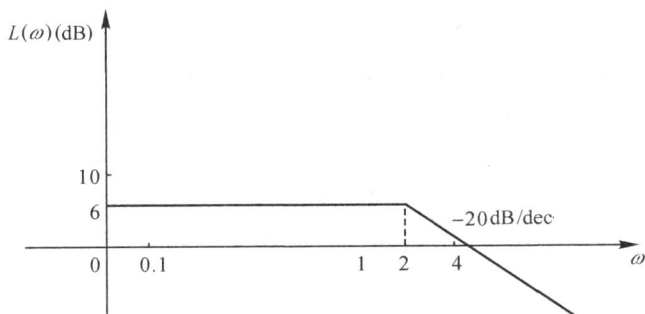

图 4-28　例 4-6 图

转折频率 $\omega_1 = \dfrac{1}{T} = \dfrac{1}{5} = 0.2$，对应斜率为 -20dB/dec。

开始作图，1 型系统低频段斜率为 -20dB/dec，当 $\omega=1$ 时纵坐标 20dB，即过点 $(1,20)$。由于转折频率 $\omega_1 = 0.2 < 1$，因此低频段斜直线的延长线过点 $(1,20)$，而低频段斜直线自身将早于 $\omega=1$ 时转折，转折点斜率代数和为 $-20-20 = -40(\text{dB/dec})$。幅频渐近线见图 4-29，注意，横坐标所包含的频率范围要能展现转折频率和过零分贝点及其附近区域。

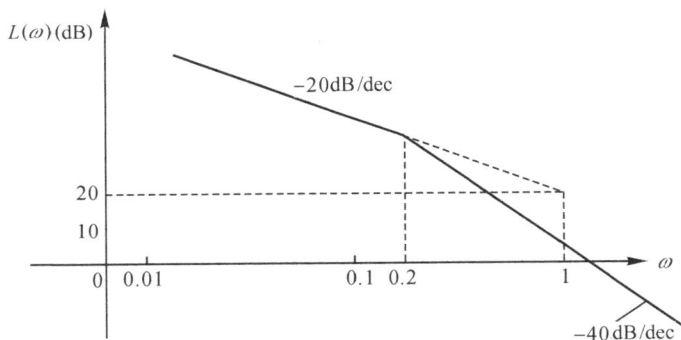

图 4-29　例 4-7 图

例 4-8　绘制以下开环传递函数的幅频曲线渐近线

$$G(s) = \frac{3.16(0.05s+1)}{(0.02s^2+0.3s+1)}$$

解　先读题，对 $G(s)$ 标准化

$$G(s) = \frac{3.16(0.05s+1)}{(0.1s+1)(0.2s+1)}$$

这是 0 型系统，$K=3.16$，$20\lg K = 10\text{dB}$。

分母看似二阶振荡环节，但因式分解后发现是两个实极点，无复极点，它不是欠阻尼系统，不能振荡，因此分解为两个一阶惯性环节。

有 3 个 2 类环节，所有转折频率应由小到大依次排列：

一阶惯性环节 $\omega_1 = \dfrac{1}{0.2} = 5$，对应斜率为 -20dB/dec；

一阶惯性环节 $\omega_2 = \dfrac{1}{0.1} = 10$，对应斜率为 -20dB/dec；

一阶微分环节 $\omega_3 = \dfrac{1}{0.05} = 20$，对应斜率为 $+20\text{dB/dec}$。

开始作图，0 型系统低频段为水平线，当 $\omega = 1$ 时纵坐标 10dB，即过点$(1, 10)$；

遇到第 1 个转折频率 $\omega_1 = 5$，斜率变为 $0 - 20 = -20\text{dB/dec}$；

遇到第 2 个转折频率 $\omega_2 = 10$，斜率变为 $-20 - 20 = -40\text{dB/dec}$；

遇到第 3 个转折频率 $\omega_3 = 20$，斜率变为 $-40 + 20 = -20\text{dB/dec}$。

幅频渐近线见图 4-30，注意，为展现各个转折频率、过零分贝点以及附近区域，横坐标所包含的频率范围与上例不同，这是由题目决定的，并不固定。纵坐标也是如此，比例尺太大太小都不好。坐标范围除要求能表现图形信息外，还要顾及一定的外观美观。

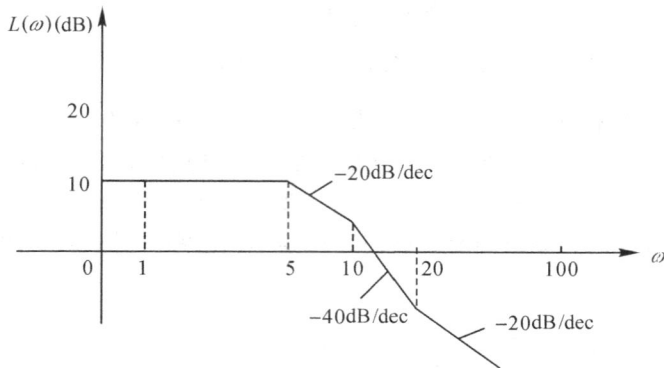

图 4-30　例 4-8 图

例 4-9 绘制以下开环传递函数的幅频曲线渐近线

$$G(s) = \frac{36}{s(s^2 + 1.2s + 9)}$$

解 先读题，给定 $G(s)$ 尚未标准化，整理

$$G(s) = \frac{4 \times 3^2}{s(s^2 + 2 \times 0.2 \times 3s + 3^2)}$$

这是 1 型系统，$K = 4$，$20\lg K = 12\text{dB}$。

由于阻尼比 $\zeta = 0.2 < 1$ 是欠阻尼，是二阶振荡环节且自然频率 $\omega_n = 3$，对应斜率为 -40dB/dec。

开始作图，1 型系统低频段斜率为 -20dB/dec，当 $\omega = 1$ 时纵坐标 12dB，即过点$(1, 12)$；

遇到转折频率 $\omega = \omega_n = 3$，斜率变为 $-20 - 40 = -60\text{dB/dec}$。

幅频渐近线见图 4-31。已知二阶振荡环节在小阻尼比时若不进行修正，误差会较大。见下一小节的讨论。

③幅频曲线渐近线的修正

修正的概念已在介绍典型环节时学习过。系统开环波德图的幅频曲线渐近线，凡在转折频率处都要进行修正，这只要依据所属环节的修正数据，在渐近线的基础上进行叠加就可以了。

例如对于一阶惯性环节和一阶微分环节，要进行 3 点修正，在转折频率处向下或向上修正 3dB，在转折频率左右各 1 个倍频程处向下或向上修正 1dB。二阶振荡环节的修正则要

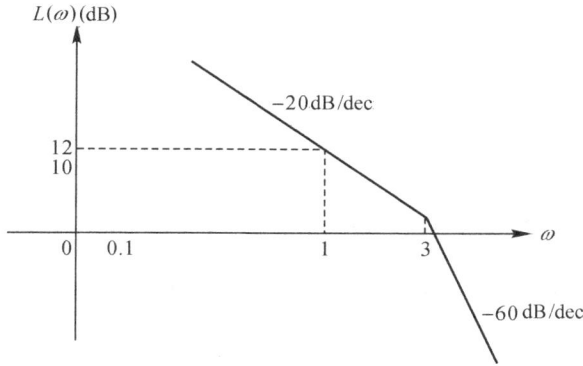

图 4-31　例 4-9 图

根据阻尼比的不同,从图 4-17 中查得修正数据。

要注意的是,若有两个或多个转折频率相距较近,形成某频率点修正量的重叠,则该点的总修正量为各修正量的代数和。

例 4-10　对例 4-6 的幅频曲线渐近线进行修正。

解　图 4-28 为其渐近线,比较简单。

转折频率 $\omega=2$ 对应的是一阶惯性环节,修正量为 $-3\mathrm{dB}$。在左右各 1 个倍频程处,即 $\omega=1,4$ 两点,修正量各为 $-1\mathrm{dB}$。最后光滑连线。修正效果见图 4-32。

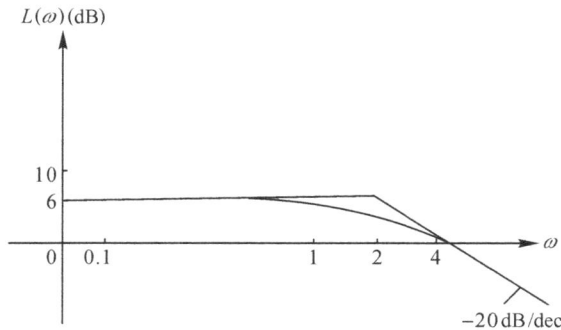

图 4-32　例 4-10 图

例 4-11　对例 4-8 的幅频曲线渐近线进行修正。

解　图 4-30 为其渐近线,共有 3 个转折频率。由于它们相距较近,形成多个频率点修正量的重叠,可以制作一个简表来计算总修正量。

转折频率	对应的环节	各频率点处的修正量(dB)				
		$\omega=2.5$	$\omega=5$	$\omega=10$	$\omega=20$	$\omega=40$
$\omega_1=5$	一阶惯性	-1	-3	-1		
$\omega_2=10$	一阶惯性		-1	-3	-1	
$\omega_3=20$	一阶微分			$+1$	$+3$	$+1$
Σ 修正量		-1	-4	-3	$+2$	$+1$

根据上表中各频率点的总修正量依次在图中修正,最后光滑连线。修正效果见图 4-33。

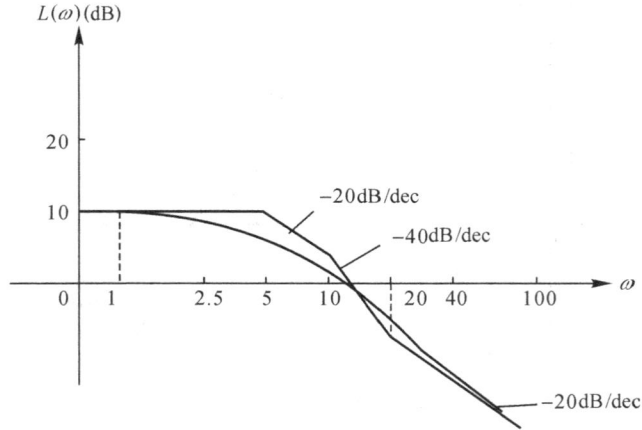

图 4-33 例 4-11 图

例 4-12 对例 4-9 的幅频曲线渐近线进行修正。

解 图 4-31 为其渐近线,转折频率对应的是二阶振荡环节,且由于阻尼比 $\zeta=0.2$,比较小,谐振峰值较大,必须进行修正。

谐振频率点有最大谐振峰值,是必修点,另在左右附近区域视修正曲线的陡峭程度适当选取几点修正。下表是从表 4-5 中获取的针对 $\zeta=0.2$ 的修正数据,按此表在图上进行修正。

ω/ω_n	0.6	0.8	1	1.11	1.25	2
ω	1.8	2.4	3	3.33	3.75	6
$\zeta=0.2$	3.30	6.35	7.96	7.82	6.35	2.20

修正效果见图 4-34。

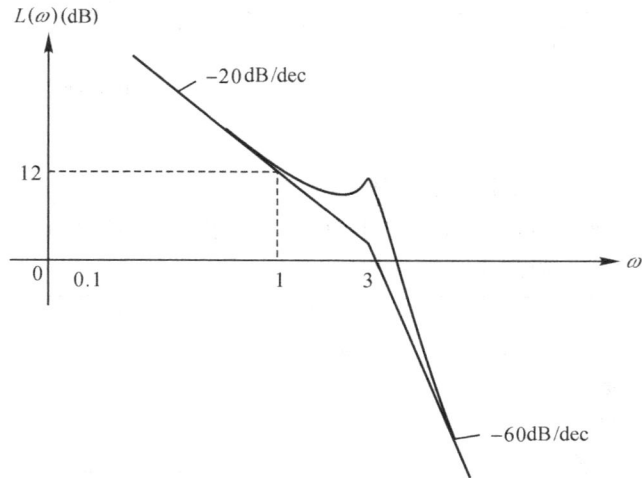

图 4-34 例 4-12 图

（2）相频曲线 $\varphi(\omega)$ 的绘制

开环波德图相频曲线 $\varphi(\omega)$ 的手工绘制原则是先环节，后叠加，不像幅频渐近线可以一笔画成。

先环节指的是先把开环传递函数中除比例环节外的所有典型环节相频曲线在同一张波德图上逐条画出来，如果已经制作了模板，完成这一步是很快的。

后叠加指的是在各个频率点对该点所有的环节相频值进行求和，得出该点的总相频值，然后标注在同一张波德图上。最后把这些点光滑连接，形成系统开环相频曲线。

为获取在某频率点的环节相频值，可采用手工量取方式，测量方法在下面结合例题介绍。

选取频率点时，首先应考虑关键点，如起点 $\omega \to 0$，终点 $\omega \to \infty$，所有转折频率，与 $-180°$ 线的交点频率，等等，再根据疏密选取若干辅助点，相频曲线变化剧烈处应多取几点。

根据表 4-7 也可以心算起终点相位角，以作校验。

例 4-13　绘制以下开环传递函数的相频曲线

$$G(s)=\frac{2}{s(s+0.2)}$$

解　在例 4-7 已绘制了该系统的幅频曲线。$G(s)$ 标准化为

$$G(s)=\frac{10}{s(5s+1)}$$

有 3 个环节，其中比例环节的相频为零度，不必画。仅需处理积分环节和惯性环节。

积分环节的相频 $-90°$，是水平线。

惯性环节的相频范围为 $0° \sim -90°$，在转折频率 $\omega_1 = 0.2$ 处为 $-45°$。

这两个环节的叠加比较简单，只需把惯性环节的相频曲线向下平移 $90°$，即得到系统的开环相频曲线。见图 4-35。

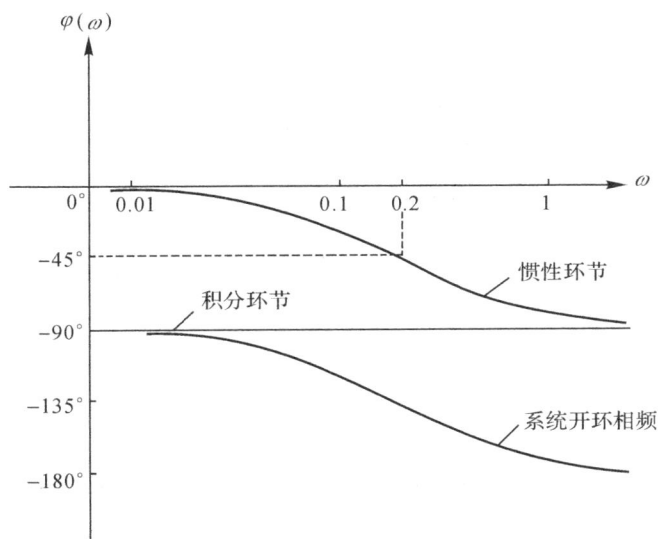

图 4-35　例 4-13 图

例 4-14　绘制以下开环传递函数的相频曲线

$$G(s)=\frac{3.16(0.05s+1)}{(0.1s+1)(0.2s+1)}$$

解　在例 4-8 已绘制了该系统的幅频曲线。共有 3 个环节绘制相频曲线,两个一阶惯性环节和一个一阶微分环节。先分别画出这 3 个环节的相频曲线,如图 4-36 所示。

现在作某个频率点相频值叠加的示范。

为方便叙述,先把 3 个环节编号:

①转折频率为 $\omega_1=5$ 的一阶惯性环节。

②转折频率为 $\omega_2=10$ 的一阶惯性环节。

③转折频率为 $\omega_3=20$ 的一阶微分环节。

在图 4-36 中看到,每 45° 占 1 个坐标单位,以下的量取可以坐标单位计数。

在转折频率 $\omega_1=5$ 处,量得:曲线①＝－1 个单位,曲线②＝－0.6 个单位,曲线③＝＋0.3 个单位,总和为－1－0.6＋0.3＝－1.3 个单位,如图标上"·"。

同样地,在转折频率 $\omega_2=10$ 处,量得:①＝－1.4,②＝－1,③＝＋0.6,总和为－1.8,同样标上"·"。

在转折频率 $\omega_3=20$ 处,量得:①＝－1.7,②－1.4,③＝＋1,总和为－2.1,标上"·"。

用同样方法,再在其他频率处,如起点 $\omega=1$,终点 $\omega=100$,以及若干中间点进行量取,计算并标注,然后光滑连线即可。效果见图 4-36。

由表 4-7 得知,0 型系统起点为 0°,终点＝$-(n-m)\times90°=-90°$,检验图形符合。

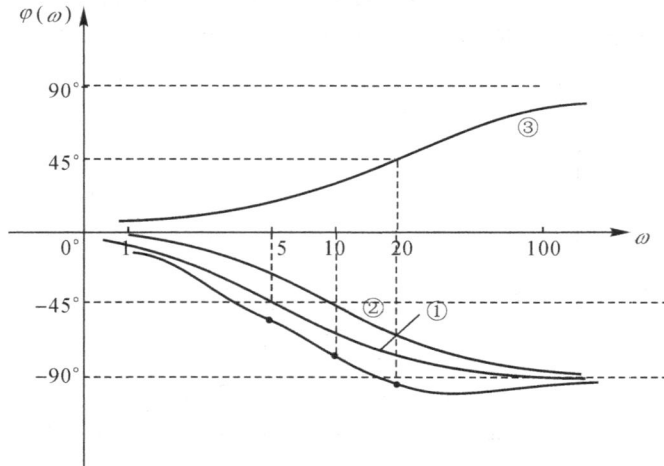

图 4-36　例 4-14 图

(3)系统开环波德图的绘制

前面的介绍中通过分解方式,详细展开了系统开环波德图的绘制过程。可以归纳绘制的具体步骤如下:

①将开环传递函数标准化,如式(4-41)。

②得开环增益 K,计算 $20\lg K$(dB);得系统型别 ν,确定低频段斜率。

③求各转折频率,并从小到大按顺序标为 $\omega_1,\omega_2,\omega_3,\cdots$,同时还要在转折频率旁注明对

应的斜率。

④绘制波德图坐标。横坐标通常是 2～4 个十倍频程,频率范围要能容纳所有转折频率且左右各留一定的余量。同时,幅频曲线与 0dB 的交点、相频曲线与 −180° 的交点(如果有的话)及频率 $\omega=1$ 也应包含在内。幅频与相频曲线的横坐标应一致。横坐标与两个纵坐标的交点应在 0dB 和 0°,但横坐标本身不可能出现 $\omega=0$。

坐标要规范,如坐标所表示的变量名及其单位不要遗漏。纵坐标的刻度比例,视给定传递函数的具体情况,幅频以 10dB 或 20dB 占 1 个单位为宜;相频以 45° 或 90° 占 1 个单位为宜。

在横坐标上标明各转折频率和必要的坐标刻度指示频率。

⑤绘制低频段幅频渐近线,如为斜直线,要标注斜率。

⑥低频段幅频渐近线向 ω 增大方向延伸,每遇到一个转折频率即改变渐近线的斜率,改变量已在③中标明。同时还要标注改变后的斜率。

⑦幅频渐近线的修正。

⑧除比例环节外,绘制每个环节的相频曲线。

⑨环节相频曲线叠加,形成系统开环相频曲线。

⑩心算检查幅频渐近线、转折频率、相频起终点的正确性。

做好了这 10 步,手工绘制的波德图应该不会有大的出入。熟练以后,完成一张波德图不需要太长的时间。

例 4-15　试绘制以下开环传递函数的波德图

$$G(s)=\frac{5.65}{(20s+1)(s+1)}$$

解　(1)传递函数已标准化。

(2)开环增益 $K=5.65,20\lg K=15\mathrm{dB}$,系统为 0 型,低频斜率 0,是水平线。

(3)求各转折频率,按从小到大顺序:

①$\omega_1=1/20=0.05$,惯性环节,斜率 −20;

②$\omega_2=1/1=1$,惯性环节,斜率 −20。

(4)绘制波德图坐标。横坐标从 0.01～10,3 个十倍频程,标注坐标刻度。

在横坐标上标明各转折频率。

(5)绘制低频段,画一条水平线,高度为 15dB,直至 $\omega_1=0.05$。

(6)在 $\omega_1=0.05$,斜率变为 −20;

在 $\omega_2=1$,斜率变为 $-20-20=-40$。

标注上述 2 个斜率。

(7)修正:

①在频率 0.05 修正 −3dB,在频率 0.025 和 0.1 修正 −1dB;

②在频率 1 修正 −3dB,在频率 0.5 和 2 修正 −1dB。

(8)绘制环节相频:①惯性环节;　②惯性环节。

(9)相频曲线叠加;

(10)检查幅频渐近线、转折频率正确性。

相频起终点为:0 型起点 0°,终点为 $-2\times90°=-180°$

波德图见图 4-37。

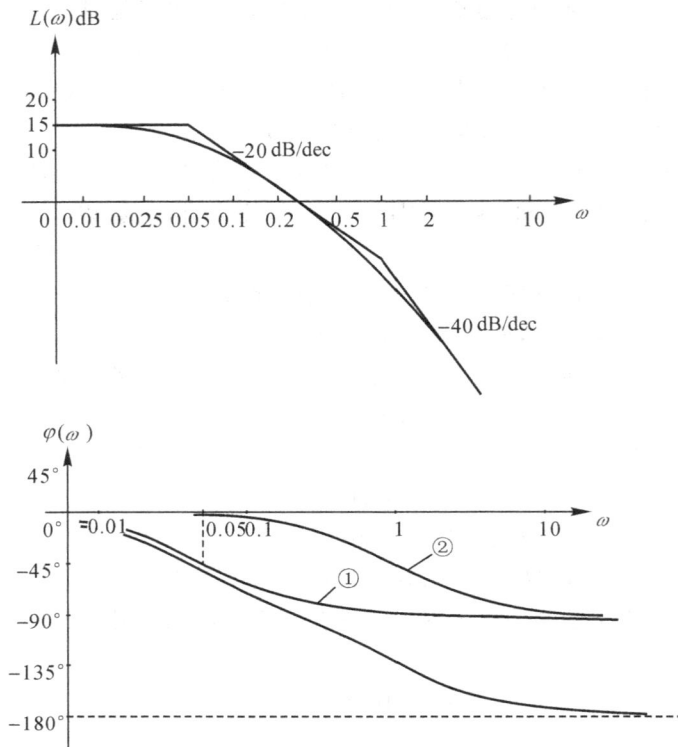

图 4-37 例 4-15 图

例 4-16 绘制以下开环传递函数的波德图

$$G(s) = \frac{0.15(s+10)}{s(s+0.5)(s^2+s+4)}$$

解 (1)标准化

$$G(s) = \frac{0.75(\frac{s}{10}+1) \cdot 2^2}{s(\frac{s}{0.5}+1)(s^2+2\times0.25\times2s+2^2)}$$

(2)得开环增益 $K=0.75$，$20\lg K = -2.5\text{dB}$，系统为 1 型，低频斜率 -20。

(3)求各转折频率，按从小到大顺序：

①$\omega_1 = 0.5$，惯性环节，斜率 -20；

②$\omega_2 = 2$，振荡环节，斜率 -40，阻尼 0.25；

③$\omega_3 = 10$，一阶微分环节，斜率 $+20$。

(4)绘制波德图坐标。横坐标从 $0.1 \sim 100$，3 个十倍频程，标注坐标刻度。

在横坐标上标明各转折频率

(5)绘制低频段，找到点 $(1, -2.5)$，在该点画斜率 -20 的斜线，由于 $\omega_1 = 0.5 < 1$，因此在频率 0.5 以前画实线，0.5 以后画虚线（表示是延长线），标注斜率 -20。

(6)在 $\omega_1 = 0.5$，斜率变为 $-20-20=-40$；

在 $\omega_2=2$,斜率变为 $-40-40=-80$;

在 $\omega_3=10$,斜率变为 $-80+20=-60$;

标注上述 3 个斜率。

(7)修正:

①在频率 0.5 修正 -3dB,在频率 0.25 和 1 修正 -1dB;

②查图 4-17,当阻尼 0.25,在频率 2 修正 $+6$dB,在频率 1 和 4 修正 $+2$dB。显然当 $\omega=1$ 有修正叠加,为 $+2-1=+1$dB;

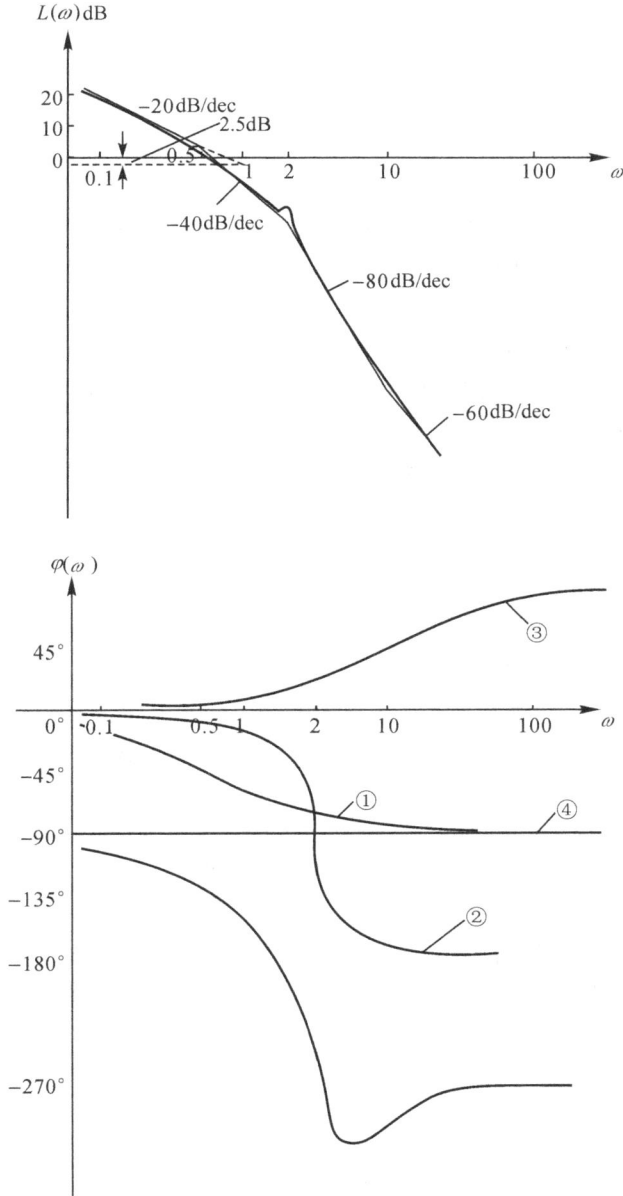

图 4-38　例 4-16 图

③在频率 5、10、20 分别修正 +1、+3、+1dB。

(8)绘制环节相频：

①惯性；②振荡；③一阶微分；④积分。

(9)相频曲线叠加。

(10)检查幅频渐近线、转折频率正确性。

相频起终点为：1 型起点 $-90°$，终点为 $-(4-1)×90°=-270°$

波德图见图 4-38。

例 4-17 绘制以下开环传递函数的波德图

$$G(s)=\frac{s+10}{s^2(0.2s+1)}$$

解 （1）标准化

$$G(s)=\frac{10(0.1s+1)}{s^2(0.2s+1)}$$

(2)得开环增益 $K=10$，$20\lg K=20$dB，系统为 2 型，低频斜率 -40。

(3)求各转折频率，按从小到大顺序：

①$\omega_1=5$，惯性环节，斜率 -20；

②$\omega_2=10$，一阶微分环节，斜率 $+20$；

(4)绘制波德图坐标。横坐标从 0.1～100，3 个十倍频程，标注坐标刻度。

在横坐标上标明各转折频率。

(5)绘制低频段，找到点(1,20)，在该点画斜率 -40 的斜线。

(6)在 $\omega_1=5$，斜率变为 $-40-20=-60$；

在 $\omega_2=10$，斜率变为 $-60+20=-40$。

标注上述两个斜率。

(7)修正：

①在频率 2.5、5、10 分别修正 -1、-3、-1dB；

②在频率 5、10、20 分别修正 $+1$、$+3$、$+1$dB。

显然，在频率 5 处的叠加修正量为 $-3+1=-2$dB，在频率 10 处的叠加修正量为 $-1+3=+2$dB

(8)绘制环节相频：

①惯性环节；②一阶微分；③两个积分环节计 $-180°$。

(9)相频曲线叠加。

(10)检查幅频渐近线、转折频率正确性。

相频起终点为：2 型起点 $-180°$，惯性环节和一阶微分相互抵消，故终点也为 $-180°$。

波德图见图 4-39。

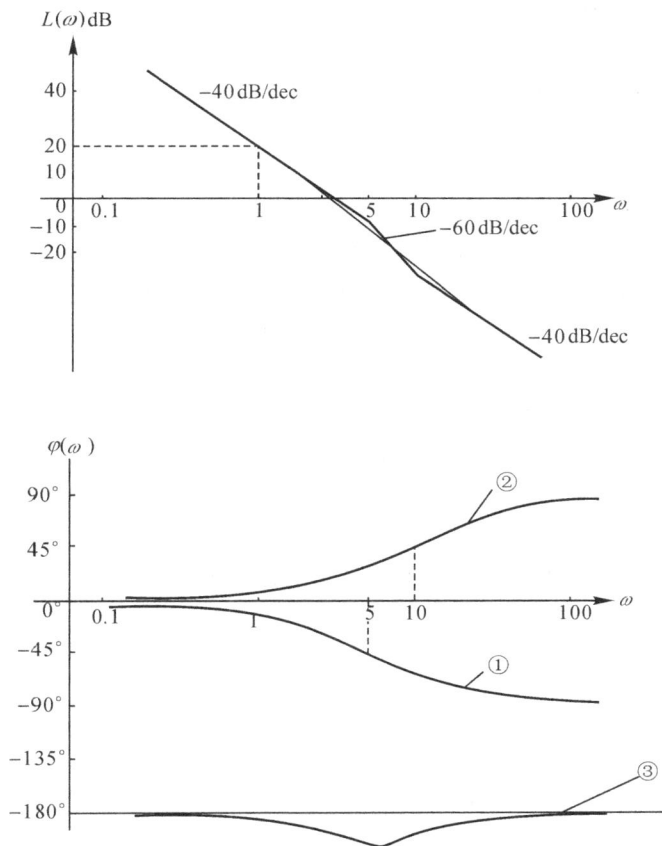

图 4-39　例 4-17 图

4.4.3　由波德图确定系统传递函数

学习从波德图反求系统传递函数,其好处一是进一步加深对波德图的理解;二是它也是用实验法确定系统传递函数的基础。在工程实际中,有时需要在不明系统数学模型的情况下,依据实验数据去构造一个等效模型去描述系统。而频率特性法的重要优点之一,是频率响应实验的简单易实现性。

本节的内容限于最小相位系统。所谓最小相位系统,是指其传递函数在右半 s 平面没有零极点和没有延迟环节。由于最小相位系统的幅频特性和相频特性存在唯一对应关系,因此仅凭幅频特性就可以确定系统的传递函数。

最小相位系统的标准化传递函数表达式为

$$G(s) = \frac{K\prod\limits_{i=1}^{m}(\tau_i s + 1)}{s^{\nu}\prod\limits_{j=1}^{n_1}(T_j s + 1)} \cdot \prod\limits_{k=1}^{n_2}\frac{\omega_{nk}^2}{s^2 + 2\zeta_k\omega_{nk}s + \omega_{nk}^2} \tag{4-63}$$

于是,求传递函数的过程就可以分为两步,即求结构、求参数。

第一步是求结构。求结构就是求传递函数有几个环节所构成,及它们分别是什么环节。

从波德图的绘制规则中已经知道,在低频段,波德图幅频曲线由第 1 类环节(比例环节和积分环节)决定。

在式(4-63)中,令 $s \rightarrow 0$,有

$$G(s) \approx \frac{K}{s^{\nu}}$$

因此从低频段的斜率可以求出系统的型别 ν。

离开低频段后,波德图幅频曲线开始出现转折,第 2 类环节(惯性、振荡和一阶微分环节)的作用呈现出来,从转折后的斜率变化情况可以判断出是哪个环节引起转折。

第二步是求参数。看以下 5 种典型环节的参数情况。

(1)积分环节 $1/s^{\nu}$

若低频段是水平的,则是 0 型系统,$\nu = 0$;

若低频段斜率为 $-20\mathrm{dB/dec}$,则是 1 型系统,$\nu = 1$;

若低频段斜率为 $-40\mathrm{dB/dec}$,则是 2 型系统,$\nu = 2$;

(2)比例环节 K

①若是 0 型系统,已知低频段幅频曲线高度为 L_k,则

$$20\lg K = L_k$$

故

$$K = 10^{\frac{L_k}{20}} \tag{4-64}$$

②若是 1 型、2 型系统,已知低频段幅频特性为

$$L(\omega) \approx 20\lg K - \nu \cdot 20\lg\omega \tag{4-65}$$

为求 K,式(4-65)有两种用法。

第一种用法是注意到 $\omega = 1$ 时,式(4-65)成为

$$L_k = L(1) \approx 20\lg K \tag{4-66}$$

因此,量取 $\omega = 1$ 时的幅频曲线高度 L_k,就可用式(4-64)求 K。运用此法时要注意 $\omega = 1$ 是否位于低频段。否则,应从低频段的延长线上量取 L_k。

第二种用法是令式(4-65)等于零,表示低频段与零分贝线相交,设交点频率值为 ω_0:

$$0 = 20\lg K - \nu \cdot 20\lg\omega_0$$

求得

$$K = \omega_0^{\nu}$$

即对于 1 型系统:

$$K = \omega_0 \tag{4-67}$$

对于 2 型系统:

$$K = \omega_0^2 \tag{4-68}$$

用式(4-67)或(4-68)也可求 K。用此法时同样要注意零分贝线交点频率应位于低频段或低频段的延长线上。

可根据给定条件选择是采用第一种方法还是第二种方法。

(3)一阶惯性环节的参数

一阶惯性环节转折点处斜率改变量为 $-20\mathrm{dB/dec}$,环节传递函数为

$$G(s) = \frac{1}{Ts+1}$$

具有唯一参数 T，已知转折频率为 $\omega_T = \frac{1}{T}$，所以

$$T = \frac{1}{\omega_T} \tag{4-69}$$

（4）一阶微分环节的参数

一阶微分环节转折点处斜率改变量为 $+20\text{dB/dec}$，环节传递函数为

$$G(s) = \tau s + 1$$

具有唯一参数 τ，已知转折频率为 $\omega_\tau = \frac{1}{\tau}$，所以

$$\tau = \frac{1}{\omega_\tau} \tag{4-70}$$

（5）二阶振荡环节的参数

二阶振荡环节转折点处斜率改变量为 -40dB/dec，环节传递函数为

$$G(s) = \frac{\omega_n^2}{s^2 + 2\zeta\omega_n s + \omega_n^2}$$

有两个参数：阻尼比 $\zeta(0 < \zeta < 1)$ 和无阻尼自然频率 ω_n。两个参数的求法是：

①查转折频率即为无阻尼自然频率 ω_n。

②量取谐振峰值，可从图 4-17 中查得对应的阻尼比 ζ。严格地说，谐振峰值发生在 ω_r 处，而不是 ω_n 处，两者虽然相近但并不相等，这从图 4-17 中就可以看出。尤其是当 $\zeta > 0.25$ 时，两者的差别逐渐明显起来。但若从给定波德图中无法区分这两个频率值时，可以近似认为两者是相等的。

例 4-18 已知最小相位系统的波德图幅频曲线如图 4-40 所示，试求系统传递函数。

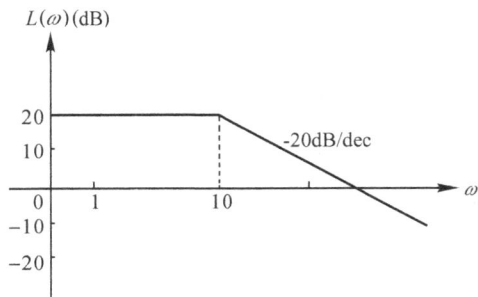

图 4-40 例 4-18 图

解 ①求结构。

从图中看出，低频段是水平线，是 0 型系统，1 个惯性环节，因此传递函数结构为

$$G(s) = \frac{K}{(Ts+1)}$$

②求参数。

从图中看出，$L_k = 20\text{dB}$，由式（4-64）：

$$K = 10^{\frac{L_k}{20}} = 10^{\frac{20}{20}} = 10$$

从图中看出,转折频率 $\omega_T = 10$,由式(4-69):

$$T = \frac{1}{\omega_T} = \frac{1}{10} = 0.1$$

所以

$$G(s) = \frac{10}{(0.1s+1)}$$

例 4-19 已知最小相位系统的波德图幅频曲线如图 4-41,试求系统传递函数。

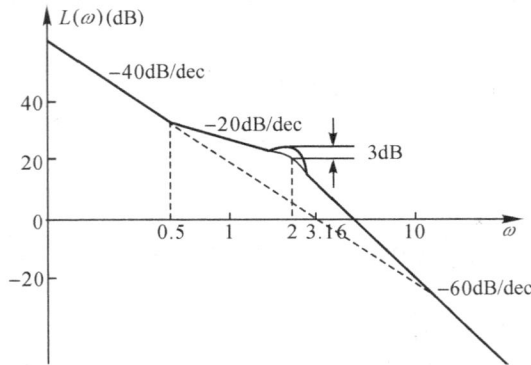

图 4-41 例 4-19 图

解 ①求结构。

从图中看出,低频段斜率为 -40dB/dec,是 2 型系统,由渐近线的斜率变化判断环节类型:

第 1 个转折频率处斜率变化 $+20\text{dB/dec}$,是一阶微分环节;

第 2 个转折频率处斜率变化 -40dB/dec,是二阶振荡环节。

因此传递函数结构为

$$G(s) = \frac{K(\tau s+1)}{s^2} \cdot \frac{\omega_n^2}{s^2+2\zeta\omega_n s+\omega_n^2}$$

②求参数。

从图中看出,低频段与零分贝线交点频率: $\omega_0 = 3.16$,因为是 2 型系统,由式(4-68):

$$K = \omega_0^2 = 3.16^2 = 10$$

对一阶微分环节,从图中看出,转折频率 $\omega_\tau = 0.5$,则

$$\tau = \frac{1}{\omega_\tau} = 2$$

对二阶振荡环节,从图中看出,转折频率 $\omega_n = 2$,谐振峰值为 3dB,查图 4-17,对应的阻尼比为 $\zeta = 0.35$。

综合得:

$$G(s) = \frac{10(2s+1)}{s^2} \cdot \frac{2^2}{s^2+2\times0.35\times2s+2^2}$$

$$= \frac{40(2s+1)}{s^2(s^2+1.4s+4)}$$

4.5　稳定性的频域判据

在第 3 章已经了解到闭环系统稳定的充分必要条件是：所有的闭环极点位于 s 平面的左半平面，或者说闭环系统特征方程的根都必须具有负实部。本节介绍根据开环系统频率特性来判断闭环系统的稳定性，也称频域法判据。频域判据是根据开环系统频率特性来判断闭环系统稳定性的一种准则，由于它不必求解闭环极点，同时还可以得知系统的相对稳定性以及改善系统稳定性的途径，因此在控制工程中得到广泛应用。

常用的两种稳定判据是奈奎斯特（奈氏图）稳定判据和对数频率（波德图）稳定判据，尤其是后者，由于波德图能够展现系统的稳、准、快多项性能指标，具有多功能性，因而更受工程技术人员的欢迎。

本节的内容限于开环稳定系统。所谓开环稳定，是指系统开环传递函数的极点都不在 s 平面的右半平面。设 p 为系统开环极点在右半 s 平面的数量，则开环稳定系统即 $p=0$。

4.5.1　奈奎斯特稳定判据

我们不加证明地引出奈奎斯特稳定判据：

设系统开环传递函数为 $G(s)H(s)$，若系统是开环稳定的，则闭环系统稳定的充要条件是，当 ω 由 $0 \to \infty$ 时，系统的开环奈氏曲线 $G(j\omega)H(j\omega)$ 不包围点 $(-1,j0)$，闭环系统就是稳定的。否则就是不稳定的。

接下来根据系统的型别来讨论奈氏判据的具体应用。

（1）0 型系统

0 型系统的情况比较简单。图 4-42 是一个典型的 0 型系统开环奈氏曲线，曲线从相角角度来看是封闭的，它未包围 $(-1,j0)$ 点，因此该系统是闭环稳定的。

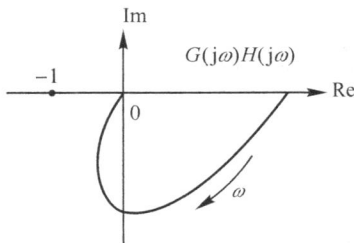

图 4-42　闭环稳定的 0 型系统

图 4-43 所示的系统开环奈氏曲线包围了 $(-1,j0)$ 点，因此该系统是闭环不稳定的。

（2）1 型和 2 型系统

型别为 1 型和 2 型的系统表示开环系统中有积分环节，即开环传递函数中包含有为零的极点，这种情况虽然符合开环稳定的定义，但因为奈氏曲线的起点不在正实轴上，曲线没有封闭，尚不能判定是否包围了 $(-1,j0)$ 点。因此需对奈氏曲线添加辅助线后，才能使用奈氏判据。

辅助线的添加方法是，从正实轴始，补画一半径无穷大、顺时针旋转的大圆弧作为辅助线，与系统的开环奈氏曲线相接，并视该辅助线为开环奈氏曲线的组成部分，即正实轴无穷

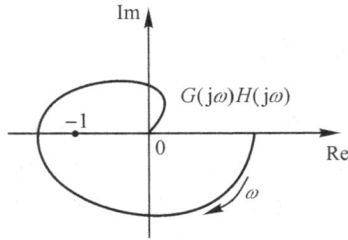

图 4-43　闭环不稳定的 0 型系统

远处为开环奈氏曲线的起点。

对添加辅助线后的奈氏曲线应用奈氏判据,可得到闭环系统的稳定性结论。

对图 4-44(a)所示的 1 型系统添加辅助线后,未包围(−1,j0)点,因此该系统是闭环稳定的。

对图 4-44(b)所示的 2 型系统添加辅助线后,也未包围(−1,j0)点,因此该系统也是闭环稳定的。

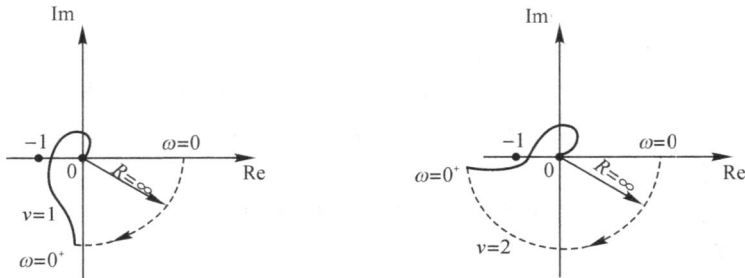

（a）闭环稳定的 1 型系统　　　　　　（b）闭环稳定的 2 型系统

图 4-44　对 1 型和 2 型系统添加辅助线应用奈氏判据

4.5.2　对数频率(波德图)稳定判据

与奈氏图的绘制相比,波德图的绘制更为简单、方便,因而波德图判据更有实际应用意义。但波德图判据的理论基础却来自于奈氏判据。

在奈氏坐标上画一个半径为 1 的单位圆,点(−1,j0)就在单位圆上,见图 4-45 所示。该图描述的是一个稳定的奈氏曲线。可以看到,奈氏曲线先穿越单位圆,再穿越负实轴(也可能不穿越)。图中 ω_c 是奈氏曲线与单位圆的交点频率,ω_g 是奈氏曲线与负实轴的交点频率。

图 4-46 描述的是一个不稳定的奈氏曲线。可以看到,奈氏曲线先穿越负实轴,再穿越单位圆。

图 4-47 是奈氏图与波德图的对应关系,由图得知:

①奈氏图上的单位圆对应于波德图上的零分贝线;大于单位圆的幅值,即 $A(\omega)>1$ 转换到波德图幅频曲线中就是 $L(\omega)>0$dB。

②奈氏图上的负实轴对应于波德图相频坐标上的−180°线。

因此称幅频曲线与 0dB 的交点频率 ω_c 为幅值穿越频率(或剪切频率),相频曲线与

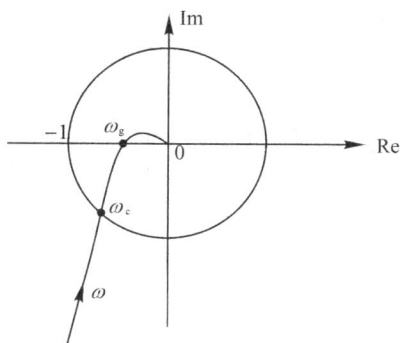

图 4-45　稳定的奈氏曲线与单位圆的关系

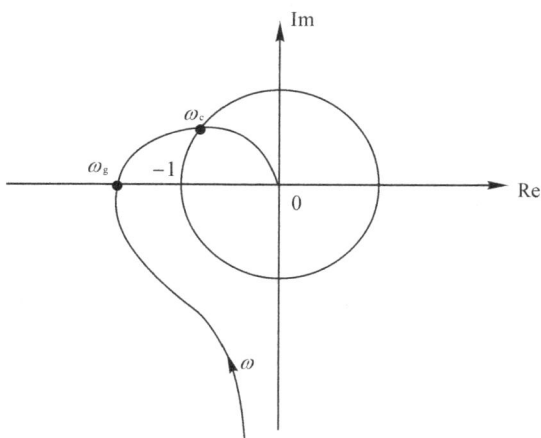

图 4-46　不稳定的奈氏曲线与单位圆的关系

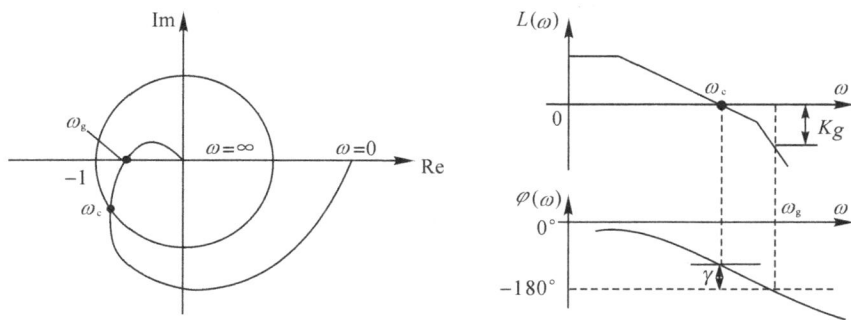

图 4-47　奈氏图与波德图的对应关系

$-180°$的交点频率 ω_g 为相位穿越频率。

　　根据穿越的先后关系,可以推导出波德图判据。已知如图 4-47 所示的奈氏曲线是稳定的,对应在波德图上即 $\omega_c < \omega_g$。由此导出波德图判据:

　　对于开环稳定的系统,在其开环波德图中,当 $\varphi(\omega_c) > -180°$时,系统是闭环稳定的。否则就是闭环不稳定的。

　　要说明的是,奈氏判据奠定了稳定性频域判据的理论基础。上述波德图判据虽是根据奈氏判据导出的,但严格来说,奈氏图与波德图的对应关系并非如此简单,因此该波德图判据在理论上并不严密。当遇到波德图幅频曲线多次上下穿越零分贝线时,应采用奈氏判据。但从应用的观点来看,该波德图判据作为一种机电系统工程实用判据已经够用了。

图 4-47 表示的系统,$\varphi(\omega_c) > -180°$,因而是闭环稳定的。

图 4-48 表示的系统,$\varphi(\omega_c) < -180°$,因而是闭环不稳定的。

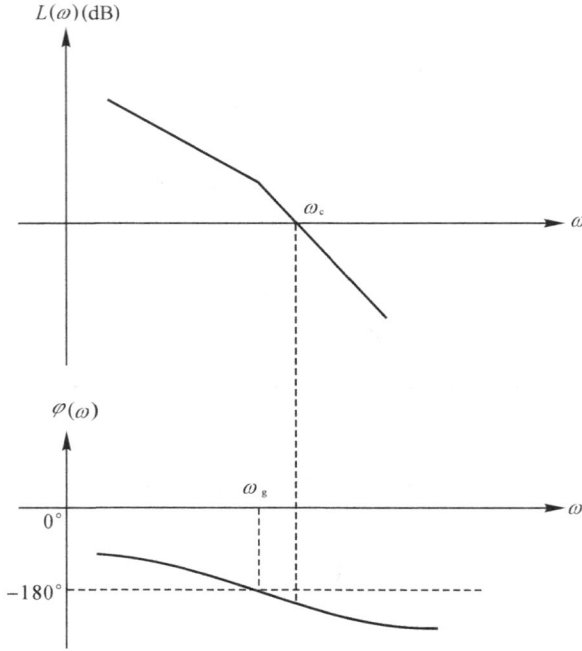

图 4-48　图示系统闭环不稳定

图 4-49 表示的系统,尽管相频曲线多次穿越 $-180°$,但仍满足 $\varphi(\omega_c) > -180°$,因而是闭环稳定的。

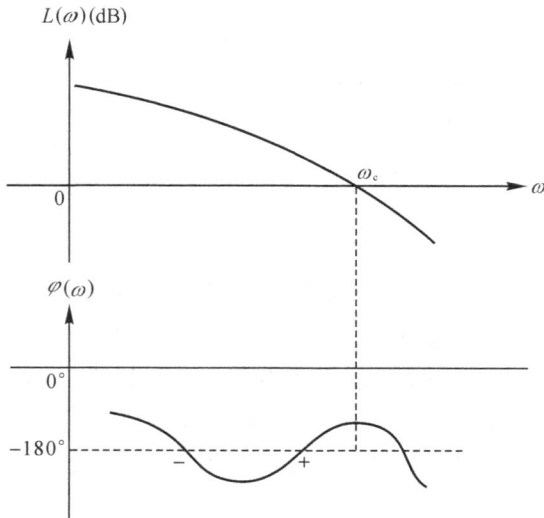

图 4-49　图示系统闭环稳定

4.5.3　系统的相对稳定性及稳定裕量

在分析或设计一个实际生产过程的控制系统时,只知道系统是否稳定是不够的,还需要知道系统的相对稳定性是否符合生产过程的要求。因为一个虽然稳定,但一经扰动就会不稳定的系统是不能投入实际使用的,同时由于数学建模的误差,分析过程的误差及系统工作过程中元件的参数可能发生变化等,要求设计的控制系统不仅是稳定的,而且应具有一定的稳定裕量。

我们采用系统开环波德图来讨论稳定裕量。已知波德图稳定判据为:当 $\varphi(\omega_c)>-180°$ 时,系统闭环稳定。显然,$\varphi(\omega_c)$ 高于 $-180°$ 线越多,则系统的相对稳定性越好;反之,若 $\varphi(\omega_c)$ 越靠近 $-180°$ 线,则其相对稳定性就越差。如果 $\varphi(\omega_c)=-180°$,则系统处于临界稳定状态。这就是用相位裕量和幅值裕量两个性能指标来衡量系统的相对稳定性的基本思路。

(1)相位裕量 γ

前面提到过,ω_c 称为幅值穿越频率。相位裕量 γ 定义为

$$\gamma=\varphi(\omega_c)-(-180°)=\varphi(\omega_c)+180° \tag{4-71}$$

可见,相位裕量 γ 是指在穿越频率 ω_c 处,使系统达到临界稳定状态尚可附加的相位滞后量。一般,γ 值越大,系统的相对稳定性越好。在工程中,通常要求 γ 在 $30°\sim60°$。

(2)幅值裕量 K_g

前面也提到过,ω_g 称为相位穿越频率。幅值裕量 K_g 定义为

$$K_g(\text{dB})=-L(\omega_g) \tag{4-72}$$

幅值裕量是指系统在变成不稳定之前,增益还能提升多少。若系统的开环增益增加 K_g 分贝,则闭环系统处于临界稳定状态。幅值裕量又称增益裕量。一般,K_g 值越大,说明系统的相对稳定性越好;而当 $K_g<0\text{dB}$ 时,对应的闭环系统不稳定。工程中,一般要求幅值裕量大于 6dB。

相位裕量 γ 和幅值裕量 K_g 可从波德图上直接量取。所以即使手工绘制波德图,也有一定的精度要求,否则 γ 和 K_g 的测量误差有可能较大。必要时,可通过计算式(4-71)和式(4-72)校验。采用 MATLAB 绘制波德图时,γ 值和 K_g 值可自动求出。

图 4-50 表示了 γ 值和 K_g 值的测量位置。对于稳定系统(图 4-50(a)),$\gamma>0$,$K_g>0$,即两个稳定裕量都是正值。对于不稳定系统(图 4-50(b)),$\gamma<0$,$K_g<0$,即两个稳定裕量都是负值。

幅值裕量和相位裕量是设计控制系统的性能指标之一。在工程设计中,两个稳定裕量同等重要,而仅用其中一个是不够的。

例 4-20　系统开环传递函数如下:

$$G(s)=\frac{5.65}{(20s+1)(s+1)}$$

试判定该系统的闭环稳定性,并求幅值裕量和相位裕量。

解　① 例 4-15 中已绘制了系统开环波德图,如图 4-51 所示。

② 从图中可读出两个穿越频率,$\omega_c=0.25$,而相频曲线与 $-180°$ 永不相交,故 $\omega_g=\infty$。由于 $\varphi(\omega_c)>-180°$,因而系统是闭环稳定的。

③ 从图中可量取稳定裕量,$\gamma=88°$,$K_g=\infty$。

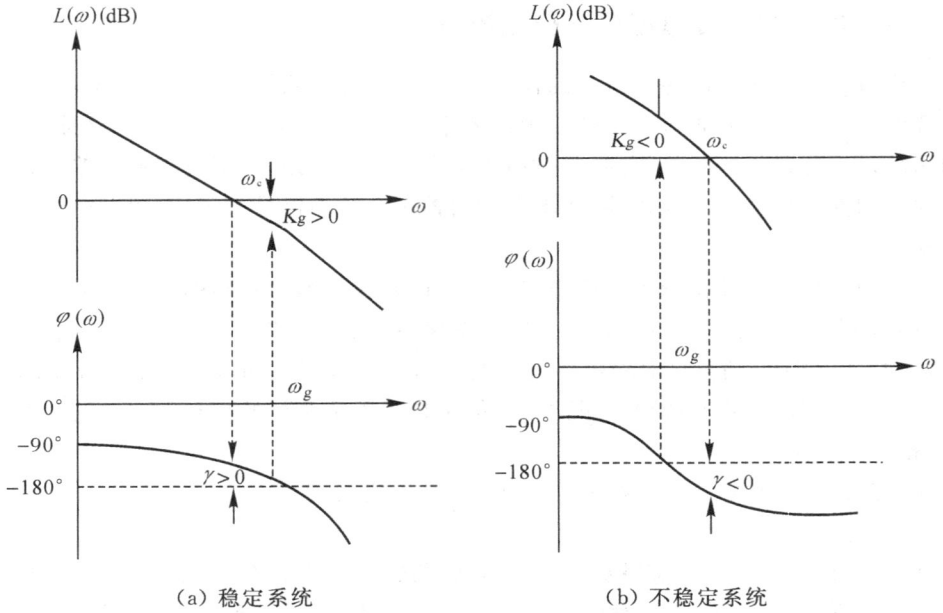

(a) 稳定系统   (b) 不稳定系统

图 4-50　两个稳定裕量的图示

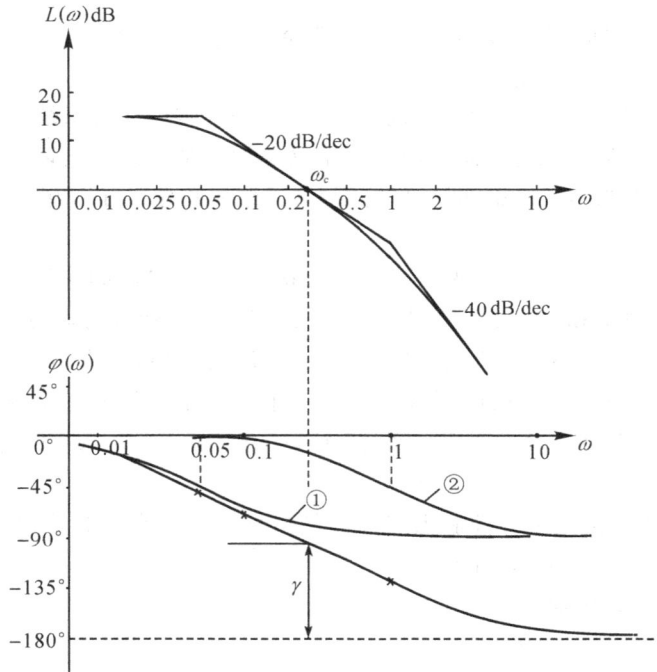

图 4-51　例 4-20 波德图

④用式(4-71)和式(4-72)验算：

$$\gamma = \varphi(\omega_c) - (-180°) = \varphi(\omega_c) + 180°$$

$$= -\arctan(T_1\omega_c) - \arctan(T_2\omega_c) + 180°$$

$$= -\arctan(20 \times 0.25) - \arctan(1 \times 0.25) + 180°$$

$$=87.27°$$

$$K_g(\text{dB})=-L(\omega_g)$$

$$=-\left[20\lg K-20\lg\sqrt{1+\omega_g^2T_1^2}-20\lg\sqrt{1+\omega_g^2T_2^2}\right]$$

$$=\infty$$

例 4-21　系统开环传递函数如下：

$$G(s)=\dfrac{0.75(\dfrac{s}{10}+1)\cdot2^2}{s(\dfrac{s}{0.5}+1)(s^2+2\times0.25\times2s+2^2)}$$

试判定该系统的闭环稳定性，并求幅值裕量和相位裕量。

解　①例 4-16 中已绘制了系统开环波德图，如图 4-52。

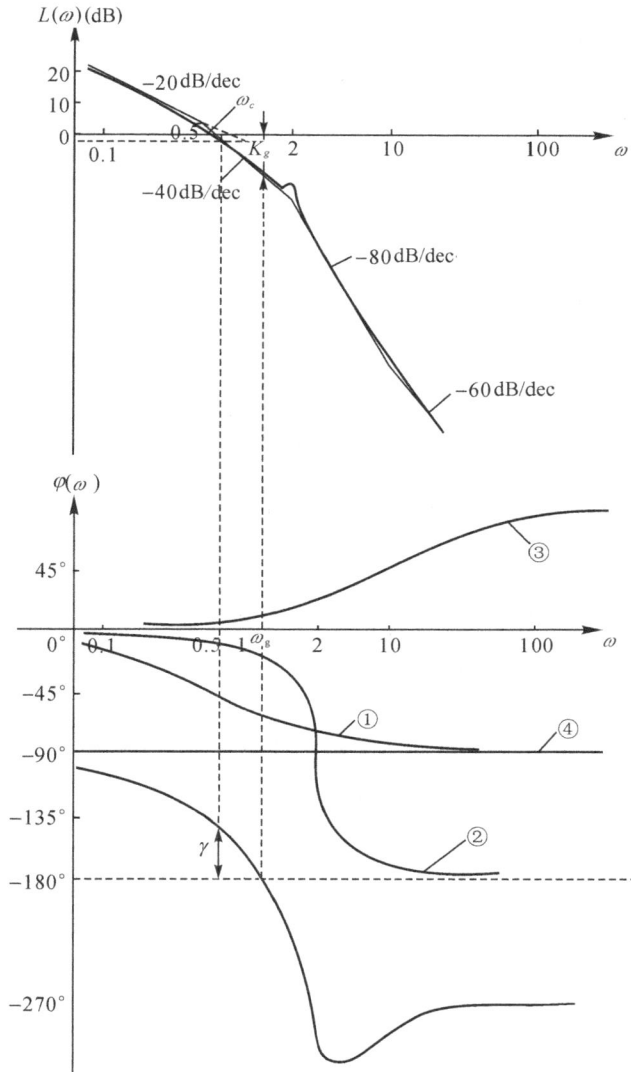

图 4-52　例 4-21 波德图（$K=0.75$）

②从图中可读出两个穿越频率，$\omega_c=0.55$，$\omega_g=1.3$。由于 $\varphi(\omega_c)>-180°$，因而系统是闭环稳定的。

③从图中可量取稳定裕量，$\gamma=40°$，$K_g=10\text{dB}$。

④本题的开环增益 $K=0.75$，如果我们把开环增益提升到 $K=7.5$，看其对稳定性有何影响。

开环增益改变后，仅对幅频曲线有影响，对相频曲线无影响。增益增大 10 倍，则幅频曲线整体向上提升 $20\lg10=20\text{dB}$。见图 4-53。

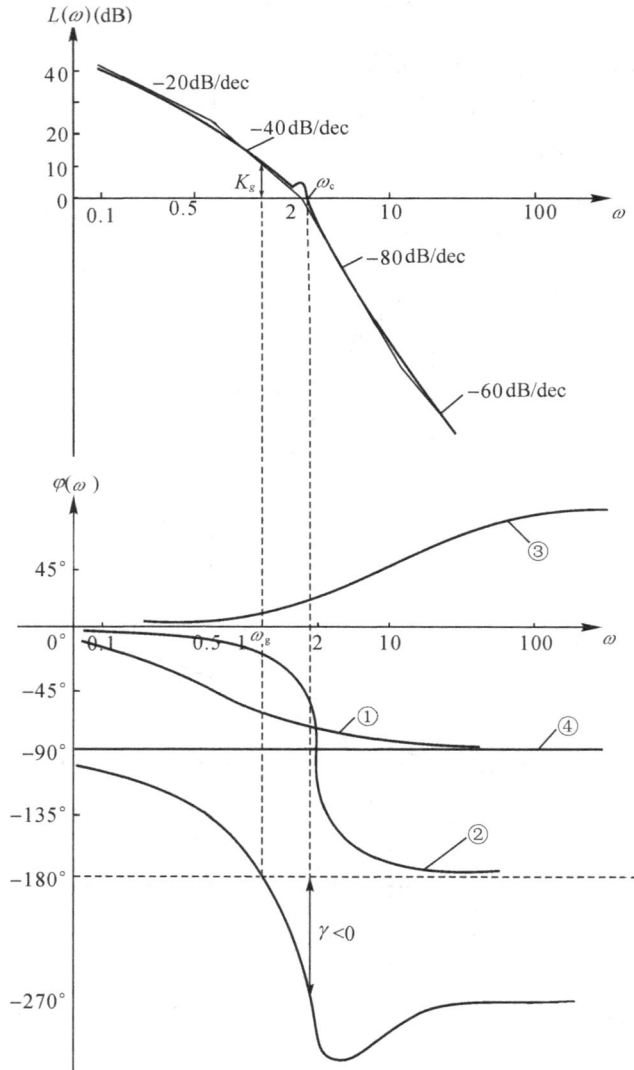

图 4-53　例 4-21 波德图（$K=0.75$）

此时，$\omega_c = 2.3$，$\omega_g = 1.3$。由于 $\varphi(\omega_c) < -180°$，因而系统是闭环不稳定的。

量取稳定裕量，$\gamma = -90°$，$K_g = -10\text{dB}$，因是不稳定系统，故稳定裕量均为负值。

由此可见，增加开环增益会使系统稳定性变差，使稳定裕量减小，甚至导致不稳定。

例 4-22　系统开环传递函数如下：

$$G(s) = \frac{10(0.1s+1)}{s^2(0.2s+1)}$$

试判定该系统的闭环稳定性，并求幅值裕量和相位裕量。

解　①例 4-17 中已绘制了系统开环波德图，如图 4-54。

②从图中可读出两个穿越频率，$\omega_c = 3$，ω_g 不存在或可认为 $\omega_g = 0$。由于 $\varphi(\omega_c) < -180°$，因而系统是闭环不稳定的。

③从图中可量取稳定裕量，$\gamma = -15°$，$K_g = -\infty$。

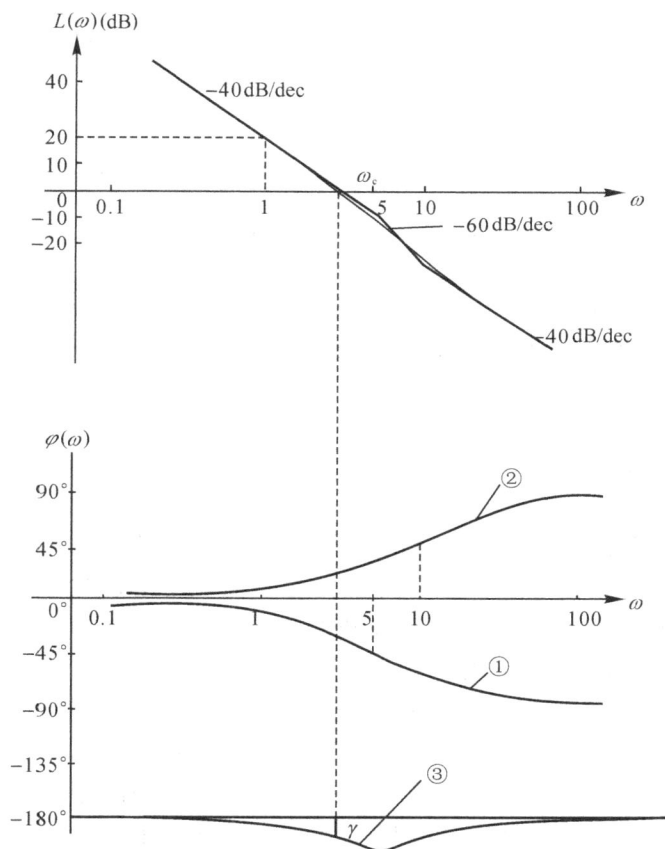

图 4-54　例 4-22 波德图

4.6 波德图的判读

4.6.1 开环波德图的判读

从系统的开环波德图上,我们可以了解闭环控制系统在稳、准、快三方面的性能指标。通常,可以将频率特性分成低频段、中频段和高频段,如图 4-55 所示。

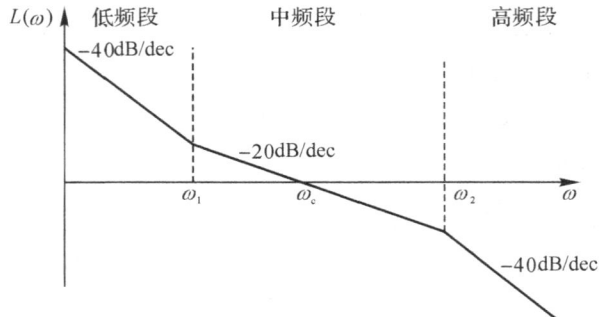

图 4-55 系统开环波德图

(1)低频段

在学习绘制开环波德图时已经提到,$\omega < \omega_1$ 的频率范围称为低频段,ω_1 是第 2 类环节诸多转折频率中最小的,即第 1 个转折频率。在低频段,只有第 1 类环节发挥作用,即比例环节和积分环节。

低频段的数学模型可在式(4-41)中,令 $s \to 0$ 求得

$$G(s) \approx \frac{K}{s^\nu}$$

式中:K 是比例环节的增益,也是系统的开环增益;ν 是积分环节的个数,即系统的型别。

在第 3 章讨论过的系统稳态误差 e_{ss} 正是由 K 和 ν 这两个参数决定的。系统的型别 ν 越大(即低频段幅频越倾斜),开环增益越大(即低频段幅频越高),稳态误差 e_{ss} 就越小。

同时,在学习 4.4.3 如何由波德图确定系统传递函数一节中,已经详细讨论了 K 和 ν 这两个参数的求法。简短地说:可由低频段的斜率求型别 ν,可由低频段幅频曲线或其延长线与 $\omega = 1$ 的交点 L_k 求开环增益 K。这样就可定量地求取稳态误差 e_{ss}。

结论:闭环系统的稳态性能主要是稳态误差 e_{ss},开环波德图的低频段提供了了解系统稳态性能的所需的信息,即开环增益 K 和系统型别 ν。这两个值越大,稳态误差 e_{ss} 就越小。

(2)中频段

中频段是指系统的幅值穿越频率 ω_c 及其附近区域。

首先,在幅值穿越频率 ω_c 可以判断闭环稳定性和相对稳定性指标相位裕量 γ。为了保证系统稳定且具备一定的相位裕量 $\gamma \approx 30° \sim 60°$,在幅值穿越频率上的幅频渐近线的斜率应为 -20dB/dec,并且要有一定的渐近线长度。如果斜率为 -40dB/dec,则闭环系统可能稳定,也可能不稳定。即使稳定,相位裕量 γ 也常常比较小。而如果斜率为 -60dB/dec 或者更陡,则闭环系统不稳定。

相位裕量 γ 也与系统平稳性指标超调量 $\sigma\%$ 相关,超调量 $\sigma\%$ 由系统的阻尼比 ζ 决定,当 $\gamma\approx30°\sim60°$ 时,阻尼比 ζ 比较适中。

其次,穿越频率 ω_c 也与系统的快速性有密切的联系。在时域中,系统的快速性指标主要是调节时间 t_s。一般地,$t_s=(3\sim4)T$,ω_c 越大则 T 越小。例如当穿越斜率为 $-20\mathrm{dB/dec}$ 时,有 $T\approx1/\omega_c$。在频域中,系统的快速性指标主要是系统带宽 ω_b(ω_b 的意义见 4.6.2 小节中的闭环频域指标),而 ω_c 与 ω_b 大致成正比关系。通常,ω_c 越大,则系统的快速性越好。

结论:开环波德图的中频段包含了丰富的闭环系统动态性能的信息,即快速性和平稳性。这些信息主要通过幅值穿越频率 ω_c 和相位裕量 γ 这两个指标来反映。ω_c 越大,则系统的快速性越好。而适中的相位裕量则能则能带来适中的平稳性。因此,在控制系统设计中,把 ω_c 和 γ 作为重要的设计指标。

(3)高频段

高频段通常指 $\omega>\omega_b$ 的频率范围,或是指中频段穿越斜率发生变化之后的频率范围。

由于高频段已超出系统的工作频率,因此高频段对系统的理论性能指标影响不大,一般没有特殊要求,只要求其幅频曲线随着 ω 的增长而衰减,不要出现高频振荡即可。考虑到实际机电系统中经常有可能出现高频干扰,为加以抑制,希望高频段的幅频曲线衰减得快些。

4.6.2 闭环波德图的判读

(1)闭环波德图与闭环频域指标

控制系统一般总是闭环的。虽然系统开环波德图已提供了大量而丰富的系统闭环信息,已能满足大部分需要,但有些信息毕竟是间接的,尤其是系统的动态信息。为能对闭环系统有一个直观的了解,就要用到闭环波德图。

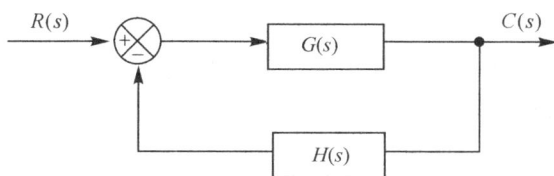

图 4-56 闭环控制系统方块图

对如图 4-56 所示的闭环控制系统,其开环传递函数为 $G(s)H(s)$,闭环传递函数为

$$\Phi(s)=\frac{C(s)}{R(s)}=\frac{G(s)}{1+G(s)H(s)}$$

闭环频率特性为

$$\Phi(\mathrm{j}\omega)=\frac{G(\mathrm{j}\omega)}{1+G(\mathrm{j}\omega)H(\mathrm{j}\omega)} \tag{4-73}$$

按式(4-73)就可以绘制闭环波德图。图 4-57 所示为一张典型的控制系统闭环波德图。

从图 4-57 中可以读到如下主要闭环频域指标:

①谐振峰值 M_r(dB)和谐振频率 ω_r(rad/sec)

这是系统的平稳性指标,M_r 以适度为好,而 ω_r 还可反映系统的快速性。

②截止频率 ω_b(rad/sec)和 ω_a(rad/sec)

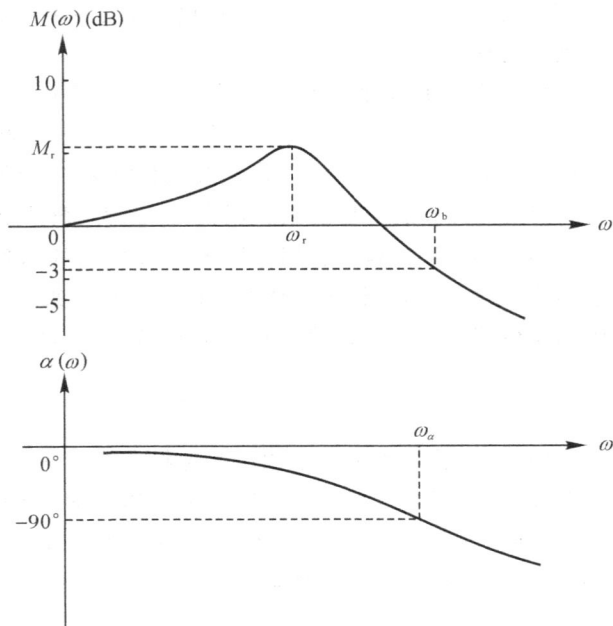

图 4-57 典型闭环波德图

这是系统的快速性指标,反映了系统的响应速度。

随着频率 ω 的增高闭环幅值比逐渐衰减,相位滞后逐渐加大。当系统输出衰减到输入的 70% (即 $-3\mathrm{dB}$) 时,此时的频率称为幅值截止频率 ω_b,也可写作 $\omega_{-3\mathrm{dB}}$。当系统输出相位滞后达到 $-90°$ 时,此时的频率称为相位截止频率 ω_a,也可写作 $\omega_{-90°}$。

系统工作一般在截止频率之内,因此 $0<\omega<\omega_{-3\mathrm{dB}}$(或 $0<\omega<\omega_{-90°}$)称为系统的频带宽度(带宽)。

幅频带宽和相频带宽同样重要,保守的话,可采用这两个值中较小的一个作为系统带宽指标,尤其是系统的非线性因素不能忽略时,仅用幅频带宽 $\omega_{-3\mathrm{dB}}$ 是不够全面的。

(2)闭环波德图的绘制

闭环波德图的绘制比较繁琐,不如开环波德图绘制方便,没什么捷径,一般可采用 MATLAB 机绘。

如要手工绘制闭环波德图,其方法类似奈氏图的绘制,以下结合例题介绍步骤。

例 4-23 单位反馈闭环控制系统,其开环传递函数如下:

$$G(s)=\frac{25}{s(s+25)}$$

试绘制闭环波德图。

解 闭环波德图的坐标规则与开环波德图相同,考虑到闭环频率特性在数值上比较小,因此纵坐标比例尺可适当小些。例如 $M(\omega)$ 每 1dB 占 1 格。

①由式(4-73)求得

$$\Phi(\mathrm{j}\omega)=\frac{G(\mathrm{j}\omega)}{1+G(\mathrm{j}\omega)}=\frac{625-25\omega^2-\mathrm{j}62.5\omega}{\omega^4-43.75\omega^2+625}$$

②将上式分解为实、虚频表达式

$$\Phi(j\omega) = \text{Re}[\Phi(j\omega)] + j\text{Im}[\Phi(j\omega)]$$

$$\text{Re}[\Phi(j\omega)] = \frac{625 - 25\omega^2}{\omega^4 - 43.75\omega^2 + 625}$$

$$\text{Im}[\Phi(j\omega)] = \frac{-62.5\omega}{\omega^4 - 43.75\omega^2 + 625}$$

③求幅、相频表达式

$$M(\omega) = 20\lg \sqrt{\text{Re}^2[\Phi(j\omega)] + \text{Im}^2[\Phi(j\omega)]}$$

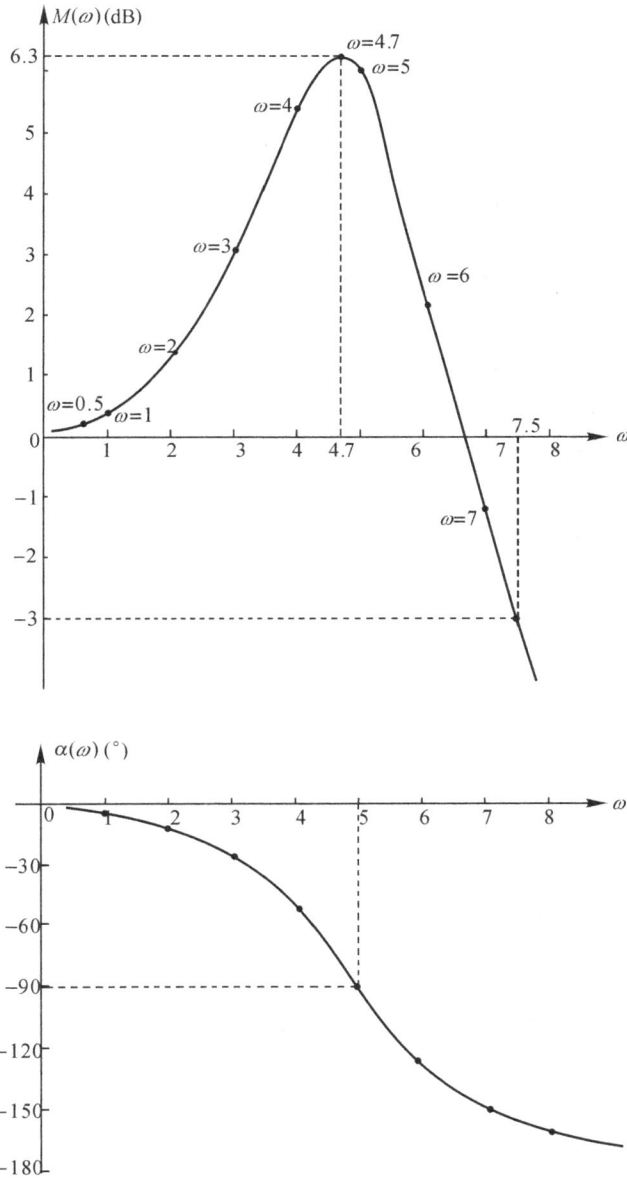

图 4-58　例 4-23 闭环波德图

$$\alpha(\omega) = \arctan\frac{\mathrm{Im}[\Phi(\mathrm{j}\omega)]}{\mathrm{Re}[\Phi(\mathrm{j}\omega)]}$$

注意：Arctan 函数的值域为$(-90°,+90°)$，超出此范围时应调整。

④列表计算：

ω	0.5	1	2	3	4	4.7	5	5.5	6	7	8	10	20
$M(\omega)$(dB)	0.1	0.3	1.3	3.0	5.4	6.3	6.0	4.6	2.6	-1.5	-4.9	-10.0	-23.6
$\alpha(\omega)$(°)	-3	-6	-13	-25	-48	-67	-90	-111	-126	-144	-153	-162	-172

注：陡峭处多取点。

⑤在波德图上描点，光滑连线。

结果见图 4-58，由图中可读出闭环频域指标：

谐振峰值 $M_r \approx 6.3$dB

谐振频率 $\omega_r \approx 4.7$rad/sec

幅值截止频率 $\omega_b \approx 7.5$rad/sec

相位截止频率 $\omega_a \approx 5$rad/sec

4.7　MATLAB 在频域分析中的应用

频率特性分析是古典控制理论的一个重要组成部分，其分析原理是线性系统在受到正弦信号输入时，其输出的幅值和相位随着输入信号的频率变化而变化。MATLAB 提供了一系列函数用于控制系统的频率特性分析，详见附录 2，下文就奈奎斯特图和波德图进行举例分析。

4.7.1　奈奎斯特图

MATLAB 中提供了 nyquist 函数用来绘制奈氏图。同时从奈氏曲线可以很直观的判断系统稳定性。

例 4-24　已知系统的开环传递函数为

$$G(s) = \frac{250(s+1)}{s(s+5)(s+15)}$$

试绘制开环奈氏图，并由奈氏判据判断系统的稳定性。

解　在 MATLAB 命令行中输入：

```
>> num=[250,250];
>> den=conv([1,0],conv([1,5],[1,15]));     %定义传递函数分子、分母矢量
>> sys=tf(num,den);                         %建立传递函数模型
>> nyquist(sys)                             %绘制奈氏图
```

执行结果如图 4-59(a)所示，但是从图中很难看出$(-1,0\mathrm{j})$点左右的图形，影响稳定性的判断，可以利用轴函数 axis()放大，如图 4-59(b)所示，根据奈氏判据，系统稳定。

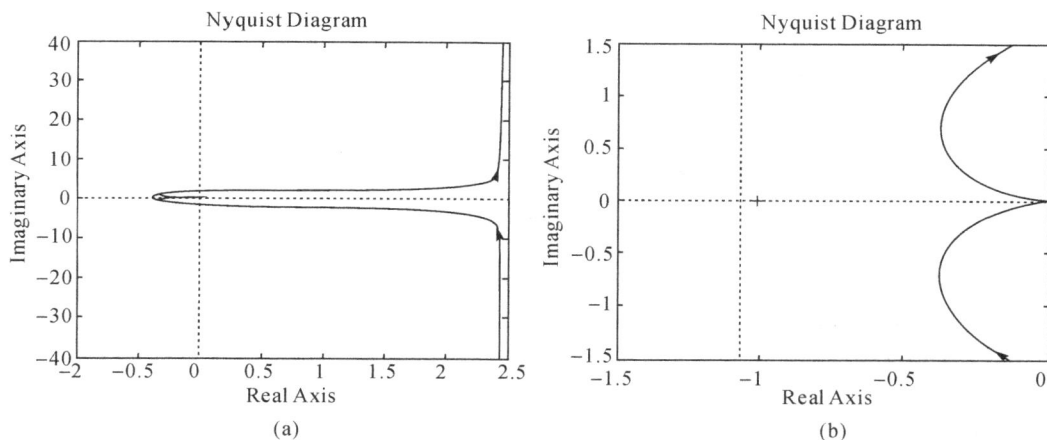

图 4-59 系统奈氏图

4.7.2 波德图

波德图是由对数幅频特性和对数相频特性构成的,MATLAB 中提供了 bode 函数来绘制波德图。

例 4-25 已知系统的传递函数为

$$G(s) = \frac{100(s+5)}{s^4 + 100.5s^2 + 2550s^2 + 1250s}$$

试绘制系统的波德图。

解 在 MATLAB 命令行中输入:

```
>> num=[100 500];den=[1 100.5 2550 1250 0];   % 建立系统的分子、分母矢量
>> sys=tf(num,den);                            % 建立系统的传递函数模型
>> bode(sys);                                  % 绘制波德图
>> grid on
```

执行结果如图 4-60 所示。

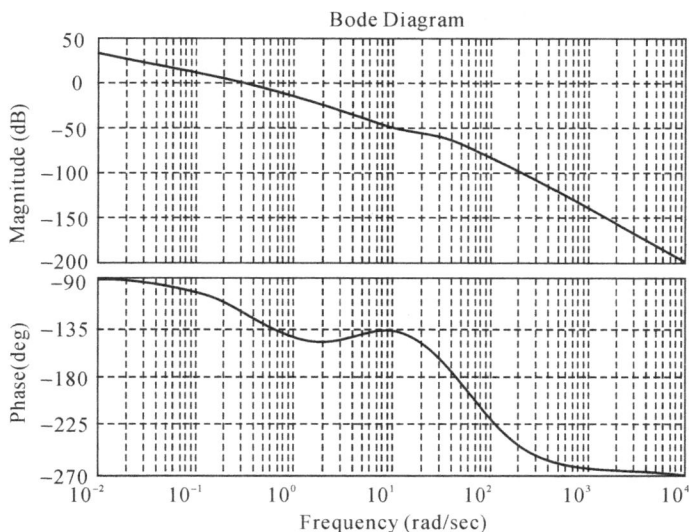

图 4-60 系统波德图

例 4-26　已知系统的传递函数为

$$G(s)=\frac{0.5}{s^3+2s^2+s+0.5}$$

试绘制系统的波德图,求出稳定裕量,并判断系统稳定性。

解　在 MATLAB 命令行中输入:

```
>> num=[0.5];den=[1,2,1,0.5];    % 建立系统的分子、分母矢量
>> sys=tf(num,den);              % 建立系统的传递函数模型
>> margin(sys);                  % 绘制波德图,并在图上标出稳定裕量
>> [Gm,Pm,Wcg,Wcp]=margin(sys)   % 求取稳定裕量值
```

运行结果如下:

```
Gm =
    3.0035
Pm =
    48.9534
Wcg =
    1.0004
Wcp =
    0.6435
```

由于 $20\lg G_m=21.9953\mathrm{dB}$,$P_m>0$,所以系统稳定。波德图如图 4-61 所示。

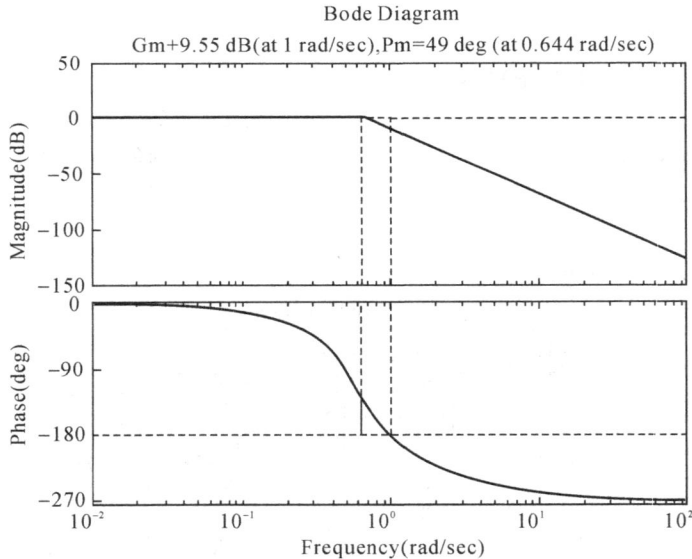

图 4-61　系统波德图

习 题

4-1 设单位反馈系统的开环传递函数为

$$G(s)=\frac{10}{s+1}$$

当系统作用有下列输入信号时：

$$r(t)=\sin(t+30°)$$

试求系统的稳态输出。

4-2 已知系统的单位阶跃响应为：

$$c(t)=1-1.8e^{-4t}+0.8e^{-9t} \qquad (t\geqslant 0)$$

试求系统的幅频特性和相频特性。

4-3 已知系统开环传递函数如下，试概略绘出奈氏图。

$$(1)G(s)=\frac{1}{1+0.01s} \qquad\qquad (2)G(s)=\frac{1}{s(1+0.1s)}$$

$$(3)G(s)=\frac{1000(s+1)}{s(s^2+8s+100)} \qquad (4)G(s)=\frac{50(0.6s+1)}{s^2(4s+1)}$$

4-4 试画出下列传递函数的波德图。

$$(1)G(s)H(s)=\frac{2}{(2s+1)(8s+1)} \qquad (2)G(s)H(s)=\frac{200}{s^2(s+1)(10s+1)}$$

$$(3)G(s)H(s)=\frac{50}{s^2(s^2+s+1)(10s+1)} \qquad (4)G(s)H(s)=\frac{10(s+0.2)}{s^2(s+0.1)}$$

$$(5)G(s)H(s)=\frac{8(s+0.1)}{s(s^2+s+1)(s^2+4s+25)}$$

4-5 根据题 4-5 图给定的最小相位系统对数幅频特性曲线图写出相应的传递函数。

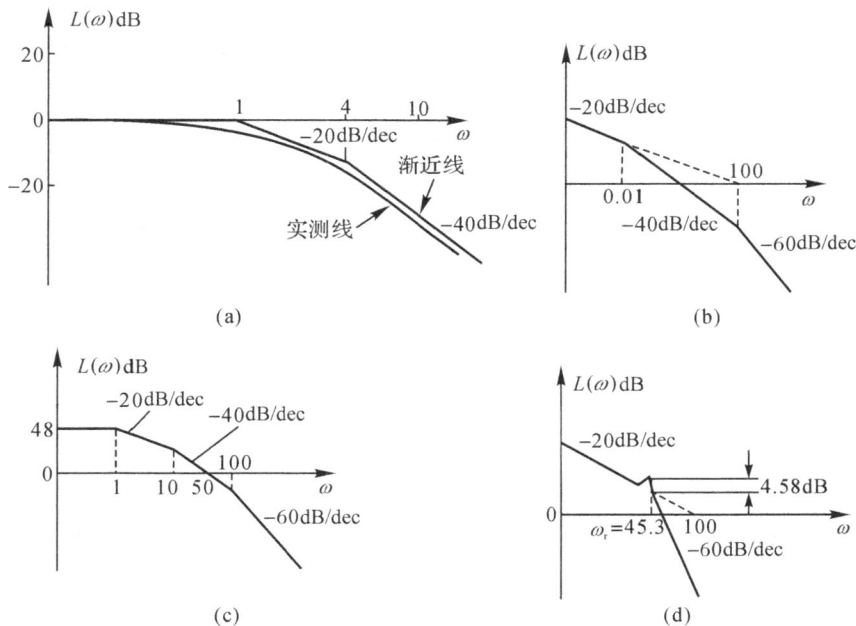

(a)

(b)

(c)

(d)

题 4-5 图

4-6 试由下述幅值和相角计算公式确定最小相位系统的开环传递函数。

(1)$\varphi=-90°-\arctan 2\omega+\arctan 0.5\omega-\arctan 10\omega$，$A(1)=3$；

(2)$\varphi=-180°+\arctan 5\omega-\arctan\omega-\arctan 0.1\omega$，$A(5)=10$；

(3)$\varphi=-180°+\arctan 0.2\omega-\arctan\dfrac{\omega}{1-\omega^2}+\arctan\dfrac{\omega}{1-3\omega^2}-\arctan 10\omega$，$A(10)=1$；

(4)$\varphi=-90°-\arctan\omega+\arctan\dfrac{\omega}{3}-\arctan 10\omega$，$A(5)=2$。

4-7 画出下列各给定传递函数的奈氏图。试问这些曲线是否穿越实轴。若穿越，则求与实轴交点的频率 ω 及相应的幅值 $|G(j\omega)|$。

(1)$G(s)=\dfrac{1}{(1+s)(1+2s)}$；　　　　　　　(2)$G(s)=\dfrac{1}{s(1+s)(1+2s)}$；

(3)$G(s)=\dfrac{1}{s^2(1+s)}$；　　　　　　　　　(4)$G(s)=\dfrac{1+0.02s}{s^2(1+0.005s)}$。

4-8 试用奈氏稳定判据判别如题 4-8 图所示开环奈氏曲线对应系统的稳定性。

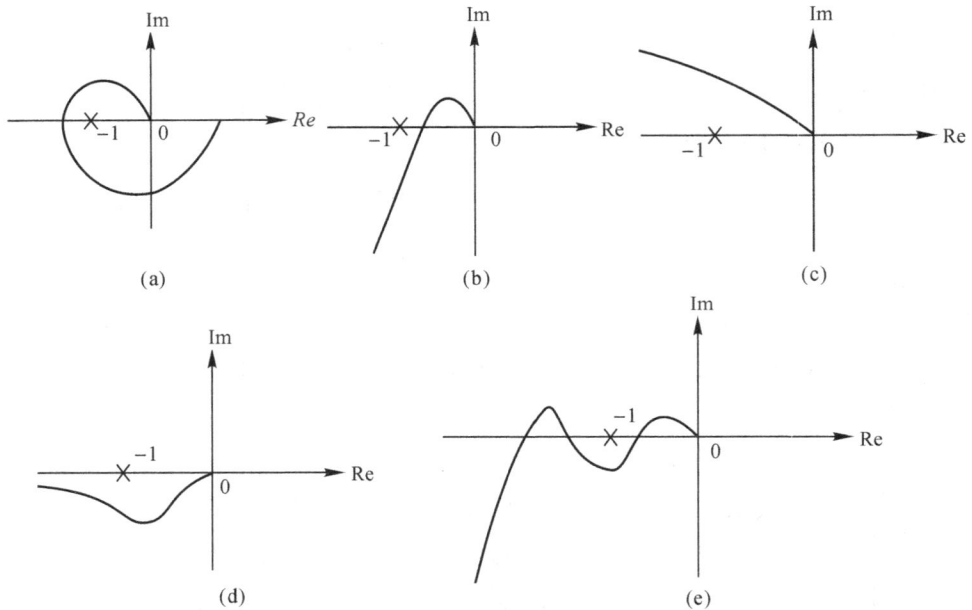

题 4-8 图

(a)$G(s)=\dfrac{K}{(T_1s+1)(T_2s+1)(T_3s+1)}$；　　　(b)$G(s)=\dfrac{K}{s(T_1s+1)(T_2s+1)}$

(c)$G(s)=\dfrac{K}{s^2(Ts+1)}$；　　　　　　　　　(d)$G(s)=\dfrac{K(T_1s+1)}{s^2(T_2s+1)}$

(e)$G(s)=\dfrac{K(T_5s+1)(T_6s+1)}{s(T_1s+1)(T_2s+1)(T_3s+1)(T_4s+1)}$

4-9 已知系统的开环传递函数为 $G(s)=\dfrac{K}{s(s+1)(0.1s+1)}$，试分别绘出当开环放大倍数 $K=5$ 和 $K=20$ 时的波德图，并判定系统的稳定性，量取相位裕量和幅值裕量，并用计算公式验证。

4-10 已知系统的开环传递函数为 $G(s)=\dfrac{80(s+2)}{s^2(s+20)}$，试绘制系统的开环波德图，并判断系统的稳定性。从波德图中量取 $\omega_c,\omega_g,\gamma,K_g$ 各指标，并用计算公式验证。

4-11　某单位反馈系统的闭环对数幅频特性分段直线如题 4-11 图所示,若要求系统具有 30°的相位稳定裕量,试计算开环增益可增大的倍数。

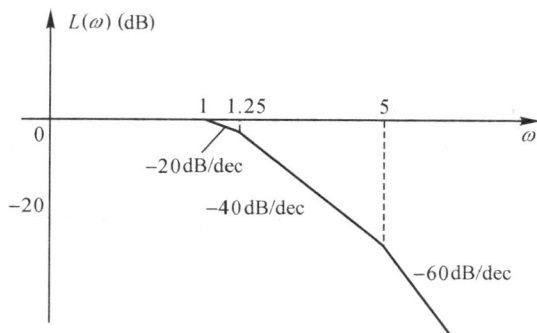

题 4-11 图

4-12　某最小相位系统的开环对数幅频特性如题 4-12 图所示。要求:

(1) 写出系统开环传递函数;

(2) 利用相位裕量判断系统稳定性;

(3) 将其对数幅频特性向右平移十倍频程,试讨论对系统性能的影响。

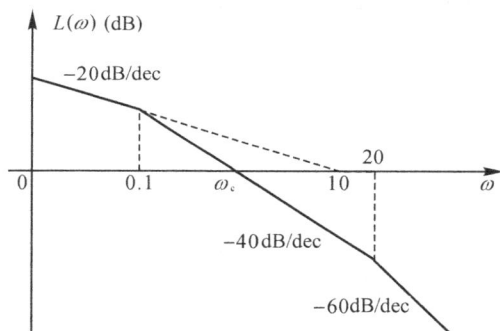

题 4-12 图

4-13　设单位反馈系统的开环传递函数为:$G(s) = \dfrac{K}{s(0.1s+1)(s+1)}$。

(1)确定使系统谐振峰值 $M_r = 1.4$ 的 K 值;

(2)确定使系统相位裕量 $\gamma = +60°$ 的 K 值;

(3)确定使系统幅值裕量 $K_g = +20$dB 的 K 值。

第 5 章　控制系统的设计与校正

为了满足系统的各项性能指标要求,可以调整系统的参数。如果调整了系统参数还是达不到要求,就要对系统的结构进行调整,或称之为系统的校正。给定系统性能指标(控制要求)下,通过串联、局部反馈以及前馈等控制结构对闭环系统进行设计,以期达到设计要求,本章所采用的主要方法是频域特性法。

校正就是要在系统中附加一些装置,改变系统的结构,从而改变系统的性能,使之满足工程要求。随着计算机技术的发展,现在已有越来越多的校正功能可通过软件来实现。

5.1　设计和校正概述

5.1.1　控制系统的设计

控制系统的概念并不是孤立的,它总是和机电装备的任务联系在一起的,是服务于机电装备的。通过先进的控制技术手段,使装备达到优越的性能指标,这也是机电一体化技术的主要任务之一。一个机电装备系统,其组成一般包括动力发生装置、传动装置、执行装置、检测装置、功率放大装置和控制器等,输出量通常是像位置(转角)、速度(转速)、力(力矩)、功率、温度等这样一些物理量,从自动控制的角度看,可以归纳为不可变和可变两部分。所谓的不可变部分,是指有关动力产生、传递、执行等功率类装置,它们的设计与选择首先要满足主参数等技术指标,由静态计算结果作为配置依据。所谓的可变部分,是指控制器(包括计算机软件)、电力电子器件、检测传感装置等信号类装置,它们的设计与选择依据主要是根据动态与稳态方面的分析和综合,来满足控制技术性能指标。

控制系统性能的好坏,是通过指标来体现的,如准确性、快速性和稳定性,以及其他一些技术要求。通过对这些技术指标的研究、分析和比较,选择合理的技术方案,对目标的实现是必不可少的。

机电装备的静态分析计算部分,包含在其他课程的内容中。而动态分析与计算,则是在此基础上进行的。在自动控制理论中,提供了从建模、分析方法及本章所介绍的设计与校正方法等一系列手段。本着面向应用的目的,本章所介绍的方法以实用性为主,即针对最常用的工程控制系统进行展开,内容所涉及的知识,都能在工程实践中找到立足之地。

5.1.2　技术思路和设计指标

我们主要采用频域特性法进行设计与综合,并结合为人熟知的时域分析指标。在频域特性法中已经指出,控制系统的闭环性能与其开环传递函数有着密切的联系,而与之相对应的开环波德图,因其简明清晰的特点,在其中扮演了很重要的角色。

同时,工程控制系统往往都是高阶系统,并伴有非线性因素,其数学描述不能做到完全精确。但其中有很多系统呈现出二阶振荡系统的响应特点,可以通过诸如超调量 $\sigma\%$、调节时间 t_s 等指标来体现。因而采用高阶系统主导极点的概念,就可以使系统分析得到简化。这就是工程实用的观点。因此,如何抓住主要矛盾,集中注意力去考虑满足系统的主要指标,完成主要任务,也是工程设计中的基本思路。控制系统的稳态性能与动态性能常常不能兼顾,稳定性与这两者之间也会产生矛盾,设计人员就要仔细分析与平衡其中的关系,而不能面面俱到,导致顾此失彼。设计指标的提出,就应该根据实际装备或系统的任务,实事求是地确定。

例如,一个温度控制系统,往往惯量较大,过高的动态性能指标往往会得不偿失,通常我们可以把注意力放在精度指标上。与之相对应的,一台伺服电机,其动态指标就是不可忽视的。还有像数控机床这样的系统,则应在两者之间求得平衡。

系统校正所依据的性能指标分为稳态性能指标和动态性能指标,主要有:

①稳态误差 e_{ss},系统无差度 ν(型别)。

②静态位置误差系数 k_p,静态速度误差系数 k_v,静态加速度误差系数 k_a。

③超调量 $\sigma\%$、调节时间 t_s。

④开环波德图的幅值穿越频率 ω_c,相位裕量 γ,相位穿越频率 ω_g,幅值裕量 K_g。

⑤闭环波德图的谐振峰值 M_r,谐振频率 ω_r,系统带宽 ω_b,ω_a。

不管有何种技术指标要求,在采用频域特性法,更确切地说,在采用波德图进行设计与综合时,都应把这些指标通过频域形式表示。这些指标大体是:稳定裕量、静态误差系数、穿越频率等。如果指标的要求较高,还应把它们细化,提出更多的二级指标,以及借助优化理论和仿真工具,精细地进行深度分析与比较。设计的过程往往反复进行的,实验也是必不可少的。可以这么说,对于一个优秀的系统工程师来说,深厚的理论知识功底和丰富的实践经验是同等重要的。作为本课程而言,起到了敲门砖的作用。

5.1.3　常用校正装置及其特点

在进行系统设计时,经常会出现这种情况:设计出来的系统只是满足部分指标,而不是满足所有指标要求,就是说,指标间发生了矛盾,比如稳态误差性能达到了,而稳定性却受到影响。而如果注意力集中在系统的稳定性上,稳态误差却超标了。这可以从一个简单的波德图上看出。图 5-1 是一开环系统的波德图,其中特性曲线 $G(s)$ 是根据给定的稳态误差指标设计的。可以看出,此时系统相角裕量 $\gamma=0$,处于稳定边界上,系统会振荡而不能正常工作。通过调整减小开环增益参数 K 可以使相角裕量 γ 增加,但稳态误差也要随着增加,这就顾此失彼了。而且各元件一经选定,时间常数改变也是有限的。因此,想通过改变系统基本元件的参数值来全面满足系统要求是困难的。

同样从图 5-1 中可以看出,快速性和稳定性也有矛盾。减小开环增益 K 使稳定性改善,却使幅值穿越频率从 ω_c 降为 ω_{c1},使快速性变差。

改变参数达不到预期的目的,就只有从结构方面入手。用某种办法改变一下系统的结构或在系统中加入一些附加装置或元件来解决上述矛盾,以使其全面满足给定的指标要求。控制系统的这种部分改变被称为校正或补偿。为此目的而在系统中引入的附加装置称为校正装置。可见,加入校正装置后使原来系统的缺陷得到了补偿。

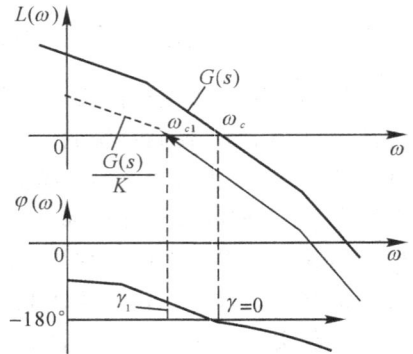

图 5-1 某开环波德图

那么,要选用什么样的校正装置呢?为解决这个问题,必须先了解校正装置的种类,及其各自的作用。这里我们对几种典型的校正装置进行介绍,以供设计时选用。

根据校正装置在系统中联接的方式不同一般分为两类:串联校正和局部反馈校正(或称并联校正)。

串联校正是将校正装置 $G_c(s)$ 串接在系统的前向通道中,如图 5-2 所示。常用的串联校正装置通常是由电子元器件组成,它可以和控制器、功率放大器做

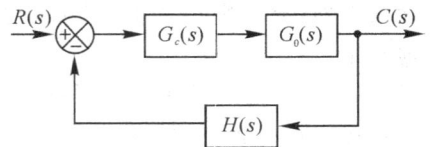

图 5-2 串联校正

成一体,比较方便,成本也较低。现代机电控制已越来越多地采用计算机控制,因而串联校正的功能就可用软件实现,一个串联校正装置已不能称作是"装置",而代之以一段代码,功能非常灵活,是广大工程技术人员所乐于采用的。

局部反馈校正(又称并联校正)也常常被用来改善系统的动态性能。所谓局部反馈校正是指把系统的某些环节用局部反馈 $H_c(s)$ 包围,从而改变局部环节的传递特性,实现对系统校正的目的,如图 5-3 所示。在机电控制系统中,局部反馈通常要借助传感检测装置实现,因而成本相对串联校正要高,工作量也较大些。但

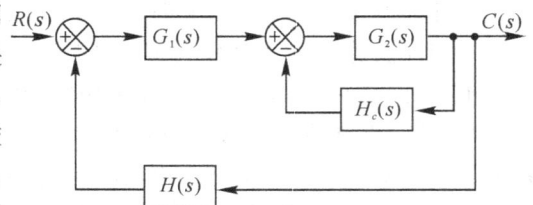

图 5-3 局部反馈校正

局部反馈校正对被包围环节的性能改善效果比较明显,可用在对系统性能要求较高的场合。

5.1.4 希望的波德图

如果一个系统的设计指标已经提出,并且已转化为频域指标形式,那么就要在波德图上体现出来。在第 4 章中已经介绍了如何判读波德图,即如何从控制系统的波德图,尤其是开环波德图中读取信息。现在则反过来,应有一个希望的波德图作为设计目标,并且设法去做实现设计。

一个希望的波德图,确切地说,是对它的低频、中频以及高频段提出各自的要求。可以结合各段的特点来绘制希望的波德图。

(1)低频段

低频段表现了系统的稳态性能,用来实现系统的准确性指标。已知低频段幅频渐近线为

$$L(\omega) \approx 20\lg K - \nu \cdot 20\lg \omega$$

式中:K 是系统的开环增益,ν 是系统的型别。

　　应该根据系统允许的稳态误差 e_{ss} 来确定低频段的型别和开环增益。我们知道,系统型别 ν 的增加对减小稳态误差 e_{ss} 的效果十分显著,甚至可以做到理论上的无差。ν 又可称为无差度阶数。0 型系统是有差系统,1 型和 2 型系统分别可称为具有 1 阶和 2 阶无差系统。但是无差度的提高受很多方面制约,在前向环节串入一个纯积分环节很难,且即便可行,由于纯积分环节带来 $-90°$ 的相位滞后,也使系统稳定性变坏。所以稳态误差的控制更多地体现在对于系统的开环增益,即静态误差系数的要求上。

　　位置控制系统是结构上的 1 阶无差系统,稳态误差 e_{ss} 的控制是有保障的。

　　绘制希望波德图的低频段可以这样进行:按照对系统提出的稳态误差要求,决定系统的开环增益 K。然后在 $\omega=1$ 处过 $20\lg K$(dB)作低频渐近线,其斜率为 $-\nu \cdot 20$dB/dec。这条渐近线一直延长 $\omega=\omega_1$ 到(第 1 转折频率),如图 5-4 所示。这里应注意的是,作出的低频渐近线是保证稳态精度的最低线。因此,希望波德图的低频段渐近线或它的延长线必须在 $\omega=1$ 时高于或等于 $20\lg K$。

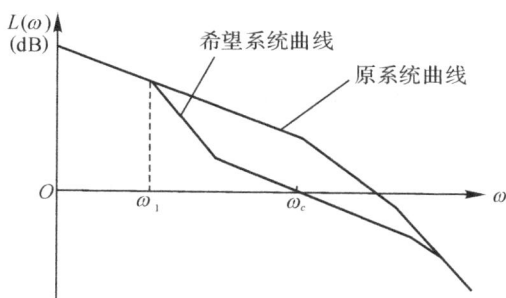

图 5-4　希望波德图

　　(2)中频段

　　中频段是指希望波德图幅频特性穿过零分贝线的区段,它的斜率和位置直接与稳定性和动态品质有关。确定中频段有两个要素:幅值穿越频率 ω_c 和决定系统稳定裕量的中频渐近线的长度。

　　确定幅值穿越频率 ω_c 的因素较多,但其主要依据还是系统的快速性指标,当快速性指标以调节时间 t_s 的形式给出时,下面的近似公式或许有用:

$$\omega_c \approx \frac{3}{t_s} \tag{5-1}$$

上式近似地把 $1/\omega_c$ 作为时间常数。

　　当快速性指标以截止频率(频宽)ω_b 的形式给出时,下面的近似公式或许有用:

$$\omega_c \approx 1.6\omega_b \tag{5-2}$$

ω_c 越大,系统的快速响应能力越强。但这一指标受到物理装置的功率限制,较高的快速性要求意味着较大的功率装置需求,同时,系统的效率也会变得较低。

　　当选定 ω_c 后,过 ω_c 作斜率为 -20dB/dec 的斜线作为中频渐近线。中频渐近线的长度直接影响系统的稳定性和稳定裕量。一般地,希望中频渐近线长度不要低于 0.8 十倍频程,且位于中频渐近线的中间位置,如图 5-4 所示。这样的话,系统的相位裕量和主导极点的阻尼比通常适中,也兼顾了超调量。例如:相位裕量 $\gamma \approx 30° \sim 70°$,阻尼比 $\zeta \approx 0.3 \sim 0.7$。如果必须要以 -40dB/dec 作为中频渐近线的斜率,系统的稳定性就要受到极大影响,即便稳定了,稳定裕量也较难把握。此时,中频渐近线的长度应适当短些。设计与调试过程也更要仔细地反复进行,做到心中有数。

（3）高频段

高频段没什么特别的要求，考虑到高频抗干扰性，只要求高频段斜率有足够的衰减率就可。通常，机电装备自身就能满足这一点，设计校正装置时可不考虑此因素。

（4）校核

所谓希望的波德图在校正设计后是否满足应予以校验。为方便起见，通常可只对中频段性能，即幅值穿越频率 ω_c 和稳定相位裕量 γ 进行检查。如果相位裕量 γ 不足，可适当延长中频渐近线的长度。

5.2 串联校正

设系统原固有部分的传递函数为前向通道部分 $G_0(s)$ 和主反馈通道部分 $H(s)$，串联校正是将校正装置 $G_c(s)$ 串联在系统的前向通道中，如图 5-5 所示。串联校正按照校正特性分为超前校正、滞后校正和滞后—超前校正。

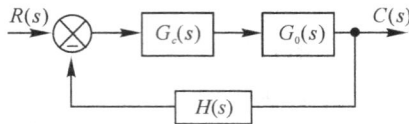

图 5-5　串联校正

一个不满足性能指标需要校正的系统，也反映在它的开环波德图曲线是不满足要求的。通常分为以下几种情况：

①系统是稳定的，系统的稳态误差 e_{ss} 等稳态性能指标也满足要求，但系统的动态指标不满足要求，例如快速性不够。因此必须改变波德图曲线的中频部分，如提高穿越频率 ω_c。还有一种情况就是系统不稳定或稳定裕量不够，那么就要提高相位稳定裕量 γ，如图 5-6(a)所示。这时应选用串联超前校正（比例—微分作用）。

②系统是稳定的，系统的快速性等动态性能指标也满足要求，但稳态性能不够，如稳态误差超差 e_{ss}，因此必须提高开环增益 K 以减小稳态误差 e_{ss}，改善系统的低频段性能，同时应维持中高频性能不变，如图 5-6(b)所示。这时应采用串联滞后校正（比例—积分作用）。

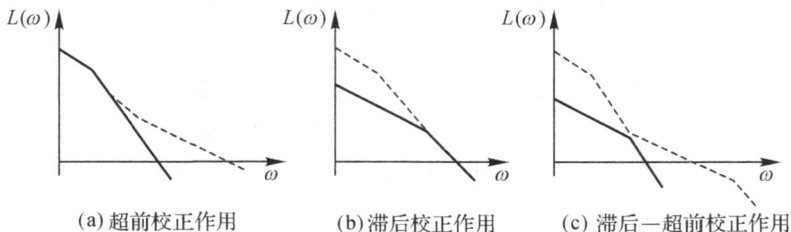

(a)超前校正作用　　　(b)滞后校正作用　　　(c)滞后—超前校正作用

图 5-6　串联校正效果

③系统是稳定的，但无论穿越频率 ω_c 及稳定裕量 γ 等动态指标还是稳态误差 e_{ss} 等稳态指标都不够，这时应综合超前校正和滞后校正的特点，采用滞后—超前校正（比例—积分—微分作用）。如图 5-6(c)所示。

5.2.1　串联超前校正

串联超前校正装置的传递函数是

$$G_c(s) = \frac{\alpha Ts + 1}{Ts + 1} \qquad (\alpha > 1) \tag{5-3}$$

其波德图见图 5-7。

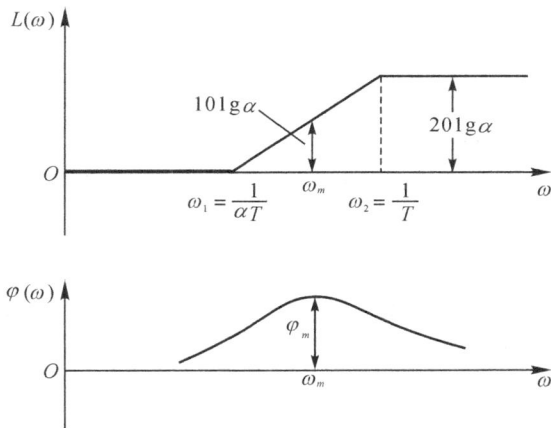

图 5-7　超前校正装置波德图

从图 5-7 波德图相频曲线中发现,出现了一个正的相位角,其最大值称最大超前角 φ_m。有

$$\varphi_m = \arcsin\frac{\alpha - 1}{\alpha + 1} \tag{5-4}$$

最大超前角 φ_m 所在频率 ω_m 是两个转折频率 $\frac{1}{\alpha T}$ 和 $\frac{1}{T}$ 的几何中点:

$$\omega_m = \frac{1}{T\sqrt{\alpha}} \tag{5-5}$$

设计中,最大超前角 φ_m 确定后,可由式(5-4)求出系数 α:

$$\alpha = \frac{1 + \sin\varphi_m}{1 - \sin\varphi_m} \tag{5-6}$$

ω_m 确定后,可由式(5-5)求出时间常数 T:

$$T = \frac{1}{\omega_m\sqrt{\alpha}} \tag{5-7}$$

由式(5-6)和(5-7)可以计算超前校正装置的两个转折频率 $\frac{1}{\alpha T}$ 和 $\frac{1}{T}$:

$$\omega_1 = \frac{1}{\alpha T} \tag{5-8}$$

$$\omega_2 = \frac{1}{T} \tag{5-9}$$

串联超前校正装置的主要作用是产生足够大的超前角 φ_m,利用这一点对原系统有两个好处,一是超前角有利于增加相位裕量 γ,从而使系统过大的超调量下降,稳定性得到改善;二是宽裕的相位裕量可使穿越频率 ω_c 增大,从而使系统的带宽增加,动态响应能力得到

改善。

图 5-8 为串联超前校正装置加到被校正系统后的效果图。曲线 I 所示是未校正系统,可以看到原系统的穿越频率为 ω_c,相位裕量为 $\gamma \approx 0°$,显然不够。加入串联超前校正装置后,使新的穿越频率 ω_c' 位于产生最大超前角 φ_m 的 ω_m 处,此处有足够的相位裕量 γ',同时新的穿越频率处的中频渐近线斜率由 -40dB/dec 变为 -20dB/dec。这一系列措施使系统过大的超调量减小,稳定性改善,穿越频率的增大也使系统的带宽增加,调节时间 t_s 减小。

中频渐近线斜率由 -40dB/dec 变为 -20dB/dec 这一点很重要。如果未校正系统穿越频率处的斜率原为 -60dB/dec,则串联超前校正的作用不大。

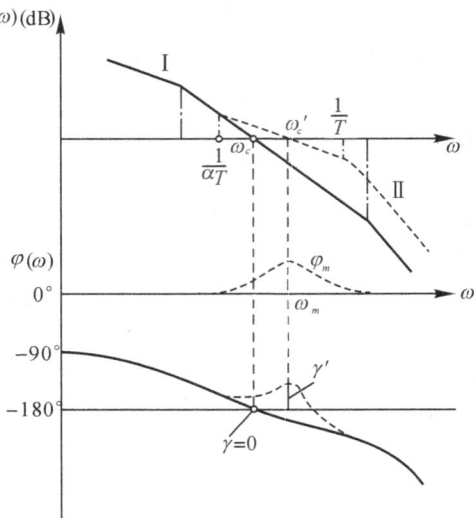

图 5-8 超前校正的效果

从该效果图中,我们可以得到串联超前校正装置的设计要点是,使校正后系统的新的穿越频率 ω_c' 位于产生最大超前角 φ_m 的 ω_m 处,从而最大限度地发挥最大超前角的作用。

超前校正装置设计的一般步骤:

①根据给定的系统稳态误差指标或静态误差系数,确定系统的开环增益 K。

②根据已确定的开环增益 K,绘制原系统 $G_0(s)$ 的波德图 $L_0(\omega)$ 和 $\varphi_0(\omega)$,从波德图上量取其幅值穿越频率 ω_c 相位裕量 γ。比较给定的指标要求 ω_c' 和 γ',确定是否需要且是否能够采用串联超前校正。如果可行,则进行下一步。

③根据要求的相位裕量 γ' 和实际的相位裕量 γ,计算最大超前角 φ_m,即

$$\varphi_m = \gamma' - \gamma + \Delta \tag{5-10}$$

式中:Δ 是用于补偿因穿越频率增大而带来的相位滞后增量。一般,$\Delta \approx 5° \sim 10°$。

④求出 φ_m 后,由式(5-6)计算系数 α。

⑤从图 5-7 中知道,超前校正装置在 ω_m 处的幅值提升了 $10\lg\alpha(\text{dB})$,因此在原系统幅频曲线 $L_0(\omega)$ 上寻找(量取)幅频值为 $-10\lg\alpha(\text{dB})$ 所在频率点,校正后该频率点上幅频值为 0dB,因而确定该频率为校正后系统新的穿越频率 ω_c'。

⑥计算超前校正装置 $G_c(s)$ 的两个转折频率 ω_1 和 ω_2。由式(5-7)计算时间常数 T,由式(5-8)和式(5-9)计算 ω_1 和 ω_2。

⑦至此,串联超前校正装置的传递函数 $G_c(s)$ 各参数均已得到,写出 $G_c(s)$ 为

$$G_c(s) = \frac{\alpha Ts + 1}{Ts + 1} \qquad (\alpha > 1)$$

画出 $G_c(s)$ 的波德图 $L_c(\omega)$ 和 $\varphi_c(\omega)$。

⑧得到校正后系统的开环传递函数

$$G(s) = G_0(s) \cdot G_c(s)$$

画出校正后系统 $G(s)$ 的波德图,并校验系统新的穿越频率 ω_c' 和新的相位裕量 γ' 是否

满足要求。

例 5-1 设某系统如图 5-9 所示,要求系统的静态速度误差系数 $K_v \geqslant 20$,相位稳定裕量 $\gamma' \geqslant 50°$,为满足系统性能指标的要求,试设计串联超前校正装置。

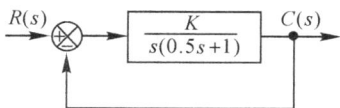

图 5-9 例 5-1 图

解 ①确定系统的开环增益 K。因为给定 $G_0(s)$ 已是标准形式,所以

$$K = K_v = 20$$

②绘制原系统 $G_0(s)$ 的波德图:

$$G_0(s) = \frac{20}{s(0.5s+1)}$$

其中:$\omega = 1$ 时,$20\lg K = 20\lg 20 = 26\mathrm{dB}$。一个转折频率为 $\omega = 2$。波德图见图 5-10。从波德图上量得:幅值穿越频率 $\omega_c = 6.5\mathrm{rad/sec}$,相位裕量 $\gamma \approx 18°$,不满足要求,需要采用串联超前校正。考察穿越频率 ω_c 处的斜率为 $-40\mathrm{dB/dec}$,超前校正后将变为 $-20\mathrm{dB/dec}$,因此可采用串联超前校正。

③由式(5-10)计算最大超前角 φ_m:

$$\begin{aligned} \varphi_m &= \gamma' - \gamma + \Delta \\ &= 50° - 18° + 5° = 37° \end{aligned}$$

④由式(5-6)计算系数 α:

$$\alpha = \frac{1+\sin\varphi_m}{1-\sin\varphi_m} = \frac{1+\sin 37°}{1-\sin 37°} = 4.02$$

⑤$10\lg\alpha(\mathrm{dB}) \approx 6(\mathrm{dB})$,在原系统幅频曲线 $L_0(\omega)$ 上量取幅值为 $-6\mathrm{dB}$ 的频率点 $\omega \approx 9\mathrm{rad/sec}$,确定该频率为校正后系统新的穿越频率 ω_c'。

⑥ 计算超前校正装置 $G_c(s)$ 的两个转折频率。

由式(5-7),计算时间常数 $T = \dfrac{1}{\omega_m\sqrt{\alpha}} = \dfrac{1}{9 \times \sqrt{4.02}} = 0.0554$

由式(5-8)和式(5-9)计算 ω_1 和 ω_2:

$$\omega_1 = \frac{1}{\alpha T} = \frac{1}{4.02 \times 0.0556} \approx 4.5$$

$$\omega_2 = \frac{1}{T} \approx 18$$

⑦至此可写出 $G_c(s)$ 为

$$G_c(s) = \frac{\alpha Ts+1}{Ts+1} = \frac{0.222s+1}{0.056s+1}$$

画出 $G_c(s)$ 的波德图,仍见图 5-10 的 $L_c(\omega)$ 和 $\varphi_c(\omega)$。

⑧得到校正后系统的开环传递函数

$$\begin{aligned} G(s) &= G_0(s) \cdot G_c(s) \\ &= \frac{20}{s(0.5s+1)} \cdot \frac{(0.222s+1)}{(0.056s+1)} \end{aligned}$$

画出校正后系统 $G(s)$ 的波德图,并量取系统新的穿越频率 ω_c' 和新的相位裕量 γ':$\omega_c'=9$,$\gamma'=50°$,满足设计要求。

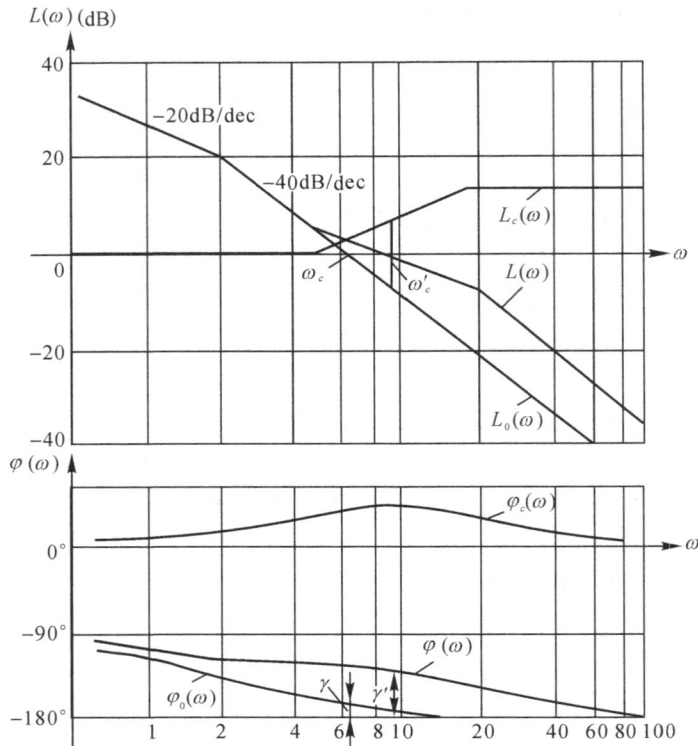

图 5-10 例 5-1 系统的波德图

5.2.2 串联滞后校正

串联滞后校正装置的传递函数是

$$G_c(s)=\frac{\beta Ts+1}{Ts+1} \qquad (\beta<1) \tag{5-11}$$

其波德图见图 5-11。

从图 5-11 波德图中发现,滞后校正呈现出低通滤波器的特性,因此它不改变低频性能。在中高频处有幅值衰减 $20\lg\beta$,这就意味着幅值穿越频率 ω_c 将相应减小,这有利于增加稳定裕量,改善稳定性,但将以牺牲快速性为代价。

但此结论不够全面。我们在本节一开始介绍串联校正的特点时说到,串联滞后校正应用于系统是稳定的,系统的快速性等动态性能指标也满足要求,但稳态性能不够的场合。即串联滞后校正是改善系统的低频段性能,同时维持中高频性能不变。这与上一段的结论相比,变化部分与不变化部分正好相反。这是怎么一回事呢?

评价一个校正装置的作用效果,应该把校正前后的系统性能指标进行比较。我们用效果图来揭示串联滞后校正的作用。图 5-12 是加入串联滞后校正装置前后的效果比对图。图 5-12 中 $L_0(\omega)$ 是一个没有满足稳态性能要求的系统幅频特性,它适用进行串联滞后校正。加入如图 5-11 的串联滞后校正后,再把系统开环增益提高 $1/\beta$ 倍,即把幅频曲线整体

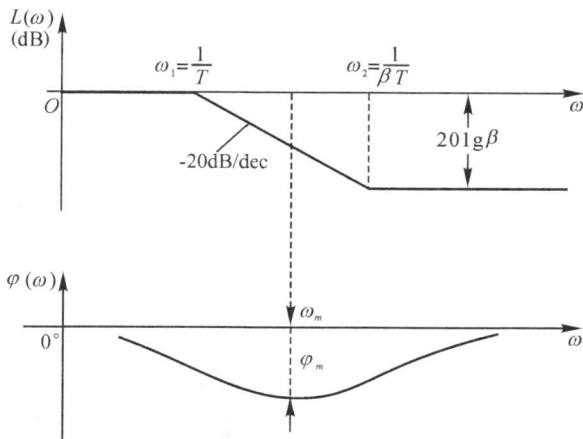

图 5-11　滞后校正装置波德图

上移$-20\lg\beta$(dB)(注意,因为 $\beta<1$,所以$-20\lg\beta>0$)。于是,从图 5-12 中看出,中高频实线部分在加入串联滞后校正前后是一样的,没有改变,穿越频率 ω_c 和相位裕量 γ 也和加入串联滞后校正前相同。但低频部分由于增益上移$-20\lg\beta$(dB)而如图 5-12 所示的虚线部分,这使稳态误差减小。

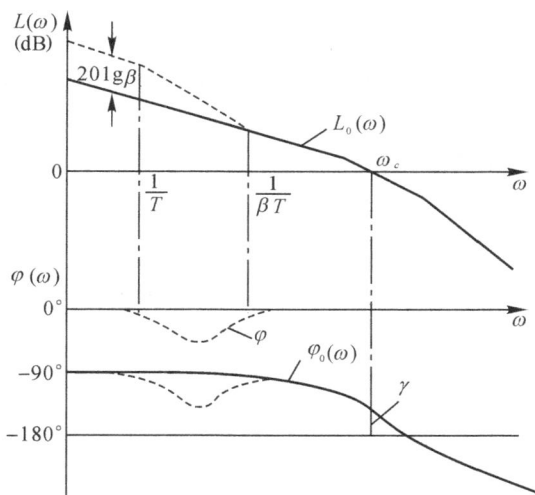

图 5-12　滞后校正的效果

事实上,真正的串联滞后校正装置的传递函数为

$$G_c(s)=\alpha\cdot\frac{\beta Ts+1}{Ts+1}\qquad(\alpha\geqslant 1,\beta<1)\qquad\qquad(5\text{-}12)$$

当 $\alpha=1/\beta$ 时,相应的波德图为图 5-13。式(5-12)与式(5-11)相比,多了一个放大系数 α。但在设计串联滞后校正装置时,并不需要单独处理放大系数 α,而是把它并入系统开环增益 K,这在技术上相当于把未校正系统的幅频曲线的中高频部分先通过开环增益 K"提高"了 $20\lg\alpha$(dB),再把它通过滞后校正"衰减"了 $20\lg\beta$(dB)。这其实只是一个工艺过程,使得在设计串联滞后校正装置时,只需处理式(5-11)即可。

解释这些的目的,是为了强调串联滞后校正的主要作用,那就是改善系统的低频段性能

（稳态性能），同时由于放大系数 α 的调节作用，可以维持中高频性能（动态性能）不变；也可以降低动态性能来改善稳定性。在工程应用时，不必过分拘泥于某种校正作用的理论意义，不必要有过多的框框。应本着解决问题的目的去设计选用校正装置。例如一个快速性要求不高而稳定性不足的系统，也可以采用串联滞后校正来加以改善，不过这时就很难兼顾稳态准确性了。

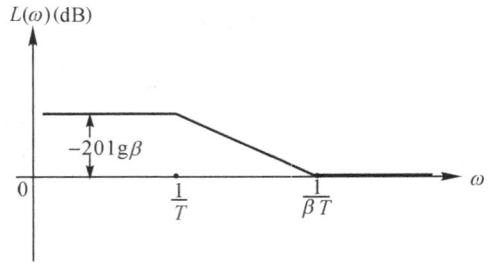

图 5-13　附加放大系数的滞后校正装置波德图

至于在图 5-11 中相频曲线上的相位滞后，是滞后校正的副作用。一般地，相位滞后并不是优点。为了避免相位滞后的影响，设计中应使最大相位滞后远离中频段 ω_c，例如像图 5-12 那样，把它放在低频区域。这一点，和串联超前校正主要利用超前角的作用恰好相反。

滞后校正装置设计的一般步骤：

①根据给定的系统稳态误差指标或静态误差系数，确定系统的开环增益 K。

②根据已确定的开环增益 K，绘制原系统 $G_0(s)$ 的波德图 $L_0(\omega)$ 和 $\varphi_0(\omega)$，从波德图上量取其幅值穿越频率 ω_c 和相位裕量 γ。比较给定的指标要求 ω_c' 和 γ'，确定是否需要且是否能够采用串联滞后校正。

③如果原系统的相位裕量不满足要求，则在原系统相频曲线 $\varphi_0(\omega)$ 上寻找（量取）相频值满足下式要求的频率点，这一频率将作为新的穿越频率 ω_c'。该点处相角应为

$$\varphi = -180° + \gamma' + \Delta \tag{5-13}$$

式中：Δ 是用于补偿滞后校正的副作用，即引入滞后校正所带来的相位滞后。一般可取 $\Delta \approx 5° \sim 12°$。

④量取未校正系统在新的穿越频率 ω_c' 处的幅频值 $L_0(\omega_c')$，由于在校正后该频率处的幅频值为 0dB，故要利用滞后校正装置的中高频衰减特性来做到这一点，即衰减后：

$$L_0(\omega_c') + 20\lg\beta = 0\text{dB}$$

求得

$$\beta = 10^{-\frac{L_0(\omega_c')}{20}} \tag{5-14}$$

⑤选择滞后校正装置的两个转折频率 ω_1 和 ω_2。为了避免滞后校正装置的相位滞后的影响，应使最大相位滞后角 φ_m 远离穿越频率 ω_c'，例如像图 5-12 那样。一般可取第 2 个转折频率为：

$$\omega_2 = \frac{1}{\beta T} = \left(\frac{1}{5} \sim \frac{1}{10}\right)\omega_c' \tag{5-15}$$

求得

$$T = \frac{1}{\beta\omega_2} \tag{5-16}$$

因此第一个转折频率：

$$\omega_1 = \frac{1}{T} = \beta\omega_2 \tag{5-17}$$

⑥至此，串联滞后校正装置的传递函数 $G_c(s)$ 各参数均已得到，写出 $G_c(s)$ 为

$$G_c(s) = \frac{\beta Ts + 1}{Ts + 1} \qquad (\beta < 1)$$

画出 $G_c(s)$ 的波德图 $L_c(\omega)$ 和 $\varphi_c(\omega)$。

⑦得到校正后系统的开环传递函数

$$G(s) = G_0(s) \cdot G_c(s)$$

画出校正后系统 $G(s)$ 的波德图,并校验系统新的穿越频率 ω_c' 和新的相位裕量 γ' 是否满足要求。

例 5-2　设某系统如图 5-14 所示,要求系统的静态速度误差系数 $K_v \geqslant 5$,相位稳定裕量 $\gamma' \geqslant 40°$,为满足系统性能指标的要求,试设计串联滞后校正装置。

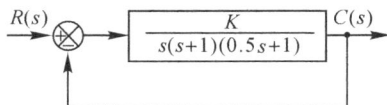

图 5-14　例 5-2 图

解　①确定系统的开环增益 K。因为给定 $G_0(s)$ 已是标准形式,所以

$$K = K_v = 5$$

② 绘制原系统 $G_0(s)$ 的波德图:

$$G_0(s) = \frac{5}{s(s+1)(0.5s+1)}$$

其中,$\omega = 1$ 时,$20\lg K = 20\lg 5 = 14\text{dB}$。两个转折频率为 $\omega_{1,2} = 1, 2$。波德图见图 5-15。从波德图上看出,原系统是不稳定的,量得穿越频率 $\omega_c \approx 2.4\text{rad/sec}$,相位裕量 $\gamma \approx -20°$,不满足要求,需要校正。选择何种校正装置,是超前还是滞后? 通常应结合动态性能指标考虑。本题中虽未对穿越频率提出要求,但由于 ω_c 右边渐近线斜率已达 -60dB/dec,采用超前校正很难使相位裕量满足要求,故应该采用滞后校正。

③由式(5-13)计算新的穿越频率 ω_c' 处应该有的相角:

$$\varphi = -180° + \gamma' + \Delta = -180° + 40° + 12° = -128°$$

通过量取,找到符合该相角的频率为 $\omega \approx 0.5$,把它作为新的穿越频率 ω_c'

$$\omega_c' \approx 0.5$$

④量取 $\omega_c' \approx 0.5$ 处的幅频值 $L_0(\omega_c') \approx 20\text{dB}$,要利用滞后校正装置的中高频衰减特性来做到这一点,衰减量为 $20\lg\beta$。由式(5-14)求得

$$\beta = 10^{-\frac{L_0(\omega_c')}{20}} = 0.1$$

⑤选择滞后校正装置的两个转折频率 ω_1 和 ω_2。它们应远离穿越频率 ω_c',由式(5-15),可取

$$\omega_2 = \frac{1}{5}\omega_c' = 0.1$$

由式(5-16)求得

$$T = \frac{1}{\beta\omega_2} = 100$$

由式(5-17)求得

$$\omega_1 = \frac{1}{T} = \beta\omega_2 = 0.01$$

⑥至此可以写出 $G_c(s)$ 为

$$G_c(s) = \frac{\beta Ts + 1}{Ts + 1} = \frac{10s + 1}{100s + 1}$$

画出 $G_c(s)$ 的波德图,仍见图 5-15 的 $L_c(\omega)$ 和 $\varphi_c(\omega)$。

⑦得到校正后系统的开环传递函数

$$G(s) = G_0(s) \cdot G_c(s)$$

$$= \frac{5}{s(s+1)(0.5s+1)} \cdot \frac{(10s+1)}{(100s+1)}$$

画出校正后系统 $G(s)$ 的波德图,并量取系统新的穿越频率 ω_c' 和新的相位裕量 γ':$\omega_c' \approx 0.5$,$\gamma' \approx 45°$,满足设计要求。

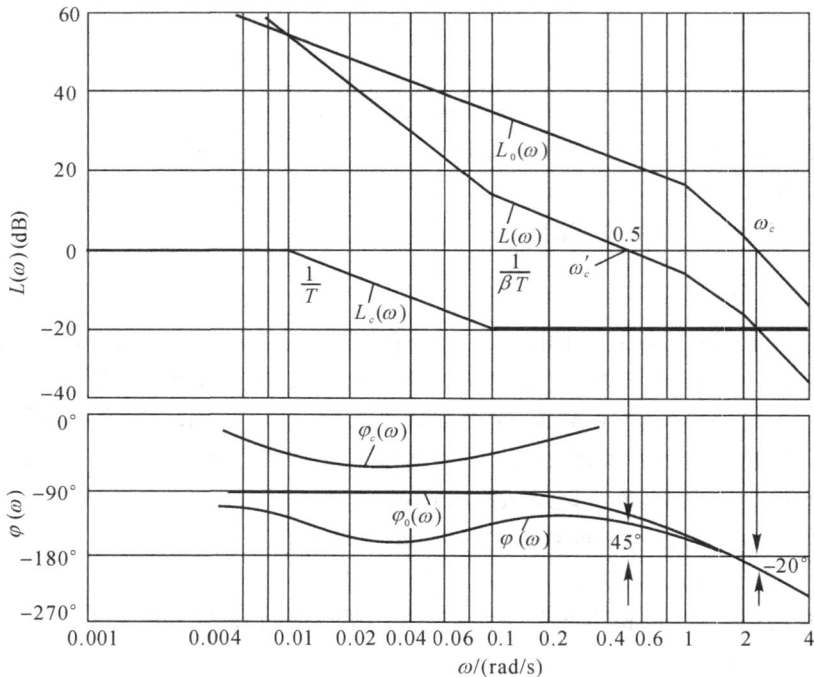

图 5-15　例 5-2 系统的波德图

5.2.3　串联滞后—超前校正

通过前面的分析知道,超前校正和滞后校正各有其特点。超前校正使系统频宽增加,动态性能得到了改善,但对稳态性能改善却很小。滞后校正可使稳态性能获得很大改善,但对动态性能改善却很小,甚至可能会使系统频宽降低。换言之,只采用超前校正或滞后校正难以同时满足系统的动态和稳态性能要求。要做到这一点,可以采用滞后—超前校正,利用它能同时改善系统的稳定性、动态性能和稳态性能,满足较高的性能要求。

滞后—超前校正实质上是综合了滞后和超前校正各自的特点,即利用校正装置的超前部分来改善系统的动态性能;利用校正装置的滞后部分来改善系统的稳态性能和稳定性。两者的结合,达到了全面改善系统各项性能指标的目的。

滞后—超前校正装置的传递函数为

$$G_c(s) = \frac{(T_1 s + 1)}{(\alpha T_1 s + 1)} \cdot \frac{(T_2 s + 1)}{(\frac{T_2}{\alpha} s + 1)} \quad (\alpha > 1) \qquad (5\text{-}18)$$

式中:第 1 个因子 $\frac{(T_1 s + 1)}{(\alpha T_1 s + 1)}$ 是校正装置的滞后部分;第 2 个因子 $\frac{(T_2 s + 1)}{(\frac{T_2}{\alpha} s + 1)}$ 是校正装置的超

前部分。图 5-16 是式(5-18)的波德图。

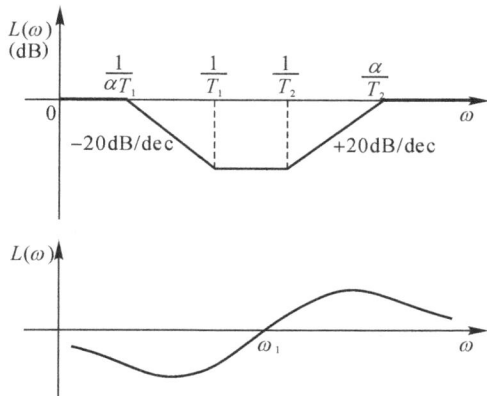

图 5-16　滞后—超前校正装置的波德图

下面结合具体例题来说明滞后—超前校正装置的设计步骤。

例 5-3　设单位反馈控制系统的开环传递函数为 $G_0(s) = \frac{K}{s(s+1)(0.5s+1)}$。要求校

正后的系统满足下列性能指标:相位裕量 $\gamma' \geqslant 50°$,幅值裕量 $K_g \geqslant 10\text{dB}$,静态速度误差系数 $K_v \geqslant 10$。试设计滞后—超前校正装置。

解　①根据对 K_v 的要求确定系统的开环增益 K:

$$K = K_v = 10$$

②画出未校正系统的波德图,如图 5-17 所示。由图中 $L_0(\omega)$ 和 $\varphi_0(\omega)$ 可见,系统的穿越频率 $\omega_c = 2.7$,相位裕量 $\gamma = -33°$,该系统不稳定。

③确定校正后系统的穿越频率 ω_c'。从未校正系统的 $\varphi_0(\omega)$ 曲线可见,当 $\omega = 1.5$ 时,相位角为 $-180°$,处于临界稳定。从校正装置超前部分的能力看,可以产生 $50°$ 的相位超前角,因此选择新的穿越频率 $\omega_c' = 1.5$。

④确定校正装置的滞后部分。为了减小滞后校正部分的相位滞后的副作用,滞后部分的第 2 个转折频率应远小于穿越频率 ω_c',设为

$$\frac{1}{T_1} = \frac{1}{10}\omega_c' = 0.15, \text{得 } T_1 = \frac{1}{0.15} = 6.67$$

系数 α 的确定要结合滞后部分的衰减和超前部分的提升计算,由于超前部分的设计尚未进行,可以先根据经验试定一个 α 值,然后根据最后的检验结果确定是否合适。

为简单起见,先选择 $\alpha = 10$,则有

$$\frac{1}{\alpha T_1} = 0.015, \text{得 } \alpha T_1 = \frac{1}{0.015} = 66.7$$

因此,校正装置滞后部分的传递函数为

$$G_{c1}(s) = \frac{6.67s+1}{66.7s+1}$$

⑤确定校正装置的超前部分。从图 5-17 中量取未校正系统在 $\omega = 1.5$ 处的幅值为 13dB，因该频率是校正后的穿越频率 ω_c'，故应通过校正装置使其降为零分贝。这相当于校正装置的幅频曲线在该频率处的幅值为 -13dB。因此，过点（1.5，-13dB）作一斜率为 $+20$dB/dec 的直线，而该直线与 $-20\lg\alpha = -20$dB 水平线及 0dB 的两个交点，就是超前部分的两个转折频率。由图 5-17 可见：

$$\frac{1}{T_2} \approx 0.7，得 T_2 = \frac{1}{0.7} = 1.43 \text{ 和 } \frac{T_2}{\alpha} = 0.143$$

因此，校正装置超前部分的传递函数为

$$G_{c2}(s) = \frac{1.43s+1}{0.143s+1}$$

⑥将两个部分的传递函数合在一起，得滞后－超前校正装置的传递函数为

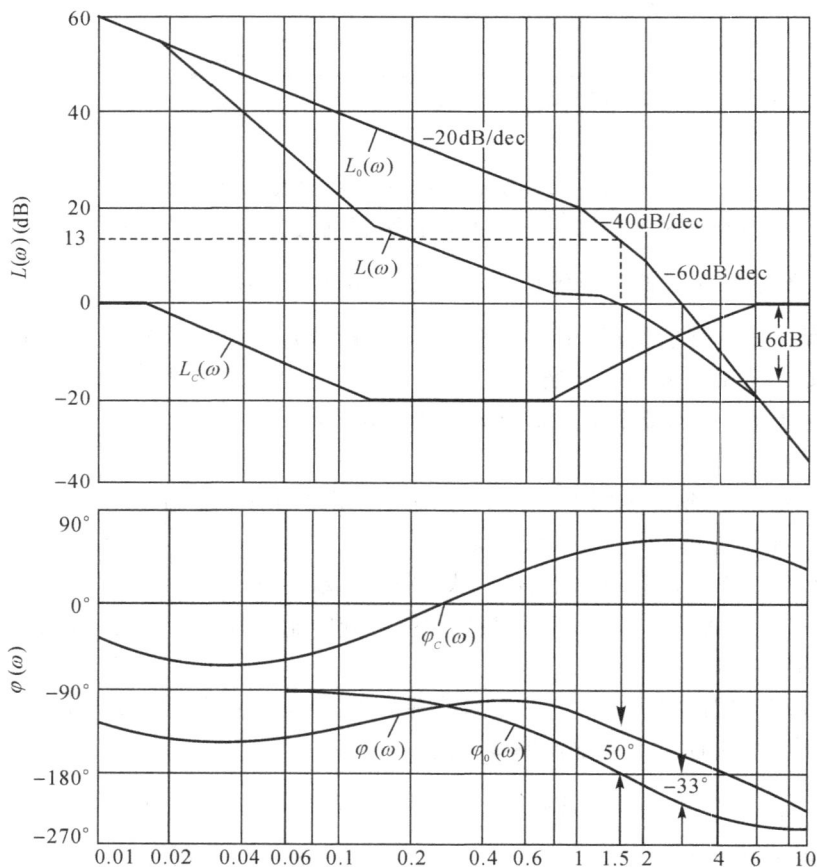

图 5-17   例 5-3 系统的波德图

$$G_c(s) = G_{c1}(s) \cdot G_{c2}(s) = \frac{(6.67s+1)}{(66.7s+1)} \cdot \frac{(1.43s+1)}{(0.143+1)}$$

校正装置的波德图见图 5-17 中的 $L_c(\omega)$ 和 $\varphi_c(\omega)$。

⑦校正后系统的开环传递函数为

$$G(s) = G_c(s) \cdot G_0(s) = \frac{10}{s(s+1)(0.5s+1)} \cdot \frac{(6.67s+1)}{(66.7s+1)} \cdot \frac{(1.43s+1)}{(0.143s+1)}$$

校正后系统的波德图见图 5-17 中的 $L(\omega)$ 和 $\varphi(\omega)$。由图中量取，得校正后系统的相位裕量 $\gamma' \approx 50°$，幅值裕量 $K_g' \approx 16\text{dB}$，均满足设计要求。系数 $\alpha = 10$ 也是可行的。

由本例题可见，手工方式设计滞后—超前校正装置计算比较繁琐，误差也较大，通常还需要反复计算。因此可采用计算机辅助方式进行。

5.2.4　串联超前、串联滞后和串联滞后—超前校正的比较

前面通过例题分别介绍了超前、滞后和滞后—超前校正装置设计的详细步骤。从中可以看到，在设计中应灵活运用各种校正装置的特点，来达到设计目的，满足设计指标的要求。比较一下三种串联校正方案的特点：

(1)超前校正主要是利用相位超前角；而滞后校正主要是利用其高频衰减特性。

(2)超前校正增大了相位裕量和频宽，这意味着快速性指标的改善。在不需要过高的快速性指标的情况下，应采用滞后校正。

(3)滞后校正改善了稳态准确性指标，但它并不改善快速性指标，甚至还可能使其减小，使动态响应变得缓慢。

(4)如果需要兼顾稳定性、快速性和准确性等技术性能指标，可使用滞后—超前校正。

5.3　PID 校正

5.3.1　PID 控制器

在机电装备中，常采用由比例(P)、积分(I)、微分(D)控制策略形成的校正装置作为系统的控制器，统称为 PID 校正或 PID 控制。PID 控制器是串联在系统的前向通道中的，因而也属于串联校正。由于 PID 校正在工业中应用极为广泛，认识它的特性十分重要，因此本章中将其单独列节。

PID 控制器在系统中的位置如图 5-18 所示。在计算机控制系统广为应用的今天，PID 控制器的控制策略已越来越多地由软件代码来实现。

在上一节对串联校正装置的介绍主要是根据其相频特性的超前或滞后来分类的，串联校正装置的设计极依赖于被控制系统数学模型的确定性，校正装置一经设计制作完成，改动就较为困难。而对 PID 控制器的划分则更注重其控制规律的作用，它不仅适合于数学模型已知的系统，也可用于许多被控对象数学模型的结构或其参数难以确定、或有时变因素的系统。PID 控制器的自身参数在控制过程中也允许不断调整，极为灵活。

PID 校正的物理概念十分明确，比例、积分、微分等概念不仅可以应用于时域，也可以应用于频域。设计工程师、现场工程师、供方和需方等都可以从自身的角度去审视、理解和调试 PID 控制器。这也是 PID 校正得以普及的一大原因。

PID 控制就是对偏差信号进行比例、积分、微分运算后，形成的一种控制规律。即控制器输出为

$$u(t) = K_p e(t) + K_I \int_0^t e(\tau) \mathrm{d}\tau + K_D \frac{\mathrm{d}}{\mathrm{d}t} e(t) \tag{5-19}$$

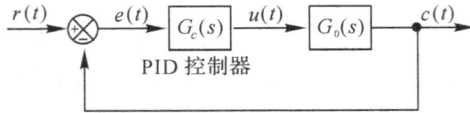

图 5-18 PID 控制器用于控制系统

式中：$K_p e(t)$ 为比例控制项，K_p 称为比例系数；$K_I \int_0^t e(\tau)\mathrm{d}\tau$ 为积分控制项，K_I 称为积分系数；$K_D \dfrac{\mathrm{d}}{\mathrm{d}t} e(t)$ 为微分控制项，K_D 称为微分系数。

上述三项中，可以有各种组合，除了比例控制项是必须有的，积分控制项和微分控制项则要根据被控系统的情况选用，所以一共有四种组合：P、PD、PI 和 PID 等控制器。

由于比例控制项是必要成分，因此 PID 控制器也可以写成

$$u(t) = K_p \left[e(t) + \frac{1}{T_1} \int_0^t e(\tau)\mathrm{d}\tau + T_D \frac{\mathrm{d}}{\mathrm{d}t} e(t) \right] \tag{5-20}$$

式中：T_I 称为积分时间常数；T_D 称为微分时间常数。

实际的 PID 控制器常按式(5-20)构造。

以下讨论各种组合的控制规律。

5.3.2 基本控制规律

(1)P 控制——比例控制器

比例控制器如图 5-19 所示。

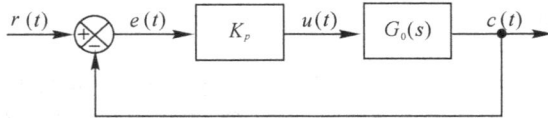

图 5-19 比例控制器

其关系式为

$$u(t) = K_p e(t) \tag{5-21}$$

传递函数为

$$G_c(s) = K_p \tag{5-22}$$

式中：K_p 为比例系数，又称比例控制器的增益。

比例控制器实质上是一个系数可调的放大器，显然，调整 P 控制的比例系数 K_p，将改变系统的开环增益，从而对系统的性能产生影响。

若增大 K_p，将增加系统的开环增益，使系统的波德图的幅频曲线上移，引起穿越频率 ω_c 的增大，而相频特性曲线不变。其结果是由于开环增益的加大，使稳态误差减小，系统的稳态精度提高。穿越频率 ω_c 的增大，使系统的快速性得到改善，但也使相位裕量减小，相对稳定性变差。

由于调整 P 控制的比例系数相当于调整系统的开环增益，对系统的相对稳定性、快速性和稳态精度都有影响，因此比例系数的确定要综合考虑，某种程度上是一种折衷的选择。但有时候光靠调整比例系数，是无法同时满足系统的各项性能指标要求的。因此，需要使比例控制会同其他控制规律，如微分控制与积分控制一起应用，才会得到较高的控制质量。

（2）PD 控制——比例—微分控制器

PD 控制器如图 5-20 所示。

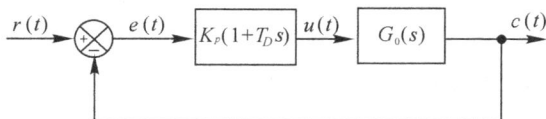

图 5-20　PD 控制器

其关系式为

$$u(t) = K_P\left[e(t) + T_D\,\frac{\mathrm{d}}{\mathrm{d}t}e(t)\right] \tag{5-23}$$

传递函数为

$$G_c(s) = K_P(1 + T_D s) \tag{5-24}$$

式中：T_D 为微分时间常数。

PD 控制器的波德图见图 5-21 所示。

显见，PD 控制器具有相位超前校正的特性，它具有前述串联超前装置的特点。

PD 控制器中的微分控制能反映偏差信号的变化趋势，对偏差信号的变化进行"预测"，这就能在偏差信号值变得太大之前，引入早期纠正信号，从而加快系统的响应能力，并有助于增加系统的稳定性。微分作用的强弱取决于微分时间常数 T_D。T_D 越大，微分作用就越大。

正确地选择微分时间常数 T_D 是极为关键的，合适的

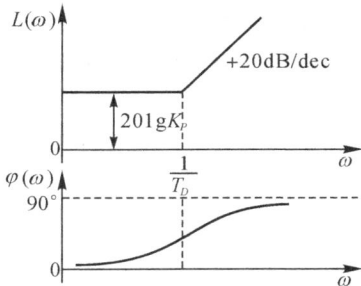

图 5-21　PD 控制器波德图

T_D 可以使系统的超调量 $\sigma\%$ 控制在合适的水平，且系统的调节时间 t_s 也可大大缩短。而如果 T_D 选得不合适，则系统的控制性能会受很大影响。例如 T_D 过大，即微分作用过强，使"预测"作用过于敏感，提前调节，这样会使系统输出尚未达到足够的强度时即被纠偏，其结果是调节时间 t_s 势必拖长。反之，如果 T_D 过小，即微分作用过弱，会使系统超调量很大，当然也无法缩短系统的调节时间 t_s。

例 5-4　图 5-22 所示为一个二阶系统，试分析采用 PD 控制对该系统控制性能的影响。

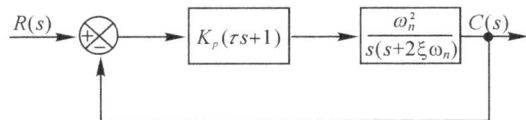

图 5-22　例 5-4 系统方块图

解　在未采用 PD 控制时，原系统闭环传递函数为二阶振荡环节：

$$\frac{C(s)}{R(s)} = \frac{\omega_n^2}{s^2 + 2\zeta\omega_n s + \omega_n^2}$$

我们知道，系统阻尼比 ζ 对其动态指标如超调量 $\sigma\%$、调节时间 t_s 等有着至关重要的影响，是一个重要的参数。

对该系统施加 PD 控制，其闭环传递函数为

$$\frac{C(s)}{R(s)} = \frac{K_p(\tau s+1)\omega_n^2}{s^2+2\zeta\omega_n s+K_p(\tau s+1)\omega_n^2}$$

$$= \frac{K_p(\tau s+1)\omega_n^2}{s^2+(2\zeta\omega_n+K_p\tau\omega_n^2)s+K_p\omega_n^2}$$

阻尼比发生了变化,设 ζ' 为新的阻尼比,则有

$$2\zeta'\omega_n = 2\zeta\omega_n+K_p\tau\omega_n^2$$

求得

$$\zeta' = \zeta+\frac{K_p\tau\omega_n}{2}$$

无阻尼自然频率也发生了变化,设其为 ω_n',则有

$$\omega_n' = \sqrt{K_p}\omega_n$$

可见,选用合适的 PD 控制器参数 K_p 和 τ,可以设计合适的阻尼比和无阻尼自然频率,从而使系统的超调量 $\sigma\%$ 和调节时间 t_s 都比较合理,使系统的动态性能得到优化。还可以使系统相对稳定性改善,在保证相对稳定性的前提下,就允许增大系统的开环增益,间接地使系统的稳态性能也得到提高。

再来看一个通过 PD 校正使系统稳定的例子。无法通过调整系统参数使之稳定的控制系统称为结构性不稳定系统。图 5-23 所示的系统就是一个结构性不稳定系统。

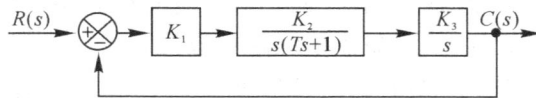

图 5-23　结构性不稳定系统方块图

因为该系统的特征方程

$$Ts^3+s^2+K_1K_2K_3 = 0$$

缺少了一项"s"项,由劳斯判据知道,无论其他参数 T、K_1、K_2、K_3 取任何值,都不能使系统稳定。

在原系统中引入 PD 控制后的结构如图 5-24 所示。

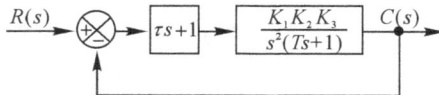

图 5-24　PD 控制引入结构性不稳定系统

这时,系统特征方程变为

$$Ts^3+s^2+K_1K_2K_3\tau s+K_1K_2K_3 = 0$$

可见特征方程不缺项,消除了系统的结构性不稳定。

微分算法实质上是求信号的变化率,如果偏差信号 $e(t)$ 无变化,即变化率还没有产生,微分作用的"预测"功能就无从发挥。因此,微分控制只能在动态过程中才有效,在偏差信号 $e(t)$ 无变化或缓慢变化的稳态过程是失效的,对稳态精度没有直接影响。所以微分控制不能单独使用,它总是要和比例控制一起应用于控制系统中。

PD 控制器中的微分控制作用还会放大噪音,使系统抗高频干扰的能力下降。

(3)PI 控制——比例—积分控制器

PI 控制器如图 5-25 所示。

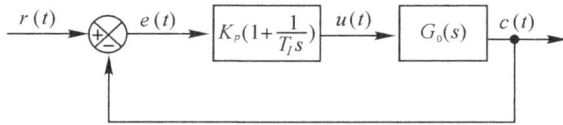

图 5-25　PI 控制器

其关系式为

$$u(t) = K_p\Big[e(t) + \frac{1}{T_I}\int_0^t e(\tau)\mathrm{d}\tau\Big]\qquad(5\text{-}25)$$

传递函数为

$$G_c(s) = K_p(1 + \frac{1}{T_I s})$$

$$= K_p \cdot \frac{T_I s + 1}{T_I s}\qquad(5\text{-}26)$$

式中：T_I 为积分时间常数。

PI 控制器的波德图见图 5-26 所示。

由图可见，PI 控制器的相频特性为负，即具有相位滞后校正的特性，故它是一种滞后校正装置。但是积分环节的引入，使得它与上节所述滞后校正装置有所不同。首先，积分环节的引入使得系统的型别增加，其无差度将增加，从而使稳态精度大为改善；另外，积分环节将引起 $-90°$ 的相移，这对系统的稳定性是不利的，适当选择两个参数 K_p 和 T_I，就可使系统的稳态和动态性能满足要求。PI 控制器中积分控制作用的强弱取决于积分时间常数 T_I。T_I 越大则积分作用越弱。

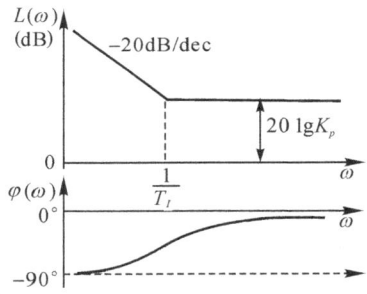

图 5-26　PI 控制器波德图

在控制系统中，PI 控制器主要用于在系统稳定的基础上提高无差度，而使稳态性能得以明显改善。

例 5-5　在图 5-27 所示的控制系统中加入了 PI 控制器，试分析它在改善系统稳态性能中的作用。

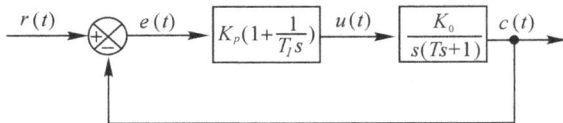

图 5-27　例 5-5 系统方块图

解　在未加 PI 控制器时，系统的开环传递函数为

$$G(s) = \frac{K_0}{s(Ts+1)}$$

这是一个一阶无差（1 型）系统，其静态速度误差系数 $K_v = K_0$，若输入为斜坡信号 $r(t) = A_t t$，则稳态误差为 $e_{ss} = \frac{A_t}{K_v} = \frac{A_t}{K_0}$，即有固定稳态误差。

当采用 PI 控制器后,系统的开环传递函数变为

$$G(s) = K_p \cdot \frac{T_I s + 1}{T_I s} \cdot \frac{K_0}{s(Ts+1)}$$

$$= \frac{K_p K_0 (T_I s + 1)}{T_I s^2 (Ts+1)}$$

系统无差度从一阶(1 型)提高到系统二阶(2 型),其静态速度误差系数 $K_v = \infty$,若同样输入斜坡信号 $r(t) = A_t t$,则稳态误差为 $e_{ss} = \dfrac{A_t}{K_v} = 0$,即消除了稳态误差。由此可以看出 PI 控制器的效果。由于积分累积的效应,使得当系统偏差 $e(t)$ 降为零时,PI 控制器仍能维持一恒定的输出作为系统的控制作用,这就使得系统有可能运行于无静差(即 $e_{ss} = 0$)的状态。

例 5-6　系统方块图如图 5-28 所示。已知 $K_0 = 3.2, T_1 = 0.33, T_2 = 0.036$。要求校正后系统在阶跃信号输入之下无静差,同时相对稳定性和动态性能指标基本不变。

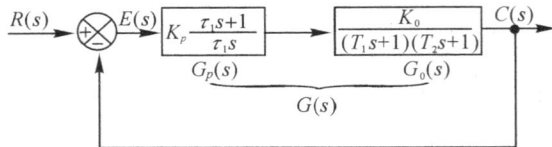

图 5-28　例 5-6 系统方块图

解　未校正系统开环传递函数为

$$G_0(s) = \frac{3.2}{(0.33s+1)(0.036s+1)}$$

这是一个 0 型有差系统,在阶跃信号输入之下是有静态误差的。现在如图 5-28 所示引入 PI 控制器进行校正。为简便起见,取 PI 控制器的参数积分时间常数 $\tau_1 = T_I = 0.33$,比例系数 $K_p = 1.3$,即

$$G_c(s) = \frac{1.3(0.33s+1)}{0.33s}$$

绘制系统波德图如图 5-29 所示。

读波德图,未校正系统的穿越频率 $\omega_c = 9.5$,相应的相位裕量为 $\gamma = 88°$。

绘制校正后的系统波德图,由于积分环节的引入,使得系统低频渐近线斜率由原来的 0dB/dec 变为 -20dB/dec,由 0 型变为 1 型。静态位置误差系数也由 3.2 变为 ∞,这样,在阶跃信号输入之下,系统稳态误差 $e_{ss} = 0$,做到了无静差。

从校正后的系统波德图中量取其穿越频率为 $\omega_c' = 13$,相位裕量为 $\gamma' = 65°$。可见,校正后 γ' 虽有减小但也足够了,$\omega_c' = 13$ 略增,好于校正前。这两个指标都可以接受。

(4)PID 控制——比例—积分—微分控制器

PID 控制器如图 5-30 所示。

其关系式为:

$$u(t) = K_p \left[e(t) + \frac{1}{T_I} \int_0^t e(\tau) d\tau + T_D \frac{d}{dt} e(t) \right] \tag{5-27}$$

传递函数为

$$G_c(s) = K_p (1 + \frac{1}{T_I s} + T_D s) \tag{5-28}$$

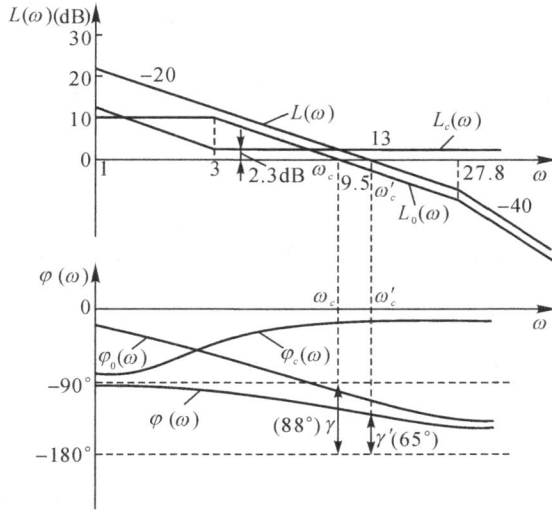

图 5-29　例 5-6 系统波德图

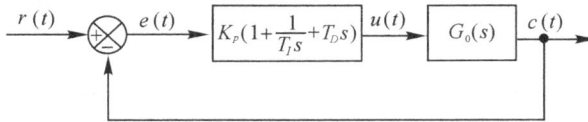

图 5-30　PID 控制器

PID 控制器的波德图见图 5-31 所示。

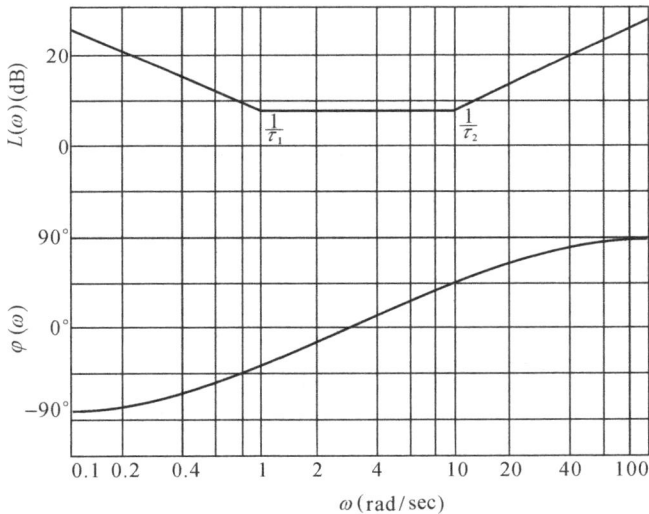

图 5-31　PID 控制器波德图

如果既需要改善系统的稳态精度,也希望改善系统的动态特性,这时就应考虑 PID 控制器。PID 控制器实际上综合了 PD 和 PI 控制器的特点,类同于滞后—超前校正装置。

在低频段,PID 控制器中的积分控制规律,将使系统的无差度提高一阶,从而大大改善了系统的稳态性能。

在中频段,PID 控制器中的微分控制规律,使系统的相位裕量增大,穿越频率提高,从而使系统的动态性能改善。

在高频段,PID 控制器中的微分部分会放大噪音,使系统的抗高频干扰能力降低。这点在设计时应引起足够的注意,应采取一定的措施来弥补这一缺点。

总的来说,由于 PID 控制器有三个可调参数,它们不仅在设计中,而且在系统现场调试中都可以足够灵活地调节,并且像比例、积分、微分等这些术语的物理概念都很直观,目的性明确。因而 PID 控制器在机电装备中受到工程技术人员的欢迎,相对于串联校正更具有工程实用上的优越性。

5.4 局部反馈校正

为了改善控制系统的品质,除了用串联校正、PID 校正的方法之外,还常常采用反馈校正的方法。这里所谓的反馈校正是指把系统的某些环节用局部反馈包围,通常是局部负反馈。这种局部反馈能消除系统中被包围部分的参数波动、非线性及品质不够好又难以解决等弱点。反馈校正的示意图见图 5-32。其中 $G_2(s)$ 为需要校正而被局部反馈包围的环节,$H_c(s)$ 为反馈校正装置。

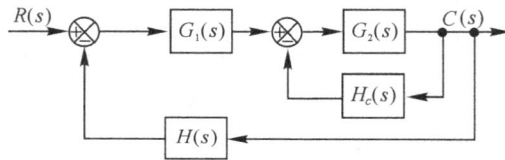

图 5-32　局部反馈校正

5.4.1　反馈校正原理

从图 5-32 中抽出局部反馈部分,形成图 5-33,先对反馈校正的原理进行讨论。从图 5-33(a)得未加入反馈校正时的系统传递函数

$$\frac{C_2(s)}{R_2(s)} = G_2(s) \tag{5-29}$$

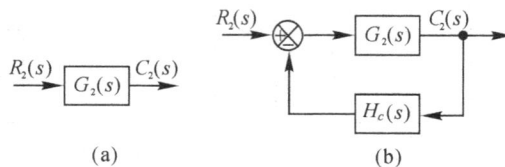

(a)　　　　　　(b)

图 5-33　局部反馈校正比较

加入反馈校正后,系统传递函数变为

$$\frac{C_2(s)}{R_2(s)} = \frac{G_2(s)}{1 + G_2(s) H_c(s)} \tag{5-30}$$

上式表明,精心设计与选择反馈校正装置 $H_c(s)$,可以很好地控制被包围环节的传递特性。因此这种校正思路是可行的。基于此,经常用局部反馈来校正某些环节的不良特性,如非线性及参数不稳定等,以消除其对系统性能产生的影响。

5.4.2　局部反馈校正的基本形式与特点

通常有两种局部负反馈校正方法:比例负反馈和微分负反馈。其主要形式和特点有:

(1)局部负反馈应用于惯性环节

先对惯性环节采用比例负反馈,如图 5-34 所示。

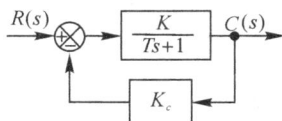

图 5-34　惯性环节采用比例负反馈的方块图

惯性环节的传递函数为

$$G_0(s)=\frac{K}{Ts+1}$$

比例负反馈 $H_c(s)=K_c$ 后的闭环传递函数为

$$G(s)=\frac{\dfrac{K}{Ts+1}}{1+\dfrac{K}{Ts+1}K_c}=\frac{\dfrac{K}{1+KK_c}}{\dfrac{T}{1+KK_c}s+1} \tag{5-31}$$

设新的时间常数为 T',则

$$T'=\frac{T}{1+KK_c} \tag{5-32}$$

即比例负反馈使惯性环节的时间常数减小了,因此可以缩短调节时间 t_s,提高系统的快速性。同时由于时间常数的减小,也意味着相位滞后的减小,有利于提高相位稳定裕量,改善闭环系统的稳定性。

放大系数的变化也有类似关系,校正前的放大系数 K,在校正后成为

$$K'=\frac{K}{1+KK_c} \tag{5-33}$$

这种放大系数的减小可以用附加增益来解决。

如果把比例负反馈改为微分负反馈,即

$$H_c(s)=K_cs$$

反馈后的闭环传递函数为

$$G(s)=\frac{\dfrac{K}{Ts+1}}{1+\dfrac{K}{Ts+1}K_cs}=\frac{K}{(T+KK_c)s+1} \tag{5-34}$$

即微分负反馈使惯性环节的时间常数增加了,新的时间常数 T' 为:

$$T'=T+KK_c \tag{5-35}$$

(2)局部负反馈应用于积分环节

先对积分环节采用比例负反馈,如图 5-35 所示。

积分环节的传递函数为

$$G_0(s)=\frac{K}{s}$$

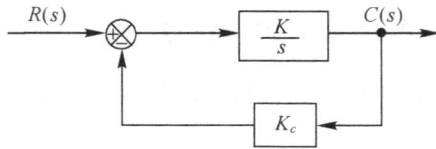

图 5-35　积分环节采用比例负反馈的方块图

比例负反馈 $H_c(s) = K_c$ 后的闭环传递函数为

$$G(s) = \cfrac{\cfrac{K}{s}}{1 + \cfrac{K}{s}K_c} = \cfrac{\cfrac{1}{K_c}}{\cfrac{1}{KK_c}s + 1} \tag{5-36}$$

变成了惯性环节,其时间常数为 T。

$$T = \frac{1}{KK_c} \tag{5-37}$$

比例负反馈使积分环节变成了惯性环节,且其时间常数也可以由反馈系数 K_c 来调节。由于积分环节在任何频率下都产生 $-90°$ 的恒定相位滞后,而惯性环节产生的相位滞后可以由其转折频率(时间常数的倒数)调节,因此可以控制其在穿越频率 ω_c 处的相位滞后,从而可以增加相位稳定裕量,改善闭环系统的稳定性。

在介绍 PD 校正的作用时,曾提到 PD 校正可以消除如图 5-23 所示系统的结构性不稳定。引入局部反馈也可以解决这类问题。

在图 5-23 中引入局部反馈校正,即对其中的积分环节采用比例负反馈,如图 5-36 所示。

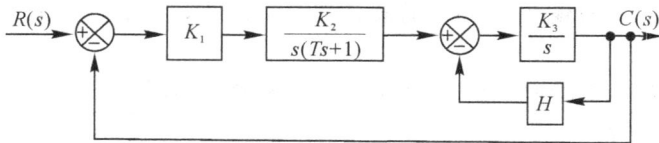

图 5-36　局部反馈校正引入结构性不稳定系统

这时,系统特征方程变为

$$Ts^3 + (K_3HT + 1)s^2 + K_3Hs + K_1K_2K_3 = 0$$

可见特征方程不缺项,也消除了系统的结构性不稳定。

如果把比例负反馈改为微分负反馈,即

$$H_c(s) = K_cs$$

反馈后的闭环传递函数为

$$G(s) = \cfrac{\cfrac{K}{s}}{1 + \cfrac{K}{s}K_cs} = \frac{K}{(1 + KK_c)s} \tag{5-38}$$

即积分环节在微分负反馈后仍是积分环节,但增益减小了。新的增益 K' 为

$$K' = \frac{K}{1 + KK_c} \tag{5-39}$$

(3)局部负反馈应用于振荡环节

先对振荡环节采用比例负反馈,如图 5-37 所示。

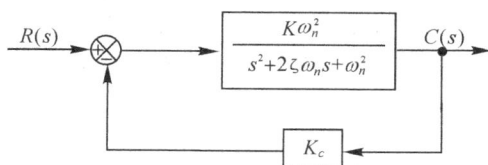

图 5-37　振荡环节采用比例负反馈的方块图

振荡环节的传递函数为

$$G_0(s) = \frac{K\omega_n^2}{s^2 + 2\zeta\omega_n s + \omega_n^2}$$

比例负反馈 $H_c(s) = K_c$ 后的闭环传递函数为

$$G(s) = \frac{K\omega_n^2}{s^2 + 2\zeta\omega_n s + (1 + KK_c)\omega_n^2} \tag{5-40}$$

二阶振荡环节的结构未发生变化,但无阻尼自然频率和阻尼比两个参数都改变了。

比例负反馈后的无阻尼自然频率增大了:

$$\omega_n{}' = \sqrt{1 + KK_c}\,\omega_n \tag{5-41}$$

比例负反馈后的阻尼比减小了:

$$\zeta' = \frac{1}{\sqrt{1 + KK_c}}\zeta \tag{5-42}$$

无阻尼自然频率的增大有利于穿越频率 ω_c 的提高,加快系统的快速响应能力。而阻尼比的降低对系统的影响要看具体数值而论,但过低的阻尼比对系统是有不利影响的,例如超调量过大,相位裕量减少等。

如果把比例负反馈改为微分负反馈,即

$$H_c(s) = K_c s$$

反馈后的闭环传递函数为

$$\begin{aligned}
G(s) &= \frac{K\omega_n^2}{s^2 + 2\zeta\omega_n s + (1 + KK_c s)\omega_n^2} \\
&= \frac{K\omega_n^2}{s^2 + 2(\zeta + \frac{1}{2}KK_c\omega_n)\omega_n s + \omega_n^2}
\end{aligned} \tag{5-43}$$

微分负反馈仍没有改变振荡环节的结构,且仅改变了阻尼比一个参数,新的阻尼比 ζ' 增加为

$$\zeta' = \zeta + \frac{1}{2}KK_c\omega_n \tag{5-44}$$

阻尼比的增加对系统的影响仍依据其具体数值,过低的阻尼比增加至合适的值对系统是有利的,例如改善超调量,增加相位裕量等。但过大的阻尼比对系统也并非有利,如当阻尼比增大至 $\zeta \geqslant 1$ 后,该二阶环节就失去了振荡特性,而转变成为两个一阶惯性环节的串联。

5.4.3　局部反馈校正的影响

在初步了解了局部反馈校正的原理和基本形式特点后,这一小节讨论局部反馈校正在

改善系统品质中的作用。

（1）用局部负反馈减弱被包围环节参数变化的不利影响

图 5-38 是一个简单的系统方块图，图中 $G_2(s)$ 是需要反馈校正的环节，被局部反馈装置 $H_c(s)$ 所包围。

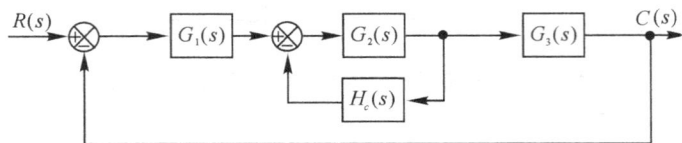

图 5-38　反馈校正示意图

$G_2(s)$ 之所以需要校正，是因为其参数不稳定，有不希望的非线性特性，性能指标不够等一些可能的原因。如果没有反馈校正，则 $G_2(s)$ 的不良品质会影响到整个系统的正常工作。如图 5-39(a) 所示。$G_2(s)$ 的输入输出传递关系为

$$C_2(s) = G_2(s)R_2(s)$$

如果 $G_2(s)$ 有不希望的变化 $\Delta G_2(s)$，相应的输出也会有对应变化量 $\Delta C_2(s)$，即

$$C_2(s) + \Delta C_2(s) = [G_2(s) + \Delta G_2(s)]R_2(s)$$

得

$$\Delta C_2(s) = \Delta G_2(s)R_2(s) \qquad (5\text{-}45)$$

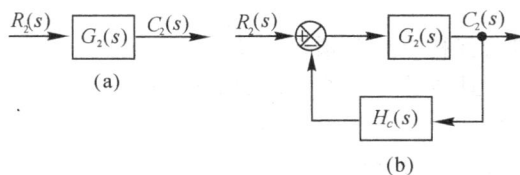

图 5-39　反馈校正的影响

$\Delta C_2(s)$ 是不希望的，如何才能减小它呢。看看局部反馈校正的效果。如图 5-39(b) 所示，有了反馈后，该部分的输入输出传递关系为

$$C_2(s) = \frac{G_2(s)}{1 + G_2(s)H_c(s)}R_2(s) \qquad (5\text{-}46)$$

考虑 $G_2(s)$ 有变化量 $\Delta G_2(s)$，则

$$C_2(s) + \Delta C_2(s) = \frac{G_2(s) + \Delta G_2(s)}{1 + [G_2(s) + \Delta G_2(s)]H_c(s)}R_2(s)$$

考虑到 $|G_2(s)| \gg |\Delta G_2(s)|$，整理后有

$$\Delta C_2(s) \approx \frac{\Delta G_2(s)}{1 + G_2(s)H_c(s)}R_2(s) \qquad (5\text{-}47)$$

式(5-47)与式(5-45)相比，$\Delta G_2(s)$ 的影响减小了 $[1 + G_2(s)H_c(s)]$ 倍。由于一般有 $[1 + G_2(s)H_c(s)] \gg 1$，所以 $\Delta G_2(s)$ 对输出的影响被大大地削弱了。原本在没有反馈校正时，为了抵御 $\Delta G_2(s)$ 的不利影响，即便用高成本构造 $G_2(s)$ 也不一定行得通。而采用局部反馈 $H_c(s)$，通常其成本和构造难度均要低于 $G_2(s)$，且其效果也要远远地好于未校正前。

通过具体例子可以有更深刻的体会。在讨论惯性环节被比例负反馈包围后参数的变化情况时，得到校正前后时间常数与放大系数的变化关系式(5-32)和(5-33)：

$$T' = \frac{T}{1+KK_c}$$

$$K' = \frac{K}{1+KK_c}$$

可见,如果原有时间常数与放大系数有变化量 ΔT 和 ΔK,则校正后这种变化的影响分别减小了 $1+KK_c$ 倍。

其他如振荡环节的情况也是类似的。

(2)用局部负反馈削弱乃至消除被包围环节的不良特性

式(5-46)表示了某个环节被局部负反馈校正包围后,该部分的输入输出传递关系。如果在需要的频率区间能使

$$|G_2(j\omega)H_c(j\omega)| \gg 1 \tag{5-48}$$

则式(5-46)成为

$$\frac{C_2(s)}{R_2(s)} \approx \frac{1}{H_c(s)} \tag{5-49}$$

上式表明,由于反馈校正作用,使被其包围部分 $G_2(s)$ 的变化对系统所造成的影响减到很小,输出 $C_2(s)$ 几乎与 $G_2(s)$ 无关,而只由反馈校正装置的特性 $H_c(s)$ 所决定。此时反馈校正装置本身的特性的变化对系统的影响却很大。但在机电装备中,$G_2(s)$ 常常是系统中的不可变部分,其弱点常难以克服。而反馈校正装置 $H_c(s)$ 却是设计人员精心设计与选择的,其品质能够有保障。

为满足式(5-48),如果允许误差是 3dB,则适用的频率范围应满足下列不等式:

①当 $20\lg|G_2(j\omega)H_c(j\omega)| \leqslant 8\text{dB}$ 时,有

$$-135° \leqslant \varphi(\omega) \leqslant -90° \tag{5-50}$$

$$90° \leqslant \varphi(\omega) \leqslant 135° \tag{5-51}$$

②当 $11\text{dB} \geqslant 20\lg|G_2(j\omega)H_c(j\omega)| \geqslant 8\text{dB}$ 时,有

$$-135° \leqslant \varphi(\omega) \leqslant 135° \tag{5-52}$$

③当 $20\lg|G_2(j\omega)H_c(j\omega)| > 11\text{dB}$ 时,有

$$-\infty \leqslant \varphi(\omega) \leqslant \infty \tag{5-53}$$

5.4.4　反馈校正装置的设计步骤

反馈校正装置的设计步骤如下:

①根据稳态指标确定开环增益,确定未校正系统的传递函数 $G_0(s)$,绘制波德图。为简单起见,可只画幅频曲线 $L_0(\omega)$。量取穿越频率 ω_c。

②根据给定的性能指标,绘制希望的开环波德图幅频曲线 $L(\omega)$。

低频段:反馈校正不会增加系统的无差度阶数(型别),由于开环增益已满足稳态指标,通常可与未校正系统重合,或可使低频段曲线高于 $L_0(\omega)$。

中频段:主要是确定穿越频率 ω_c' 和中频段长度,渐近线斜率一般取为 -20dB/dec。中频段长度一般不低于一个十倍频程。

中频段的左右延伸:本着渐近线斜率渐变的原则,从中频段左右两端分别向低频段和高频段靠拢,直至重合。

高频段:一般无特别要求,可与未校正系统重合。

③求局部反馈传递函数 $H_c(s)$

已知：$G_0(s)=G_1(s)G_2(s)G_3(s)$，又当满足 $|G_2(j\omega)H_c(j\omega)|\gg1$ 时，$G_2(s)$ 可由 $1/H_c(s)$ 取代。

所以，$G_2(s)H_c(s)$ 的幅频即为未校正系统幅频与希望幅频之差：

$$|G_2(j\omega)H_c(j\omega)|(\mathrm{dB})=|G_0(j\omega)|(\mathrm{dB})-|G(j\omega)|(\mathrm{dB})$$

由此确定 $G_2(s)H_c(s)$，比较 $G_2(s)$ 可求得 $H_c(s)$

最后验证 $|G_2(j\omega)H_c(j\omega)|\gg1$ 条件是否满足，可由式(5-50)至式(5-53)验证，也可仅验证穿越频率处 $\omega_c{}'$ 处的幅值。

必要时可由 $G_2(s)H_c(s)$ 检查小闭环的稳定性。

现在可以制作反馈校正装置了。

④验算校正后各项指标满足情况。实际上上述过程是很灵活的，同时也是一个反复的过程。验算也可结合实验进行。

例 5-7 设系统方块图如图 5-38 所示，未校正系统各部分传递函数如下：

$$G_1(s)=\frac{k_1}{0.014s+1}$$

$$G_2(s)=\frac{12}{(0.1s+1)(0.02s+1)}$$

$$G_3(s)=\frac{0.0025}{s}$$

试设计反馈校正装置 $H_c(s)$，使系统满足以下性能指标：

①增益范围：$0<k_1<6000$；

②静态速度误差系数 $K_v\geq150\mathrm{rad/sec}$；

③幅值穿越频率 $\omega_c{}'\geq13$；

④相位稳定裕量 $\gamma'\geq45°$

解 ①为满足静态速度误差系数，可取 $k_1=5000$，未校正系统为

$$G_0(s)=\frac{150}{s(0.014s+1)(0.1s+1)(0.02s+1)}$$

画未校正系统开环波德图，如图 5-40 的 $L_0(\omega)$、$\varphi_0(\omega)$ 所示。量取得：$\omega_c\approx40$。

②绘制希望的开环波德图。

低频段：由于未校正系统是 1 型系统，期望的系统性能指标中要求的是静态速度误差系数，两者相符。故低频段可与未校正系统重合。

中频段：过 $\omega_c{}'=13$ 作斜率为 $-20\mathrm{dB/dec}$ 的渐近线，确定该渐近线两端转折频率。

左端简单取 $\omega_2=4$；右端可与原转折频率相同 $\omega_3=\dfrac{1}{0.014}=71$。这样中频区宽度比较适中，为 $H=\omega_3/\omega_2=17.8$。

中频段的左右延伸：左端从 $\omega_2=4$ 起作斜率为 $-40\mathrm{dB/dec}$ 的渐近线，与低频段相交，得交点频率 $\omega_1=0.35$。右端从 $\omega_3=71$ 起作斜率为 $-40\mathrm{dB/dec}$ 的渐近线，与未校正系统的 $L_0(\omega)$ 相交，得交点频率 $\omega_4=75$。

高频段：范围为 $\omega\geq\omega_4$，无特别要求，可与未校正系统重合。

所以，希望的开环传递函数是

$$G(s) = \frac{150(0.25s+1)}{s(2.86s+1)(0.014s+1)(0.013s+1)^2}$$

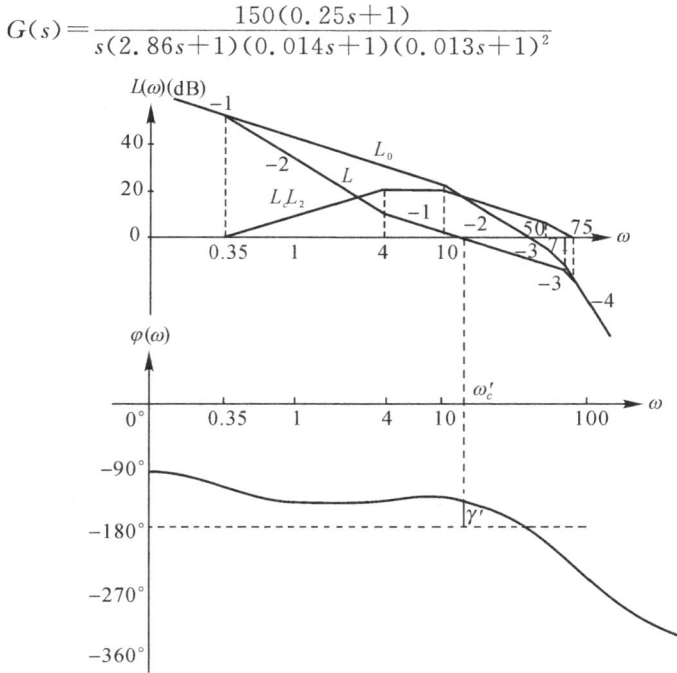

图 5-40　例 5-7 图

③求 $H_c(s)$。

$G_2(s)H_c(s)$ 的幅频曲线即为未校正系统波德图幅频与希望的波德图幅频之差：

$$|G_2(\mathrm{j}\omega)H_c(\mathrm{j}\omega)|(\mathrm{dB}) = |G_0(\mathrm{j}\omega)|(\mathrm{dB}) - |G(\mathrm{j}\omega)|(\mathrm{dB})$$

简单地取

$$G_2(s)H_c(s) = \frac{2.86s}{(0.25s+1)(0.1s+1)(0.02s+1)}$$

比较 $G_2(s)$ 得

$$H_c(s) = \frac{0.24s}{0.25s+1}$$

在穿越频率处验证 $|G_2(\mathrm{j}\omega')H_3(\mathrm{j}\omega_c)| \gg 1$ 条件：当 $\omega_c' = 13$ 时

$$|G_2|(\mathrm{j}\omega_c')H_c(\mathrm{j}\omega_c')| \approx 20\lg\left|\frac{2.86}{0.25\omega_c' \times 0.1\omega_c'}\right| \approx 19\mathrm{dB}$$

检查小闭环的稳定性：是稳定的，过程略。

④验算校正后各项指标满足情况：

$$K_v = 150\mathrm{rad/sec}, \quad \omega_c' = 13, \quad \gamma' = 50°$$

均满足要求。设计完成后，就可制作反馈校正装置了。

5.4.5　串联校正与反馈校正的比较

对控制系统进行校正时，究竟是选择串联校正还是反馈校正，这不仅是一个理论问题，更多的是一个工程问题。根据不同的对象系统、系统的信号性质、系统中各点功率的大小，可供采用的元件以及对系统的性能要求、设计者、设计者的经验、经济条件等各种因素都可能影响决策。

　　一般来说,串联校正比反馈校正简单,因为串联校正装置本身就是控制器的一个组成部分,一般由微电子电路构成,制作成本比较低。而且在计算机控制系统中,串联校正算法可以用软件来实现,方便而灵活,是校正的首选。但串联校正受物理因素限制,比如功率饱和,执行机构的惯性等,校正作用的传递有一定局限性。

　　局部反馈校正是针对环节的,一个很大的特点就是系统对被反馈校正回路包围的各元部件特性参数的变化很不敏感,而这些元部件往往是系统的"软肋",作为系统级的串联校正很难有针对性的校正措施,这时局部反馈校正"对症下药"的特点就可以充分发挥了。局部反馈校正的对象往往是功率级的,反馈信号的获得需要传感检测装置,相对来说成本较高,实现也相对麻烦,通常用在有较高性能指标要求的系统中。

　　校正装置的形式是很多的,就其物理结构的特点来说有电子的、电动的、机械的、液压的、气动的,或者是它们的混合使用。一般说来,电子校正装置传输简单,精度高,可靠性好,并且容易校正,用得最广。而非电子形式的校正装置,一般是元件或部件级的,我们通常把它们并入环节中考虑。

5.5　复合控制

　　串联校正和反馈校正是工程上常用的两种校正方法,利用它们在一定程度上可以改善系统的品质。但是对稳态准确度要求较高的系统,或者存在强干扰的系统,一般的校正方法就难以满足要求。为了减小稳态误差,就需要提高系统的开环增益或提高系统的无差度(型别)。但是,这两种做法将导致系统稳定性变差,甚至使系统不稳定。为抑制高频干扰,可以限制系统的带宽,但这对低频干扰却无能为力。为了解决上述精度与稳定性之间的矛盾,可以采用复合校正控制,即在反馈回路中加入前馈通路,组成前馈控制与反馈控制相组合的复合系统,这在工程实践中得到了广泛的应用。

　　复合控制分为按输入补偿的复合控制和按扰动补偿的复合控制两种结构。

5.5.1　按输入补偿的复合控制

　　按输入补偿的复合控制结构如图 5-41 所示。

　　输入信号通过前馈补偿装置 $G_c(s)$,产生一补偿信号参与控制。前馈控制器 $G_c(s)$ 实际上是开环的,它与闭环控制的根本区别是:首先,前馈控制信号与输入信号同时产生,没有延时,而闭环控制要等输出量发生变化产生偏差控制信号 $E(s)$ 后才能纠正偏差,因此快速性不如

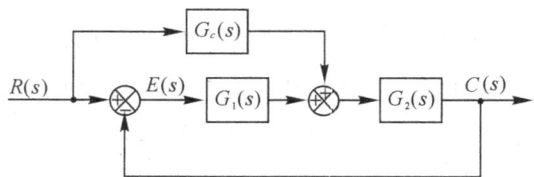

图 5-41　按输入补偿的复合控制结构

前馈控制信号。其次,通过前馈控制器 $G_c(s)$ 的信号不能形成闭环,这就不能纠正前馈控制器自身的误差,因此前馈控制要与反馈控制一起使用,并依靠反馈控制的作用最终消除误差。

　　系统的闭环传递函数

$$\frac{C(s)}{R(s)} = \frac{[G_c(s) + G_1(s)]G_2(s)}{1 + G_1(s)G_2(s)} \tag{5-54}$$

给定误差拉氏变换式为

$$E(s) = R(s) - C(s)$$

$$= \left(1 - \frac{C(s)}{R(s)}\right)R(s)$$

$$= \frac{1 - G_c(s)G_2(s)}{1 + G_1(s)G_2(s)}R(s) \tag{5-55}$$

若选取补偿装置为

$$G_c(s) = \frac{1}{G_2(s)} \tag{5-56}$$

把式(5-56)代入式(5-55),有

$$E(s) = 0 \times R(s) = 0 \tag{5-57}$$

及

$$C(s) = R(s) \tag{5-58}$$

式(5-57)、(5-58)表明,任何输入作用下,只要合理选取补偿装置,系统的误差恒为零,输出信号完全跟随输入信号。前馈控制器 $G_c(s)$ 的存在,相当于在系统中增加了一个输入信号 $G_c(s)R(s)$,其产生的误差信号与原输入信号 $R(s)$ 产生的误差信号大小相等、方向相反。式(5-56)称为全补偿条件。

由于 $G_2(s)$ 多较复杂,全补偿条件式(5-56)的实现有困难。工程中只能视系统情况近似处理,以使前馈补偿装置形式简单并易于物理实现。

5.5.2　按扰动补偿的复合控制

按扰动补偿的复合控制结构如图 5-42 所示。

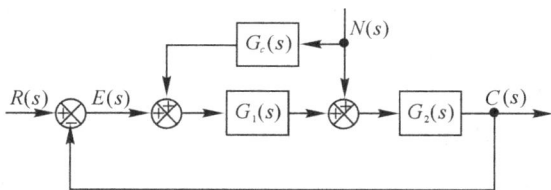

图 5-42　按扰动补偿的复合控制结构

为了补偿扰动 $N(s)$ 对系统产生的作用,引入了扰动的补偿信号,补偿装置为 $G_c(s)$。

设输入 $R(s) = 0$,系统在扰动作用下的闭环传递函数为

$$\frac{C_N(s)}{N(s)} = \frac{[1 + G_c(s)G_1(s)]G_2(s)}{1 + G_1(s)G_2(s)} \tag{5-59}$$

其误差拉氏变换式为

$$E_N(s) = R(s) - C_N(s)$$

$$= -C_N(s)$$

$$= -\frac{[1 + G_c(s)G_1(s)]G_2(s)}{1 + G_1(s)G_2(s)}N(s) \tag{5-60}$$

若选取补偿装置为

$$G_c(s) = -\frac{1}{G_1(s)} \tag{5-61}$$

把式(5-61)代入式(5-60),有

$$E_N(s) = -\frac{[1-1]G_2(s)}{1+G_1(s)G_2(s)}N(s) = 0 \times N(s) = 0 \tag{5-62}$$

式(5-62)表明,无论什么扰动作用,只要合理选取补偿装置,扰动引起的误差恒为零。这表示扰动信号除经其固有通道加到系统上,对输出产生不利影响;同时也经补偿通道加到系统上,对输出产生补偿作用。与前面按输入补偿类似,当扰动引起的误差还没有通过反馈通道产生纠偏作用时(因为滞后作用),即已通过前馈通道产生补偿作用。式(5-61)也称为全补偿条件。

同样因为全补偿条件式(5-62)的实现困难,工程中只能实现近似全补偿或稳态全补偿。

对于系统稳定性而言,复合控制系统的特征方程和原来按偏差控制的闭环系统的特征方程完全一样,并不因为在系统中增加了补偿通道而使系统的稳定性受到影响。从这里可以看出,复合控制系统解决了偏差控制系统中所遇到的矛盾,即提高系统精度和保证稳定性之间的矛盾。

最后指出,两种补偿的适用条件是:传递函数准确,否则补偿效果变差。对于扰动补偿,还必须是扰动量是可检测的。

5.6　自动控制在机械工程中的应用

传统意义上的机械工程技术主要包括机械设计和机械制造技术,自动化技术则属于别的专业。如果机械装备要用到自动控制技术,就要有不同专业的技术人员合作工作,而各自专业领域具有相对的独立性。但技术总是随着生产力而发展的,随着市场的需要而进步的。机电一体化技术的迅速发展,正是说明了这一点。一方面,它为传统的机械工业提供了可观的增值空间;另一方面,机电一体化技术与传统机械技术领域的有机结合,已经无法割裂,它是机械工程师的必备技术之一。

自动控制技术是机电一体化的核心,它从系统的观点来指导机器的设计、制造以及运行。其实,机器的自动控制早已有之。例如,200多年前的离心调速机是与蒸汽机同时代出现的。即使从今天的观点来看,它也是一个经典的反馈控制系统。我们完全可以用前几章介绍的方法去进行性能分析。只不过当今的自动化实现技术,从方法到手段,从工艺到部件,都有了长足的进步,不可与当年同日而语。

从物理上看,机电控制系统或者说机电装备是由两部分组成的:纯粹的机械部分和电控部分。所谓的机和电,两者的作用并不是平行的,大致上,"机"负责能量的传递与机械表现形式的转换;"电"负责信号的传递与处理。但两者之间在技术上又是水乳交融的。作为一个系统级的机械工程技术人员,如果不能适应这一点,便不能很好地完成任务。这方面的一个典型例子,就是交流电动机的调速技术。

交流电动机是机器装备中最常用的原动力发生装置,它把电能变为机械能。以前由于没有合适的调速技术,电动机总是输出固定转速,因而在机器中,调速任务是由后级装置诸如齿轮箱、液压阀等来完成。但电力电子技术的发展,使得当今交流电动机的变频变压调速技术日臻完善,已在很大程度上取代了后级调速装置。一个设计机器的机械工程技术人员是不可能做到对此视而不见的。而从自动控制技术的角度便能容易地理解、适应,进而掌握运用这一实现技术的变化。

通常,机器系统的设计分成三个阶段:机械结构的设计、控制装置的设计、整个系统性能的分析。机械结构对整个系统的性能,例如运动精度及效率产生重大的影响。在传统观念上,由于这步设计主要考虑能量流的传递与表现形式,是在已经确定机械结构的情况下进行,则控制性能指标的满足仅仅依靠系统电控部分的调节。事实上,在设计中初始选择的机械结构及参数未必能使系统性能达到最优,而通过调节系统电控部分对整个系统性能的改善又是有限的。所以,这种传统的设计方法很难最终使系统性能最优化,因此需要一种机电一体化的综合设计方法,把控制理论和机械设计结合起来,则可从整个系统的性能出发,给出机械结构的最优设计准则。因此,机电系统的设计,不是单元技术的简单拼凑,而是从系统的角度来考虑各个环节的组成及物理实现形式。图 5-43 是两种方法的流程。

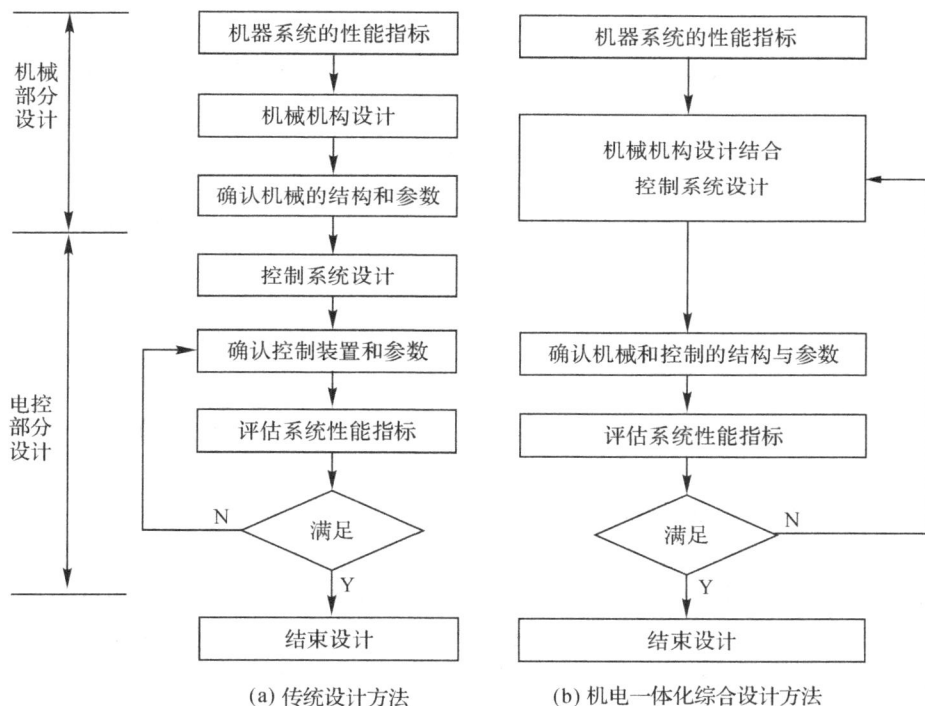

(a) 传统设计方法　　　　(b) 机电一体化综合设计方法

图 5-43　两种设计方法的简要流程

图 5-43(a)是传统的设计方法,它先设计纯机械系统部分,分析并确认机械的结构和参数。然后设计控制系统部分,建立数学模型,进行性能指标的计算与分析,确认电控部分的形式与参数。由于机械系统的结构参数已定,虽可以通过设计控制校正装置来进行部分优化,但由于后者对整个系统性能的改善有限,所以系统的性能很难达到最优。这样就把机械和电控割裂开来。图 5-43(b)是机电一体化综合设计法,它分机械、电控两部分同步设计,得到一个综合模型,在分析系统性能之后可以对机械、电控两部分的结构与参数进行调整,从而得到最优的系统。

明白了这一点,就可以了解"机电"这个专业词汇的内涵,它并不是组成这个词汇的两个单字所代表的专业技术的简单求和,而是一个整体。考虑到技术载体的最终表现形式为机器系统,因此机械工程专业技术人员更有理由成为机电一体化技术的主力。

从自动控制原理的角度看,机电装备的控制方块图如图 5-44 所示,把机器的期望机械运动输出值作为指令,输入到系统中去,通过电机、机械、液压气动等驱动和传动装置带动执行机构输出机械运动,再由检测装置(传感器)测出输出量,经反馈和输入指令比较,比较后的误差再反馈调整系统的工作,形成闭环控制。

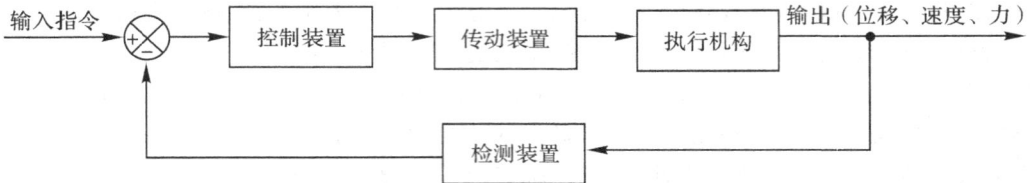

图 5-44 机电装备的控制方块图

机电系统的设计主要涉及下列单元技术:机械设计与制造、机械动力学、驱动拖动技术、机构技术、系统数学建模、自动控制原理、微电子技术、计算机控制技术和传感测量与信号处理技术等部分。

在机械设计时要从控制角度考虑,尽量达到以下四个目标:①减轻质量或惯量;②提高传递刚度;③增加固有频率;④减小摩擦和回程间隙。

第①条从动力学的角度来考虑很好理解,同一功率的电机,有效负载越小,驱动越快速、灵活。第②条提高运动方向的传递刚度,可以减小机构弹性造成的误差。第③条与第①、②条有关,若固有频率低,则系统的带宽也低。由于电控部分的时间常数远小于机械部分,因此后者决定了系统的带宽。第④条是因为摩擦和间隙都是非线性因素,会恶化控制系统性能指标。

我们从下面两个例子来看在机电一体化设计思想指导下,自动控制原理在机械设计中的作用。

例 5-8 机械定位系统设计。

带反馈的线性位移机构是一个典型的机电系统。它的输入量为力 f,输出量为位移,通过位置和速度两个物理量进行反馈控制。为了使整个系统具有高速度、高精度的特性,需要采用系统综合设计的方法。即从整个系统的角度出发,综合机械和电控两部分特性进行设计。具体来说,就是首先选择一个机械结构,然后在这个结构的基础上添加控制部分的影响。通过计算分析的指导对结构和控制两部分进行修正,这样就可以选择具体的参数,从而得到最终的机构使系统能够达到设计要求的系统性能。

通过合理的简化,得到线性位移机构的力学简图如图 5-45 所示。在高速、高精度需求下,必须把机构的支承视为弹性支承。

图 5-46 是该动力学模型的坐标系,其中:f 为驱动力,是输入量;K 为支承的等效弹性系数;Z_F 为驱动力 F 距质心的垂直距离;Z_Q 为支承点距质心的垂直距离;两个支承点的坐标为:$(-X_Q, Z_Q)$ 和 (X_Q, Z_Q)。

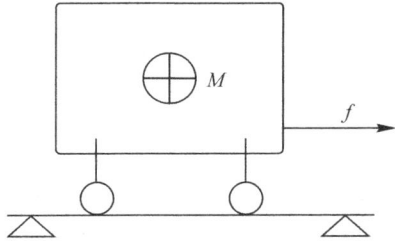

图 5-45 定位系统力学模型

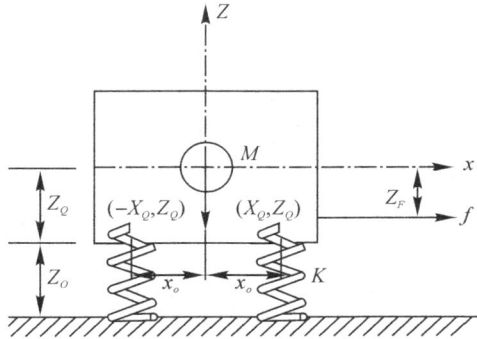

图 5-46 参考坐标系

当机构运动出现如图 5-47 的倾斜状态时,有一个很小的转角 α,可以得到如下的动力学方程式。方程中有 $\sin\alpha \approx \alpha$,已经线性化。

$$\alpha''(t) + \omega^2\alpha(t) = \frac{Z_F}{J}F(t) \qquad (5\text{-}63)$$

$$\omega = \sqrt{\frac{2KX_Q^2 - Z_QMg}{J}} \qquad (5\text{-}64)$$

式中:J 是转动惯量。

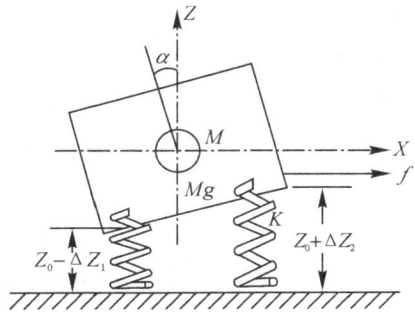

图 5-47 机构的运动状态

要使系统达到高动态精度和运行平稳性要求,由控制理论,必须抑制反馈环节的超调量,以减小振荡。从系统结构的分析可以知道,要减小反馈的超调量就必须减小系统的最大偏转角 $\alpha_{\max}$。

而要使系统达到高速的要求,指令输入一般选为 Bang-Bang 型,其输入量往往是系列方波的形式,可以认为在 $t = 0$ 时刻是一个阶跃信号 F_0,这时有零初始条件

$$\alpha(0) = \alpha'(0) = 0$$

利用第 3 章介绍的时域分析法可以解出系统的时域响应为

$$\alpha(t) = \frac{F_0 Z_F}{J\omega^2}(1 - \cos\omega t) \qquad (5\text{-}65)$$

当 $t = \pi/\omega$ 时,响应的最大偏转角为 $\alpha_{\max}$:

$$\alpha_{\max} = \frac{2F_0 Z_F}{J\omega^2} = \frac{2F_0 Z_F}{2KX_Q^2 - Z_QMg} \qquad (5\text{-}66)$$

式(5-66)就是综合考虑机械结构和控制部分所得到的结果,由此式可以得到机械结构与系统参数之间的关系。依据此式,要减小系统响应的最大偏转角 $\alpha_{\max}$,可以从下面几点入手:

①增大支承刚度 K 和支撑跨度 X_Q。

增大支承刚度 K 和支撑跨度 X_Q 都可以减小最大偏转角。但最大偏转角与支承刚度 K 近似成反比,而与支撑跨度 X_Q 的平方近似成反比。所以采用增大支撑跨度的效果更好。

②驱动力尽量通过质心来减小 Z_F。

驱动力越靠近质心,则偏斜力矩越小,也可以减小最大偏转角 $\alpha_{\max}$。

③采用悬挂支承使 $Z_Q < 0$,并加大质量 M。

通常情况下质量 M 越大,偏转角 $\alpha_{\max}$ 也越大,若采用悬挂支承时,则 $Z_Q < 0$,此时质量 M

越大,偏转角 α_{max} 反而越小。

对此可以进行一些对照分析。如果采用传统的设计方法,机械结构采用了普通支承,此时,不管控制部分怎样调整,效果始终不够理想;而采用悬挂支撑使 $Z_Q < 0$,则质心质量越大运动的误差越小,效果要好得多。这些结论是依据自动控制原理的设计思路得到的,而传统的设计方法就很难有这些清晰的分析。

例 5-9   利用系统的性能指标测算零件的疲劳寿命。

在传统的机械设计中,计算零件的疲劳寿命方法有两种:一种是计算法。根据机构使用年限、每天工作时间等参数来估算理想情况下的受力循环次数,再取一个较大的安全系数得到预计的受力循环次数。另一种是实验法。即制作出样件进行疲劳实验,用实测数据得到受力循环次数。第一种方法比较简单,但安全系数往往过大,零件过于粗大。第二种方法成本高,周期也较长。若利用自动控制理论,先建立机械系统的传递函数,并通过时域响应计算出系统的性能指标,这样可以得到较为准确的受力循环次数。

以弹簧为例,弹簧是常见的机械零件,各种机械如发动机、阀门等普遍使用弹簧。

图 5-48 是一个活塞推进机构。弹簧把推杆压在凸轮上,随着凸轮转动,弹簧受到交变力的作用,这种受力循环次数是弹簧疲劳寿命计算的依据。

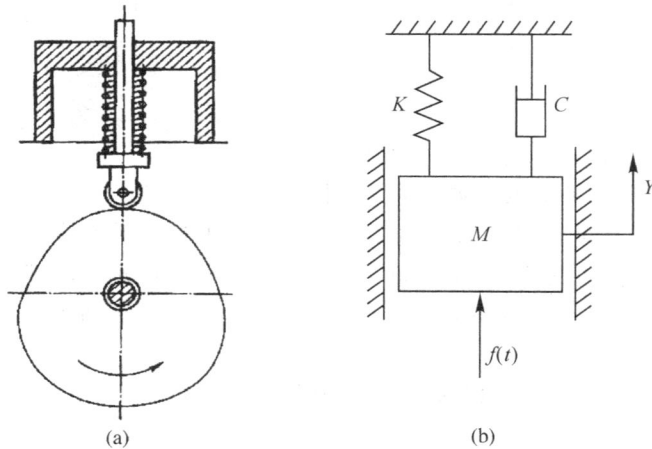

(a)   (b)

图 5-48   活塞推进机构示意及其动力学模型

图 5-48(b)是简化的动力学模型,其中:Y 为从动件的位移(m),输出量;M 为从动件的等效质量(kg);K 为等效弹簧刚度(N/m);C 为等效粘滞阻尼系数(Ns/m);f 为作用于从动件上的力(N),输入量。

利用牛顿第二定律可以得到系统的微分方程为

$$M\ddot{y} + C\dot{y} + Ky = f(t)$$

得到传递函数为

$$\frac{Y(s)}{F(s)} = \frac{1}{Ms^2 + Cs + K}$$
$$= \frac{1/K \cdot \omega_n^2}{s^2 + 2\zeta\omega_n s + \omega_n^2} \tag{5-67}$$

式中:阻尼比 $\zeta = \dfrac{C}{2\sqrt{MK}}$,无阻尼自然频率 $\omega_n = \sqrt{\dfrac{K}{M}}$。

现在来分析输入量 $f(t)$。设作用力与凸轮的推进位移成正比,则作用力如图 5-49(a) 所示,在转速较高时可以近似为阶跃信号,如图 5-49(b)所示。表达式为

$$f(t)=60 \qquad (0 \leqslant t \leqslant 1.2 \text{sec}) \tag{5-68}$$

输入量的拉普拉斯变换为

$$F(s)=\frac{60}{s} \tag{5-69}$$

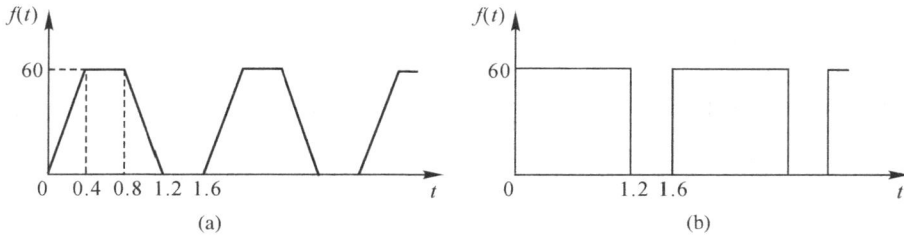

图 5-49 活塞推进机构的作用力

将输入 $F(s)$ 代入式(5-67),并取 5 个不同的阻尼系数,采用 MATLAB 程序计算可以得出 5 条对应的响应曲线,结果如图 5-50 所示。

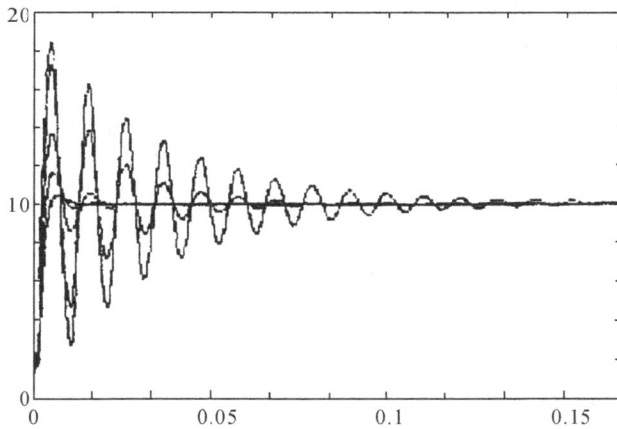

图 5-50 响应曲线

并将计算结果列于下表中。

阻尼系数 C	0.9	1.8	5.4	9.0	12.6
阻尼比 ζ	0.05	0.1	0.3	0.5	0.7
振荡次数 N	8	6	2	1	1
凸轮的转动圈数	12500	16667	50000	100000	100000

表中的振荡次数实际上就是弹簧的受力循环次数 N。从表中可以得到,要想增大弹簧的寿命,就要增大阻尼比 ζ,而阻尼比 $\zeta=\dfrac{C}{2\sqrt{MK}}$,所以可以考虑从这些参数着手增大弹簧的寿命。即加大系统的粘滞阻尼系数 C,或减小从动件的质量 M,或在保证从动件与凸轮充分接触的情况下,选用刚度 K 小的弹簧。

从这个例子可以看到,看起来一个纯机械的部件,也是符合自动控制系统规律的。

5.7　MATLAB 在系统校正中的应用

对于不满足要求的系统,必须对其进行校正,在经典控制理论中,可以采用频域特性法进行分析和校正,主要借助的是波德图。当然,MATLAB 的 Simulink 工具箱提供专门用于系统分析的工具,感兴趣的读者可以自行学习。

5.7.1　串联超前校正

借助波德图对系统进行校正时,若系统动态性能不满足要求,可以对波德图在穿越频率附近提供一个相位超前角,达到系统对稳定裕量的要求,而保持低频部分不变,即采用串联超前校正。

例 5-10　已知单位负反馈系统的传递函数为

$$G(s) = \frac{K_0}{s(0.1s+1)(0.001s+1)}$$

试用波德图分析法对系统进行校正,使之满足

① 系统的单位斜坡响应的稳态误差 $e_{ss} \leqslant 0.001$;

② 校正后系统的相位裕量 γ 在 $45° \sim 55°$。

解　① 求 K_0。

由系统的传递函数可知系统为 1 型系统,其单位斜坡信号的速度误差系数为 $K_v = K_0$,系统的稳态误差为

$$e_{ss} = \frac{1}{K_v} = \frac{1}{K_0} \leqslant 0.001$$

得 $K_v = K_0 \geqslant 1000$,取 $K_v = 1000$。因此被控对象的传递函数为

$$G(s) = \frac{1000}{s(0.1s+1)(0.001s+1)}$$

② 绘制未校正系统的波德图。

在命令行中输入:

```
>> num＝[1000];den＝conv([1,0],conv([0.1,1],[0.001,1]));      ％ 定义分子、分母矢量
>> sys＝tf(num,den);margin(sys);                             ％ 建立系统,绘制波德图
```

运行结果如图 5-51 所示,从图中可以得出幅值裕量 $K_g = 0.0864\mathrm{dB}$,相位穿越频率 $\omega_g = 100 \ \mathrm{rad/sec}$,相位裕量 $\gamma = 0.0584°$,幅值穿越频率 $\omega_c = 100 \ \mathrm{rad/sec}$。可见,幅值裕量和相位裕量接近于零,不满足要求。系统动态性能不满足要求,因此采用串联超前校正。

③ 求超前校正装置的传递函数。

根据题中的稳定裕量要求,取 $\gamma = 55°$ 并附加 $5°$,即 $\gamma = 60°$。设超前校正装置的传递函数为 $G_c(s) = \dfrac{Ts+1}{\alpha Ts+1}$,计算超前校正装置传递函数的 MATLAB 程序(M 文件)如下:

```
num＝[1000];den＝conv([1,0],conv([0.1,1],[0.001,1]));      ％ 定义分子、分母矢量
sys＝tf(num,den);                                          ％ 建立系统
[mag,phase,w]＝bode(sys)                                   ％绘制波德图,返回幅频和相频
                                                              特性
```

Bode Diagram
Gm=0.0884dB(at 100rad/sec), Pm=0.0584 deg(at 99.5 rad/sec)

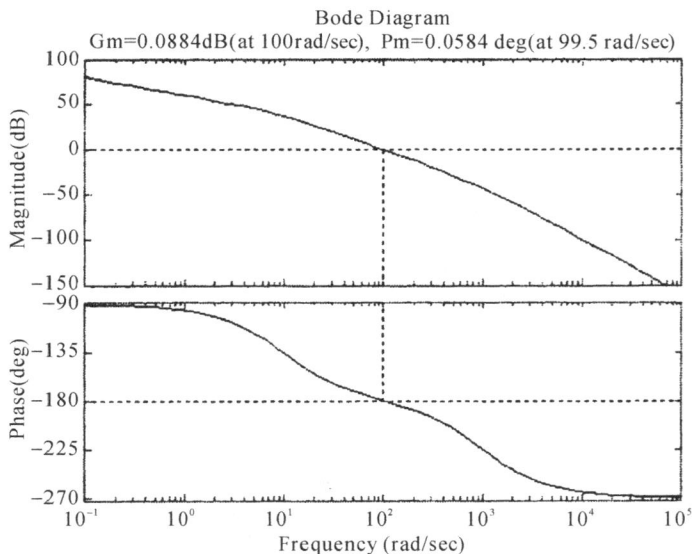

图 5-51 未校正系统波德图

```
gama＝(55＋5) * pi/180;alfa＝(1－sin(gama))/(1＋sin(gama)); % 求取 α
am＝10 * log10(alfa);magdb＝20 * log10(mag);
wc＝spline(magdb,w,am);                              % 求取 ωc2
T＝1/(wc * sqrt(alfa));                              % 求取 T
Gc＝tf([T,1],[alfa * T,1])                           % 建立校正装置传递函数
```

运行结果：Transfer function：

0.01951 s ＋ 1

——————————————

0.0014 s ＋ 1

即校正装置的传递函数为

$$G_c(s) = \frac{Ts+1}{\alpha Ts+1} = \frac{0.0191s+1}{0.0014s+1}$$

④验证校正装置是否满足系统的性能指标要求

在 MATLAB 命令行中输入：

```
>> sys＝tf([1000],conv([1,0],conv([0.1,1],[0.001,1])));
>> margin(Gc * sys)
```

运行结果如图 5-52，从图中可知幅值裕量 K_g＝18dB,相位穿越频率 ω_g＝802 rad/sec，相位裕量 γ＝52.2°,幅值穿越频率 ω_c＝191 rad/sec。满足系统的要求。

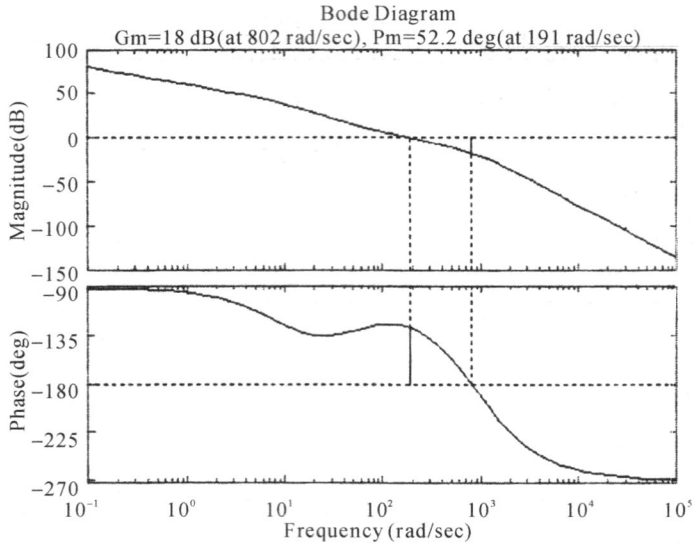

图 5-52 校正后系统的波德图

5.7.2 串联滞后校正

借助于波德图对系统进行校正时,若系统稳态性能不满足要求,可以对波德图保持低频段不变,将中频段和高频段的幅值加以衰减,使之在中频段的特定点处,达到系统对稳定裕量的要求,即采用串联滞后校正。

例 5-11 已知单位负反馈系统的传递函数为

$$G(s) = \frac{K_0}{s(0.1s+1)(0.02s+1)}$$

试用波德图分析法对系统进行串联滞后校正,使之满足

①系统的单位斜坡响应的稳态误差 $e_{ss} \leqslant 0.04$;

②校正后系统的相位裕量 $\gamma > 45°$;

③系统校正后的穿越频率 $\omega_c \geqslant 3$ rad/sec。

解 ①求 K_0。

由系统的传递函数可知系统为 1 型系统,其单位斜坡信号的静态速度误差系数为 $K_v = K_0$,系统的稳态误差为

$$e_{ss} = \frac{1}{K_v} = \frac{1}{K_0} \leqslant 0.04$$

得 $K_v = K_0 \geqslant 25$,取 $K_0 = 25$。因此被控对象的传递函数为

$$G(s) = \frac{25}{s(0.1s+1)(0.02s+1)}$$

②绘制未校正系统的波德图。

在命令行中输入:

```
>> num=[25];den=conv([1,0],conv([0.1,1],[0.02,1]));    % 定义分子、分母矢量
>> sys=tf(num,den);margin(sys);                        % 建立系统,绘制波德图
```

运行结果如图 5-53 所示,从图中可以得出幅值裕量 $K_g = 7.6$dB,相位穿越频率

$\omega_g = 22.4$ rad/sec,相位裕量 $\gamma = 19.9°$,幅值穿越频率 $\omega_c = 14$ rad/sec。可见,虽然系统稳定,但是相位裕量不满足系统要求,必须采取校正,采用串联滞后校正。

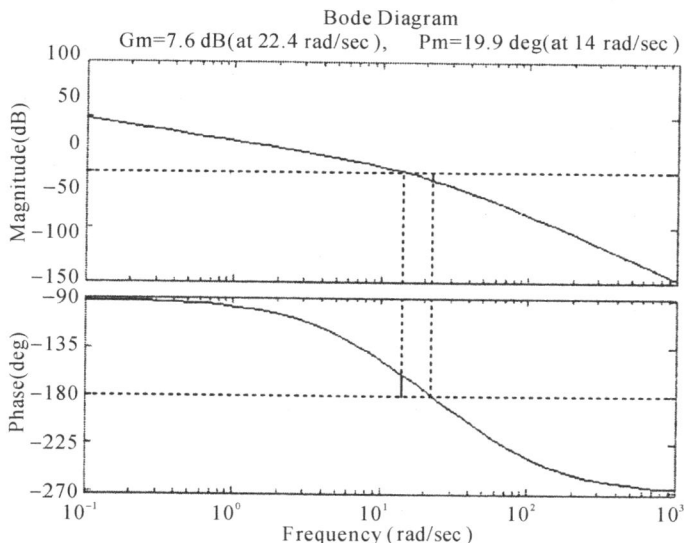

图 5-53　未校正系统波德图

③求滞后校正系统的传递函数。

取校正后系统的穿越频率 $\omega_c \geqslant 3$ rad/sec,根据滞后校正的原理,求滞后校正装置传递函数的 MATLAB 程序如下:

```
>> wc=3;k0=25;sum=1;den=conv([1,0],conv([0.1,1],[0.02,1]));
>> na=polyval(k0 * sum,j * wc);da=polyval(den,j * wc);
>> g=na/da;g1=abs(g);h=20 * log10(g1);beta=10^(h/20);       % 求β
>> T=1/(0.1 * wc);bt=beta * T;
>> Gc=tf([T,1],[bt,1])                          % 求校正装置的传递函数
```

程序执行后,得到滞后校正装置的传递函数为

$$G_c(s) = \frac{Ts+1}{\beta Ts+1} = \frac{3.333s+1}{26.56s+1}$$

④验证校正后系统是否满足性能要求。

在 MATLAB 命令行中输入:

```
>> sub1=[25];den1=conv([1,0],conv([0.1,1],[0.02,1]));
>> sys1=tf(sub1,den1);
>> sys=sys1 * Gc;                     % 求校正后系统的开环传递函数
>> margin(sys)                        % 绘制波德图
```

运行结果如图 5-54,从图中可知幅值裕量 $K_g = 25.4$dB,相位穿越频率 $\omega_g = 22$rad/sec,相位裕量 $\gamma = 64.8°$,幅值穿越频率 $\omega_c = 3.01$ rad/sec。满足系统的要求。

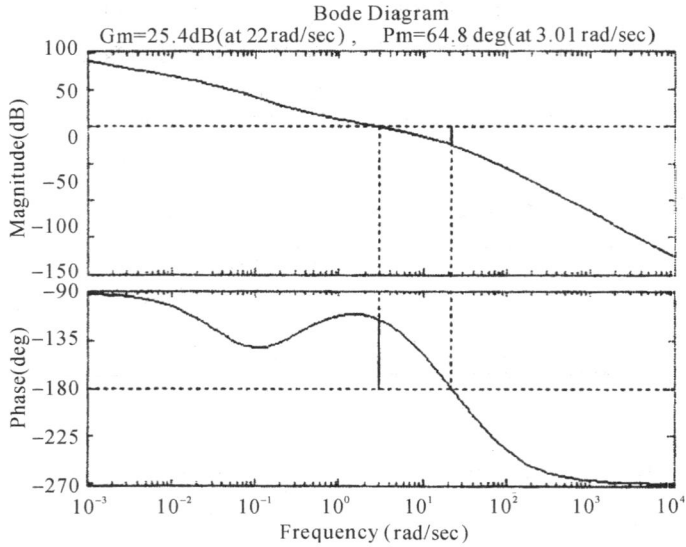

图 5-54 校正后系统的波德图

5.7.3 串联滞后—超前校正

借助于波德图对系统进行校正时,若系统动态性能和稳态性能都不满足要求,则采用串联滞后—超前校正。

例 5-12 已知单位负反馈系统的传递函数为

$$G(s) = \frac{K_0}{s(s+1)(s+3)}$$

试用波德图分析法对系统进行串联滞后—超前校正,使之满足

①系统的单位斜坡响应的速度误差系数 $K_v = 15$;

②校正后系统的相位裕量 $\gamma > 45°$;

③系统校正后的穿越频率 $\omega_c \geq 2$ rad/sec。

解 ①求 K_0。

由传递函数知系统为 1 型系统,其单位斜坡信号的静态速度误差系数为 $K_v = 15$,得 $K_0 = K_v = 15$。

②求滞后校正装置的传递函数。

根据题意,求校正后系统的穿越频率 $\omega_c = 2$ rad/sec,$\beta = 9$,求滞后校正装置的MATLAB命令如下:

```
>> clear
>> wc=2;beta=9;
>> T=1/(0.1 * wc);beta1 = beta * T;
>> Gc1=tf([T,1],[beta1,1])          % 求滞后校正装置的传递函数
```

程序执行后,滞后装置的传递函数为

$$G_{c1}(s) = \frac{Ts+1}{\beta Ts+1} = \frac{5s+1}{54s+1}$$

③求超前校正装置的传递函数。

根据滞后校正后系统的结构参数，计算超前校正装置的 MATLAB 命令如下：

den1＝conv([1,0],conv([1,1],[1,3]));sub1＝[15];

sys1＝tf(sub1,den1);wc＝2;

sys2＝sys1 * Gc1;   ％求系统加滞后装置后开环传递函数

num＝sys2.num{1};den＝sys2.den{1};

na＝polyval(num,j * wc);da＝polyval(den,j * wc);

g＝na/da;g1＝abs(g);h＝20 * log10(g1);alfa＝10^(h/10);   ％ 求 α

wm＝wc;T＝1/(wm * (alfa)^(1/2));alfa1＝alfa * T;

Gc2＝tf([T,1],[alfa1,1])   ％求超前校正装置传递函数

程序运行后，超前校正装置传递函数为

$$G_{c2}(s)=\frac{Ts+1}{\alpha Ts+1}=\frac{1.682s+1}{0.0001966s+1}$$

④验证校正后系统的性能是否满足要求。

在命令行中输入：

＞＞ sys＝sys2 * Gc2;

＞＞ margin(sys)

运行结果如图 5-55，从图中可知幅值裕量 $K_g=20.3$dB，相位穿越频率 $\omega_g=$ 8.45 rad/sec，相位裕量 $\gamma=65.9°$，幅值穿越频率 $\omega_c=2$ rad/sec。满足系统的要求。

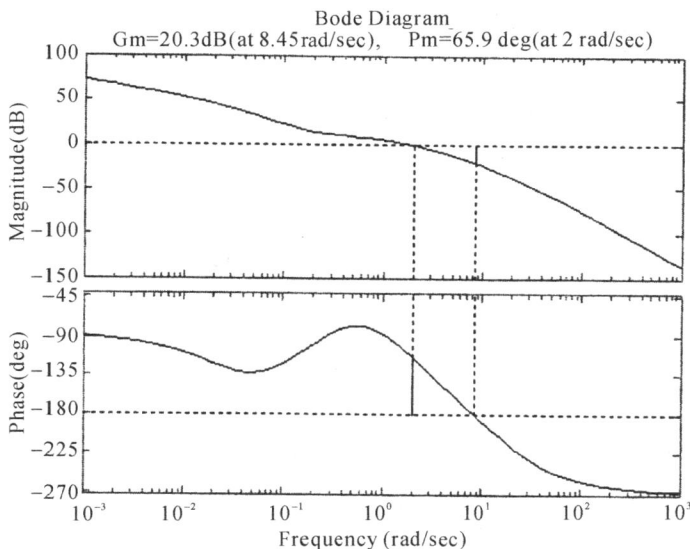

图 5-55 校正后系统的波德图

习   题

5-1 单位负反馈系统开环传递函数为 $G_0(s)=\dfrac{500K_0}{s(s+5)}$，采用串联超前校正，使校正后系统速度误差系数 $K_v=100$，相位裕量 $\gamma \geqslant 45°$。

5-2 已知单位反馈系统的开环传递函数为 $G_0(s)=\dfrac{K_0}{s(1+0.1s)(1+0.01s)}$，试设计串联校正装置，使校正

后的系统相位裕量 $\gamma \geqslant 30°$，穿越频率 $\omega_c \geqslant 45$ rad/sec，静态速度误差系数 $K_v \geqslant 100$。

5-3　已知伺服系统开环传递函数为 $G_0(s) = \dfrac{2500K_0}{s(s+25)}$，设计滞后校正装置，满足如下性能指标：

(1) 系统相位裕量 $\gamma \geqslant 45°$；

(2) 单位斜坡输入时，系统稳态误差应小于或等于 0.01。

5-4　已知单位负反馈控制系统的开环传递函数为 $G_0(s) = \dfrac{K_0}{s(0.5s+1)(0.1s+1)}$。

(1) 求能得到 $45°$ 相位裕量的增益 K_0 及相应的穿越频率 ω_c；

(2) 试设计一个超前校正装置，保证相位裕量为 $45°$，但使穿越频率提高到 $\omega_c = 3$rad/sec，同时尽可能增大增益。

5-5　一单位负反馈最小相位系统的开环对数幅频特性如题 5-5 图所示，其中虚线是未加校正的，实线是加串联校正的。

(1) 求串联校正装置的传递 $G_c(s)$ 函数；

(2) 求串联校正后，使闭环系统稳定的开环放大倍数 K 的取值范围。

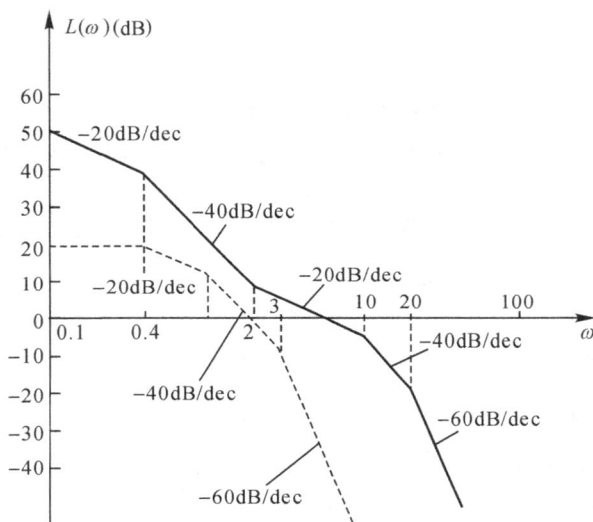

题 5-5 图

5-6　单位负反馈系统的开环传递函数为 $G_0(s) = \dfrac{10}{s(0.1s+1)(0.5s+1)}$，绘制波德图，从图中查取相位裕量和幅值裕量，当用 $G_c(s) = \dfrac{(0.23s+1)}{(0.023s+1)}$ 作串联校正，试求校正后 $\omega_c, \omega_g, \gamma, K_g$ 各是多少？

5-7　如图题 5-7 是一采用 PD 串联校正的控制系统。

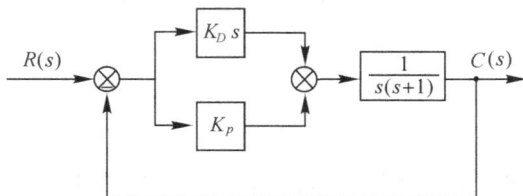

题 5-7 图

(1) 当 $K_p = 10, K_D = 1$ 时，求相位裕量；

(2)若要求该系统穿越频率 $\omega_c=5$,相位裕量 $\gamma=50°$,求 K_p 和 K_D 的值。

5-8　已知系统开环传递函数 $G_0(s)=\dfrac{K}{s(1+0.5s)(1+0.1s)}$,试设计 PID 校正装置,使得系统的静态速度误差系数 $K_v \geqslant 10$,相位裕量 $\gamma \geqslant 50°$,且幅值穿越频率 $\omega_c \geqslant 4\text{rad/sec}$。

5-9　系统的方块图如题 5-9 图所示。现通过反馈校正使系统相位裕量 $\gamma=50°$,试确定反馈校正参数 K_c。

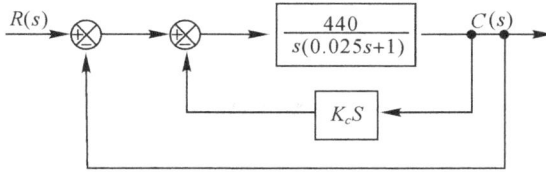

题 5-9 图

5-10　设系统方块图如题 5-10 图中实线所示。

　　(1)若由实验测得系统的阻尼比为 $\zeta=k_0$,在 $r(t)=t$ 时测得的稳态误差 $e_{ss}=k_1$($k_0>0$ 及 $k_1>0$,且为已知),试确定 K 及 a 的值;

　　(2)引入速度反馈(即微分负反馈)校正,如题 5-10 图中虚线所示,欲使系统阻尼比为原来的两倍,试确定相应的 τ 值。

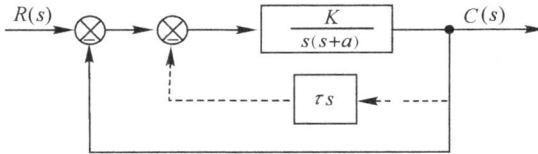

题 5-10 图

附　录

附录1　常用函数的拉普拉斯变换表

序号	原函数 $f(t)$	象函数 $F(s)$
1	$\delta(t)$	1
2	$1(t)$	$\dfrac{1}{s}$
3	t	$\dfrac{1}{s^2}$
4	$\dfrac{1}{2}t^2$	$\dfrac{1}{s^3}$
5	$\dfrac{t^{n-1}}{(n-1)!}$ $(n=1,2,3,\cdots)$	$\dfrac{1}{s^n}$
6	e^{-at}	$\dfrac{1}{s+a}$
7	$\dfrac{t^{n-1}}{(n-1)!}e^{-at}$ $(n=1,2,3,\cdots)$	$\dfrac{1}{(s+a)^n}$
8	$\sin(\omega t)$	$\dfrac{\omega}{s^2+\omega^2}$
9	$\cos(\omega t)$	$\dfrac{s}{s^2+\omega^2}$
10	$\dfrac{1}{a}(1-e^{-at})$	$\dfrac{1}{s(s+a)}$
11	$\dfrac{1}{\omega}e^{-at}\sin\omega t$	$\dfrac{1}{(s+a)^2+\omega^2}$
12	$e^{-at}\cos\omega t$	$\dfrac{s+a}{(s+a)^2+\omega^2}$
13	$\dfrac{1}{a^2}(e^{-at}+at-1)$	$\dfrac{1}{s^2(s+a)}$
14	$\sin\omega t-\omega t\cos\omega t$	$\dfrac{2\omega^3}{(s^2+\omega^2)^2}$
15	$\dfrac{1}{2\omega}t\sin\omega t$	$\dfrac{s}{(s^2+\omega^2)^2}$

附录 2　MATLAB 基础知识

MATLAB 是一种基于矩阵的数学与工程计算软件。在国内外的大学里，MATLAB 已经成为线性代数、自动控制理论、概率论与数理统计、数字信号处理、时间序列分析、动态系统仿真等高级课程的基本教学工具。可以说要想真正学会控制工程，就必须掌握 MATLAB。下面以 MATLAB 6.5 为例对该软件进行介绍。

一、MATLAB 简介

1. MATLAB 环境介绍

安装完 MATLAB 后，双击 MATLAB 的快捷方式，即可启动 MATLAB，其工作界面如图 1 所示。

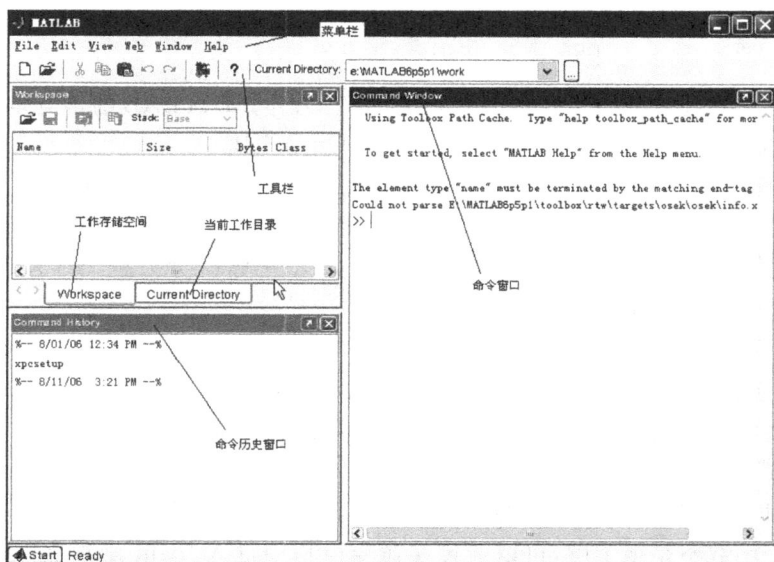

图 1　MATLAB 工作界面

MATLAB 的菜单栏和工具栏同通常的 Windows 软件一样，通过选择后单击执行相应的操作，工作存储空间存储的是程序或命令中所有的变量和常量，可以通过单击进行察看，当前工作目录是当前 MATLAB 文件的存储目录，命令历史窗口显示的是以前执行的命令，命令窗口是用户与 MATLAB 软件交互的重要界面，可以通过在命令窗口中输入命令来执行相应的操作。

2. MATLAB 程序设计基础

MATLAB 实际上是一种以矩阵和数组为基本单位的编程语言,具有结构化和面向对象的特点。MATLAB 编程中所有的数据都是以矩阵形式来存储的,因此,在学习 MATLAB 前首先必须了解其对矩阵的操作过程。

（1）矩阵

矩阵的表现形式如同数组,矩阵的输入以[   ]作为分界标志,同一行之间以空格或逗号分隔,行与行之间以分号或回车符分隔。例如在 MATLAB 命令窗口中可以输入以下内容来建立一个矩阵:

$$A=[1\ 2\ 3;4\ 5\ 6;7\ 8\ 9]$$

或　　　　　　　$A=[1,2,3$

$$4,5,6$$
$$7,8,9]$$

按〈Enter〉键,MATLAB 命令窗口将显示如下结果:

```
A =
     1      2      3
     4      5      6
     7      8      9
```

在矩阵 A 中,A(i,j)表示第 i 行第 j 列的元素。另外,MATLAB 的常见矩阵运算如下:

①矩阵加减:符号为"+","−",如 C=A−B,C=A+B。

②矩阵相乘:符号为"＊",如 C=A＊B,注意 A 和 B 必须满足维数匹配。

③矩阵点乘:符号为"·",如 C=A·B,表示维数相同的 2 个矩阵对应元素相乘。

④矩阵相除:符号为"\"(左除)或"/"(右除),如 X=A\B/为方程 A＊X=B 的解,X=A/B 为方程 X＊B=A 的解。

⑤矩阵转置:符号为"′",如 B=A′,表示 B 为 A 的转置矩阵。

⑥矩阵求逆(inv):B=inv(A),表示 B 为 A 的逆矩阵。

⑦矩阵求特征根(eig):B=eig(A),表示 B 为 A 的特征根向量数组。

（2）多项式

在控制工程的运算中,多项式的运算非常多,MATLAB 提供了很多多项式运算函数。另外,如对某个函数不是很了解,可以通过在命令窗口中键入"help 函数名"来获取函数的帮助文档。

在 MATLAB 中,多项式是用一个向量来进行表示的。如

$$G(s)=s^5+2s^4+s^2+3$$

可以用命令直接在命令窗口中生成

$$G=[1,2,0,1,0,3]$$

常见的多项式函数如表 1 所示。

表1　常见多项式函数

函数名	作　用
roots	多项式求根
poly	用根构造多项式
polyval	求当多项式的未知数为特定值时多项式的值
residue	多项式的部分分式展开
conv	多项式乘积
deconv	多项式除法

例1　多项式运算。

```
>> a=[1 2 1];b=[4,5];
>> c=roots(a)        % 求方程 x² +2x+1=0 的根
c =
    -1
    -1
>> c=poly(b)         % 求根为 4,5 时对应得多项式,c 为对应的多项式系数向量
c =
    1    -9    20
>> c=polyval(a,2)          % 求当 x=2 时的值
c =
    9
>> [r, p, k]=residue(b, a)
```

$$\frac{b(s)}{a(s)} = \frac{r(1)}{s-p(1)} + \frac{r(2)}{s-p(2)} + \cdots + k(s)$$

```
r =
    4
    1
p =
    -1
    -1
k =
    [ ]
>> c=conv(a,b)          % 求 (x² +2x+1)(4x+5)
c =
    4    13    14    5
>> [q, r]=deconv(a, b)          % 其中 q 为商,r 为余数
q =
    0.2500    0.1875
r =
    0    0    0.0625
```

（3）表达式

MATLAB 中数学表达式通常由变量、数值、运算符合数学基本函数组成。

①变量：MATLAB 中不需要对变量的类型和大小进行预定义。遇到一个新变量时,会

自动建立一个新变量,并分配存储单元。但是注意不能和系统保留的函数名冲突。变量的命名规则:以字母开头,后面可以跟任意的字母、数字和下划线,有效长度为 31,区分大小写。

②数值:采用十进制,可以带小数点和正负号。用字母 e 表示十的幂。复数的虚部可以用 i 或者 j 表示。

③运算:表达式由左到右执行;乘方具有最高优先级;乘法和除法具有相同的次优先级;加法和减法具有相同的最低优先级;括号可改变优先顺序,括号由内向外执行。

④函数:MATLAB 提供大量基本的数学函数,如 abs,sin,cos,exp 等。

(4) 运算结果的图形表示

在 MATLAB 中,可以很方便的用 plot 函数绘制关系图形和曲线。

①plot(X,Y):绘制 X-Y 图,X、Y 必须是同维向量。

②plot(Y):若 Y 为实数向量,Y 的维数为 m,则 plot(Y)等价于 plot(X,Y),其中 x=1:m。

③plot(X1,Y1,X2,Y2,…):其中 Xi 与 Yi 成对出现,plot(X1,Y1,X2,Y2,…)将分别按顺序取两数据 Xi 与 Yi 进行画图。也可以用 hold on/off 指令来锁定/解除当前的图形,锁定后接连绘制的图形都在一个图上。

④grid on/off:在图上画小方格或去掉小方格。

⑤plot(X,Y,'图形类型'):绘制制定图形类型的图。MATLAB 提供的线和点的类型及对应的标志符如表 2 所示。

表 2

线的类型	标志符	点的类型	标志符
实线	—	圆点	.
虚线	:	星号	*
短画线	— —	加号	+
点画线	_.	圆圈	∘
		×号	×

⑥plot(X,Y,'颜色类型'):绘制制定图形颜色的图。MATLAB 提供的图形颜色及对应的标志符表 3 所示。

表 3

颜色	红色	绿色	蓝色	白色	无色
标志符	r	g	b	w	i

例 2 绘制振荡衰减曲线 $y = e^{-\frac{t}{4}}\cos 4t$(实线,蓝色)和其包络线(虚线,红色),加网格线。t 的取值范围是 $[0, 4\pi]$。

解 MATLAB 程序如下:

```
t=0:pi/100:4*pi;          %自变量 t 取值范围[0,4π],每隔 π/100 取一点
y=exp(-t/4).*cos(4*t);    %定义振荡衰减曲线数组
y1= exp(-t/4);            %定义包络线数组
```

```
plot(t,y,'-b');                    %绘制指定线型和颜色的振荡衰减曲线
hold on;                           %锁定图形
plot(t,y1,': r', t,-y1,': r');     %绘制指定线型和颜色的包络线
grid on;                           %画网格
```

运行结果图形如图 2 所示。

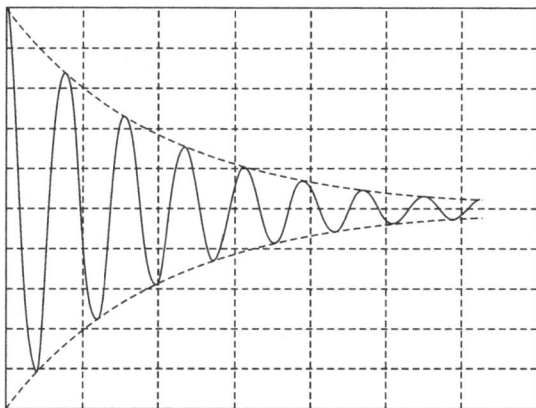

图 2　振荡衰减曲线与包络线

二、MATLAB 中控制系统常用函数

1. MATLAB 中数学模型表示

（1）传递函数模型

设传递函数为　　$G(s)=\dfrac{a_1 s^m+a_2 s^{m-1}+\cdots+a_m}{b_1 s^n+b_2 s^{n-1}+\cdots+b_n}=\dfrac{K(s-z_1)\cdots(s-z_m)}{(s-p_1)\cdots(s-p_n)}$　　$(m\leqslant n)$

在 MATLAB 中,可以直接用分子和分母的系数向量来表示,即令

$$\text{num}=[a_1,a_2,\cdots,a_m]$$
$$\text{den}=[b_1,b_2,\cdots,b_n]$$

则传递函数模型可表示为

$$\text{sys}=\text{tf(num,den)}$$

（2）零极点增益模型

在 MATLAB 中,也可用$[z,p,k]$矢量组来表示数学模型

$$z=[z_1,z_2,\cdots,z_m]\qquad z\text{ 为所有零点的集合}$$
$$p=[p_1,p_2,\cdots,p_n]\qquad p\text{ 为所有极点的集合}$$
$$k;\qquad\qquad\qquad k\text{ 为增益}$$

则零极点增益模型可表示为

$$\text{sys}=\text{zpk}(z,p,k)。$$

（3）方块图模型

当数学模型用方块图表示时,可以用 Simulink 直接构造(详见下文),同时也可以用串联、并联和反馈命令进行化简得到。

设控制系统的两个环节数学模型分别为 sys1 和 sys2,则

2 个环节串联:sys＝series(sys1,sys2);

2 个环节并联:sys＝parallel(sys1,sys2);

2 个环节反馈:sys＝feedback(sys1,sys2,－1)

其中,sys2 为反馈环节,－1 表示负反馈,正反馈可用 1 表示。

(4) 模型间的转换

传递函数模型→零极点增益模型:

$$[z,p,k]＝\text{tf2zp}(\text{num},\text{den})$$

零极点增益模型→传递函数模型:

$$[\text{num},\text{den}]＝\text{zp2tf}(z,p,k)$$

(5) 二阶系统

二阶系统是古典控制理论中最常见的分析对象,设二阶系统

$$G(s)＝\frac{1}{s^2＋2\zeta\omega_n s＋\omega_n^2}$$

$[\text{num},\text{den}]＝\text{ord2}(\omega_n,\zeta)$:已知无阻尼自振频率和阻尼系数得到传递函数;

$[\omega_n,\zeta,p]＝\text{damp}(\text{den})$:已知特征多项式,求取系统的特征根、阻尼系数和无阻尼自振频率。

2. 连续系统的时序响应

(1) 连续系统的单位阶跃响应

①step(sys):得到一组单位阶跃响应曲线,时间长度由系统自动给定。

②step(sys,t):得到一组单位阶跃响应曲线,时间长度由向量 t 确定,如 t＝0:0.1:20,表示从零时刻开始,每隔 0.1sec 取一点,直到 20sec。

其中 sys 表示了一个控制系统的数学模型,比如可用传递函数的数学模型来代替,即 step(num, den, t)。

(2) 连续系统的单位脉冲响应

①impulse(sys):得到一组单位脉冲响应曲线,时间长度由系统自动给定。

②impulse(sys,t):得到一组单位脉冲响应曲线,时间长度由向量 t 确定,如 t＝0:0.1:20,表示从零时刻开始,每隔 0.1sec 取一点,直到 20sec。

其中 sys 表示了一个控制系统的数学模型,比如可用传递函数的数学模型来代替,即 impulse (num, den, t)。

(3) 任意输入的连续系统响应

lsim(sys, u, t):得到一组任意输入的连续系统响应曲线。其中 u 表示任意输入;时间长度由向量 t 确定,如 t＝0:0.1:20,表示从零时刻开始,每隔 0.1sec 取一点,直到 20sec;sys 表示了一个控制系统的数学模型,比如可用传递函数的数学模型来代替,即 lism (num, den, u,t)。

3. 连续系统的频率响应

（1）连续系统的频率响应 Bode 图

①bode(sys)：绘制系统的 Bode 图，角频率 ω 由系统自动给定，当 sys 为传递函数模型时，可写为 bode(num, den)。

②bode(sys,ω)：绘制系统的 Bode 图，角频率 ω 由人工给定（由对数等分函数 logspace 给出），当 sys 为传递函数模型时，可写为 bode(num, den, ω)。

③[mag, phase, ω]=bode(sys,ω)：返回变量格式，计算出 ω 对应的幅值 mag 和相位 phase，不作图，当 sys 为传递函数模型时，可写为

$$[mag, phase, ω]=bode(num, den, ω)$$

④logspace(d1,d2,n)：在 $10^{d1} \sim 10^{d2}$ 产生 n 个在对数上相等距离的点，如在0.1rad/sec 和 100rad/sec 之间产生 100 个点，则在命令窗口中输入

$$ω=logspace(-1,10,100)$$

（2）连续系统的频率响应 nyquist 曲线

①nyquist(sys)：绘制系统的 nyquist 图，角频率 ω 由系统自动给定，当 sys 为传递函数模型时，可写为 nyquist (num, den)。

②nyquist (sys,ω)：绘制系统的 nyquist 图，角频率 ω 由人工给定（如 t=0:0.1:10），当 sys 为传递函数模型时，可写为 nyquist (num, den, ω)。

③[re,img,ω]= nyquist(sys, ω)：返回变量格式，计算出 ω 对应的实部 re 和虚步 img，不作图，当 sys 为传递函数模型时，可写为

$$[re,img,ω]= nyquist (num, den, ω)$$

（3）求开环系统的幅值裕度和相角裕度

①margin(sys)：绘制系统的 Bode 图，幅值裕度和相位裕度在图中会标志出来，当 sys 为传递函数模型时，可写为 margin (num, den)。

②margin(mag, phase, ω)：由幅值和相角绘制 Bode 图，mag, phase, ω 均由 bode 函数得到。

③[gm,pm, ωcg, ωcp]= margin (sys)：不绘制 Bode 图，计算幅值裕度 gm（以分贝表示的幅值裕度 gm_db=20log10(gm)）、相位裕度 pm、幅值穿越频率 ωcg 和相角穿越频率 ωcp，当 sys 为传递函数模型时，可写为

$$[gm,pm, ωcg, ωcp]= margin (num, den)$$

上述提到的函数在相应的章节中有具体的例子。

三、Simulink 工具箱简介

Simulink 是 MATLAB 环境下建立系统控制框图和可视化动态环境仿真的环境，对于复杂系统可以通过模块化和图形化的方法构建。同时 Simulink 集成了多种学科的工具箱，应用非常广泛。这里主要介绍与控制系统相关的基本应用。

Simulink 的启动可以通过在 MATLAB 的命令窗口中键入"Simulink"指令或者在 MATLAB 的工具栏中单击 ，Simulink 的模块库浏览器界面如图 3 所示。单击浏览器界

面上的 ☐（新建）工具按钮，就会出现 Simulink 的仿真编辑窗口，如图 4 所示。

图 3　Simulink 的模块库浏览器界面

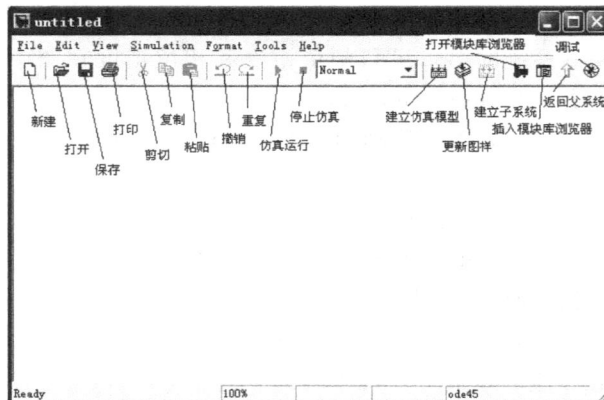

图 4　Simulink 的仿真编辑窗口

1. simulink 库

用 Simulink 来构建仿真系统实际上就是在编辑窗口中添加各种模块并设置其参数，最后仿真运行。

如图 3 中的 Simulink 基本模块，共有 13 个模块，下面就一些线性系统中常用的模块进行介绍。

（1）连续(Continuous)模块组

在如图 3 所示的 Simulink 基本模块中选择 Continuous,在右侧的列表框中就会出现如图 5 所示的连续模块组。在线性时不变系统中,常用的是传递函数模型、输入信号的连续时间积分和零极点模型。

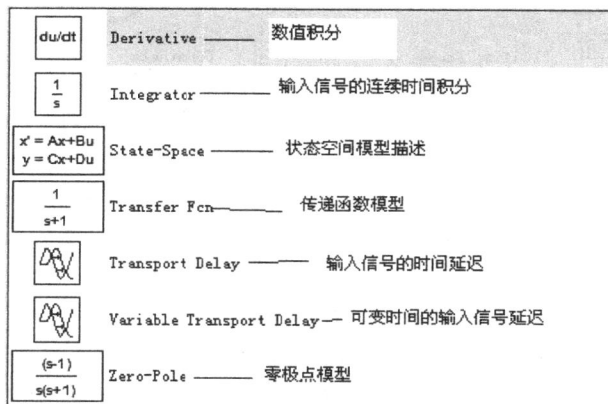

图 5　连续模块组

（2）数学运算(Math Operations)模块组

在如图 3 所示的 Simulink 基本模块中选择 Math Operations,在右侧的列表框中就会出现如图 6 所示的数学运算模块组。在线性时不变系统中,常用的模块已在图上标出。

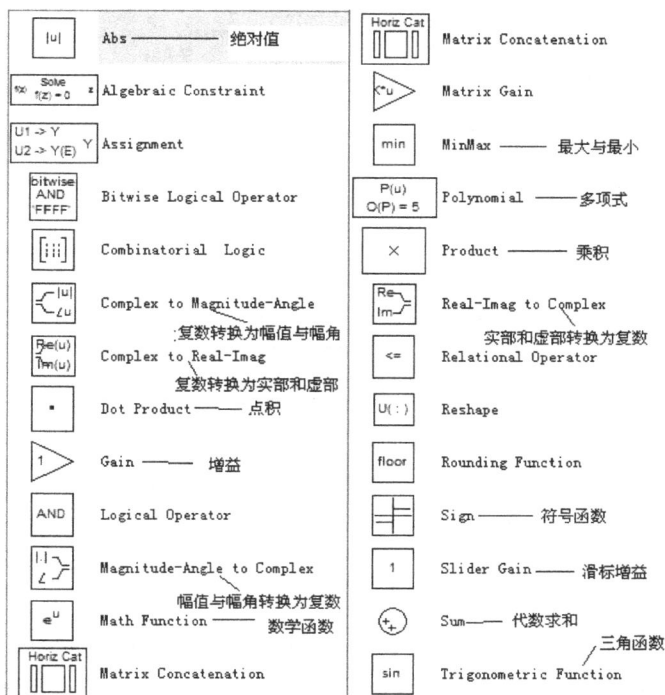

图 6　数学运算模块组

（3）接受器（Sinks）模块组

在如图 3 所示的 Simulink 基本模块中选择 Sinks，在右侧的列表框中就会出现如图 7 所示的接受器模块组。在线性时不变系统中，常用的模块已在图上标出。

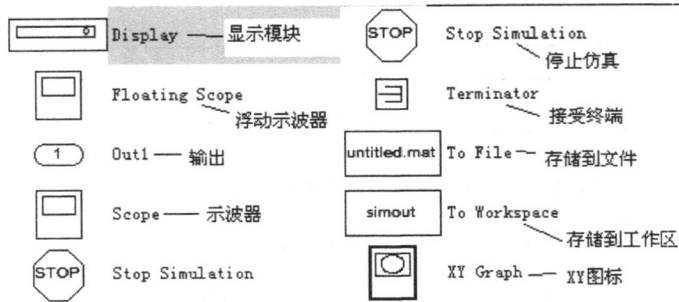

图 7　接受器模块组

（4）端口和子系统（Ports & Subsystems）模块组

在如图 3 所示的 Simulink 基本模块中选择 Ports & Subsystems，在右侧的列表框中就会出现如图 8 所示的端口和子系统模块组。在线性时不变系统中，常用的模块已在图上标出。

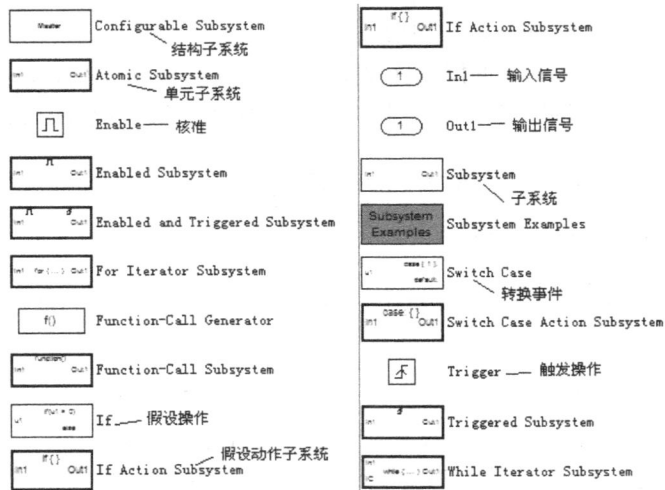

图 8　端口和子系统模块组

（5）信号源（Sources）模块组

在如图 3 所示的 Simulink 基本模块中选择 Sources，在右侧的列表框中就会出现如图 9 所示的信号源模块组。在线性时不变系统中，常用的模块已在图上标出。

2. Simulink 建模

Simulink 的建模一般分三步进行：通过各种模块组合建立仿真模型；设置各种模块参数及仿真参数；运行及结果分析。在系统设计时，还要根据运行结果不断调整参数，直到满足要求。下面将以一个例子来简单说明 Simulink 建模仿真过程。

例 3　某机床的调速控制系统如图 10 所示。$K_c = 0.1\text{V}/(\text{r}/\text{min})$，求输入信号在单位

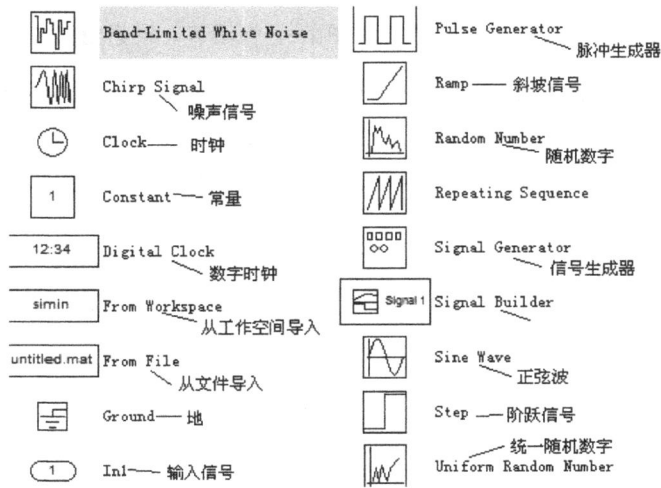

图 9　信号源模块组

阶跃输入下的稳态误差,并得到输出波形。

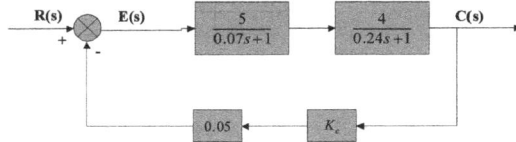

图 10　系统方块图

①模型建立

在解题时,第一步要做的就是 Simulink 的仿真编辑窗口建立模型。

(a) 新建一个仿真编辑窗口,在仿真浏览器中选择"Simulink"→"Continuous"→"Transfer Fcn"模块,按住鼠标左键,拖遥至仿真编辑窗口,双击"Transfer Fcn"模块,弹出

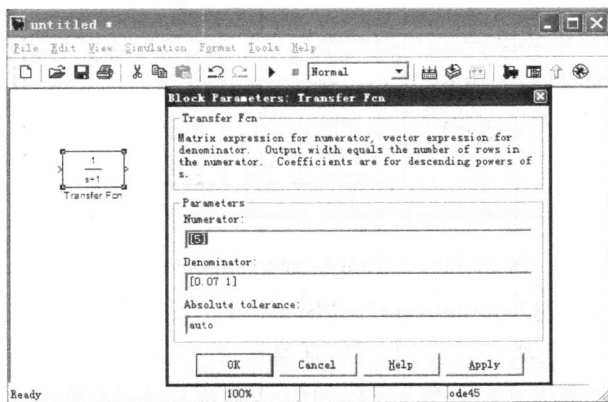

图 11　传递函数模块属性修改

属性窗口,并照图 11 修改其属性。其"Parameters"下的"Numerator"表示的是传递函数的分子多项式系数,"Denominator"表示的是分母多项式。修改后单击"OK",Transfer Fcn 模

块变成 $\boxed{\dfrac{5}{0.07s+1}}$，这样就建立了例题中方块图的一个环节。同理建立 $\dfrac{4}{0.24s+1}$ 环节。

（b）在仿真浏览器中选择"Simulink"→"Math Operations"→"Slider Gain"模块，按住鼠标左键，拖拽至仿真编辑窗口，如下图 12 所示，双击并修改其属性为"0.05"。同样选择"Simulink"→"Math Operations"→"Gain"模块，拖拽至仿真编辑窗口，双击修改其属性为"0.1"。

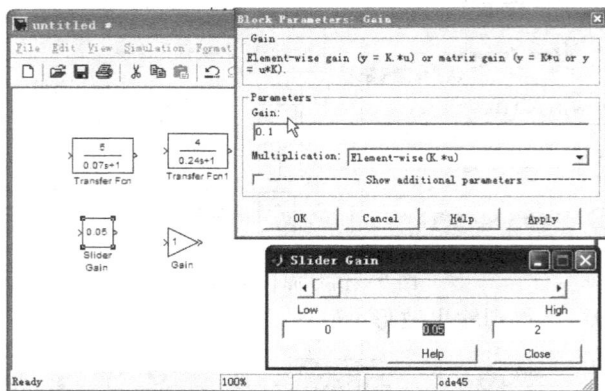

图 12　滑标增益和增益属性修改

（c）在仿真浏览器中选择"Simulink"→"Signal Routing"→"Bus Creator"模块，"Simulink"→"Math Operations"→"Sum"模块，并在"List of signs"中修改成"＋－"，如图 13 所示。

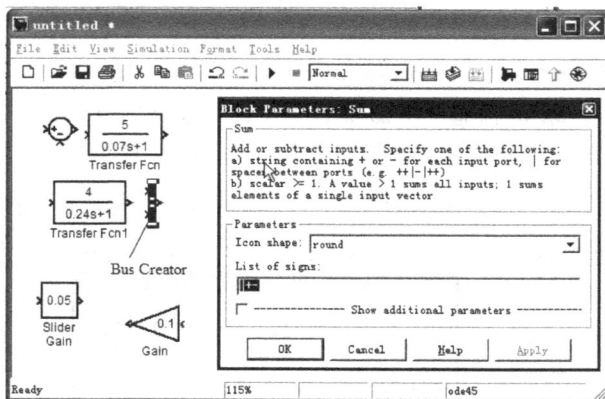

图 13　Bus Creator 模块和 Sum 模块建立

（d）在仿真浏览器中选择"Simulink"→"Source"→"Step"模块，"Simulink"→"Sink"→"Display"模块和"Scope"模块，并均拖拽至仿真编辑窗口，最后如图 14 所示。

（e）通过鼠标进行模块间的连线，最后的仿真系统如图 15 所示。两个模块进行连线时，可以通过按住〈Ctrl〉键不放，再左键选中要联线的两个模块即可。

（2）仿真参数设置

建立好仿真模型后，就开始设置仿真参数，选中菜单的"Simulation"→"Simulation Parameters"项，弹出如图 16 所示的仿真参数设置窗口，有多个选项，这里只简单介绍 Solver

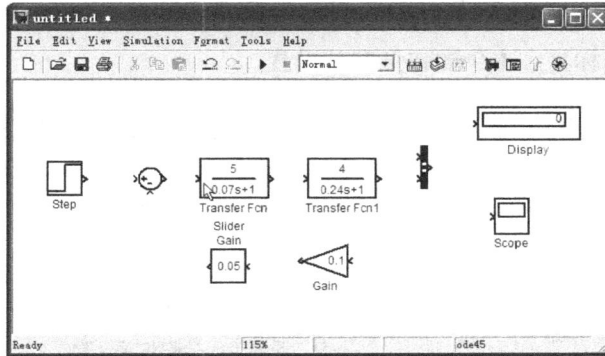

图 14 仿真器编辑窗口

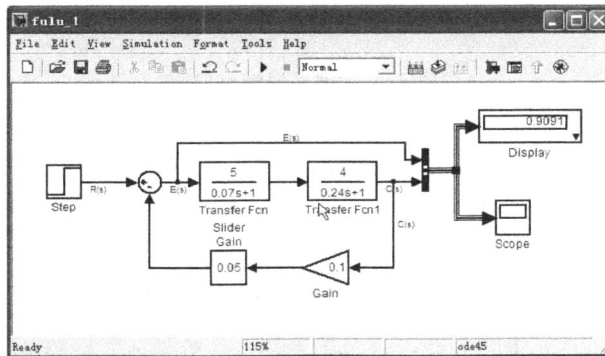

图 15 仿真系统模型框图

项。本例题按照默认设置。

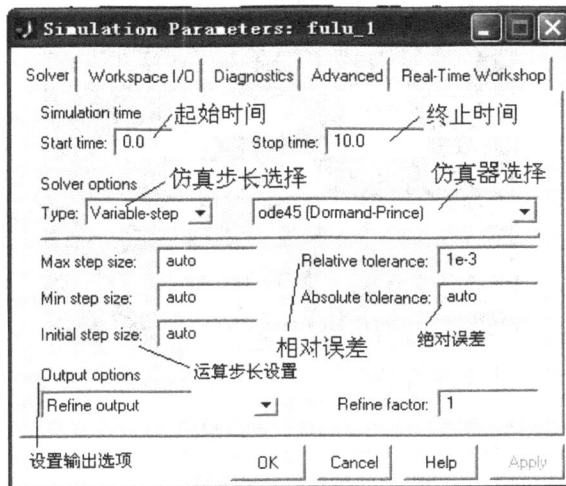

图 16 仿真参数设置窗口

为了观察方便,可以对示波器(Scope)进行设置,双击仿真模型中的示波器,在弹出的示波器显示界面中单击工具栏上的 图标，弹出示波器属性窗口如图 17 所示，有"General"和"Data history"两个标签。本例题按照默认设置。

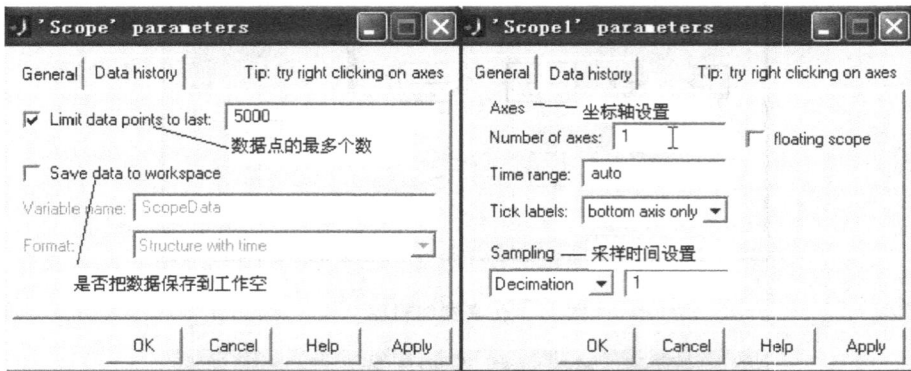

图 17 示波器属性设置

（3）运行及结果分析

在设置完参数后，单击仿真编辑窗口中工具栏上 ▶ 的按钮，运行结束后。可以看出双击示波器（Scope）图标，可以得出仿真的结果如图 18 所示，仿真误差由 Display 模块

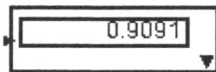

可以看出为 0.9091。从输出可以得出系统是稳定的。

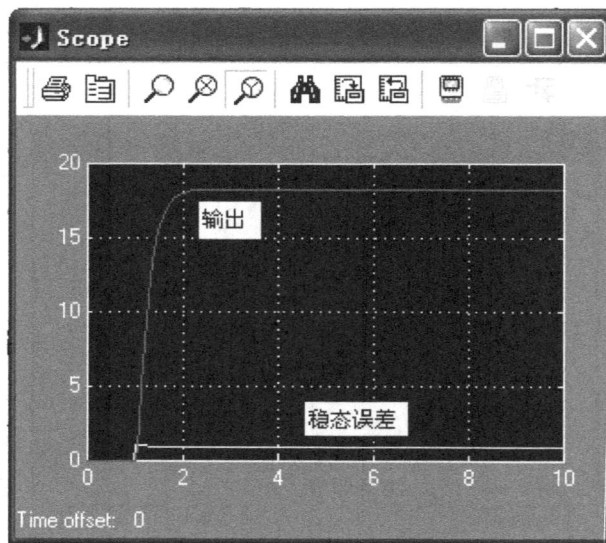

图 18 仿真后示波器输出

这里只是简单介绍了 MATLAB 的一些基本知识和 Simulink 的一些基本模块和应用。有兴趣的同学可以参考 MATLAB 的书籍来得到更全面的知识。

参考答案

第 1 章

1-1 至 1-6 题:略

1-7

(1)非线性、变系数

(2)线性、常系数

(3)线性、变系数

(4)线性、常系数

(5)非线性、常系数

第 2 章

2-1

(a) $\dfrac{\mathrm{d}^2 y(t)}{\mathrm{d}t^2} + \dfrac{\mu}{m}\dfrac{\mathrm{d}y(t)}{\mathrm{d}t} + \dfrac{k}{m}y(t) = \dfrac{1}{m}f(t)$

(b) $\dfrac{\mathrm{d}y(t)}{\mathrm{d}t} + \dfrac{k_1 k_2}{\mu(k_1 + k_2)}y(t) = \dfrac{k_1}{k_1 + k_2}\dfrac{\mathrm{d}x(t)}{\mathrm{d}t}$

(c) $\dfrac{\mathrm{d}u_c(t)}{\mathrm{d}t} + \dfrac{R_1 + R_2}{CR_1 R_2}u_c(t) = \dfrac{\mathrm{d}u_r(t)}{\mathrm{d}t} + \dfrac{1}{CR_1}u_r(t)$

(d) $\dfrac{\mathrm{d}^2 u_c(t)}{\mathrm{d}t^2} + \dfrac{3}{CR}\dfrac{\mathrm{d}u_c(t)}{\mathrm{d}t} + \dfrac{1}{C^2 R^2}u_c(t) = \dfrac{\mathrm{d}^2 u_r(t)}{\mathrm{d}t^2} + \dfrac{2}{CR}\dfrac{\mathrm{d}u_r(t)}{\mathrm{d}t} + \dfrac{1}{C^2 R^2}u_r(t)$

2-2

(a) $\dfrac{Y(s)}{X(s)} = \dfrac{\dfrac{\mu_1 \mu_2}{k_1 k_2}s^2 + (\dfrac{\mu_1}{k_1} + \dfrac{\mu_2}{k_2})s + 1}{\dfrac{\mu_1 \mu_2}{k_1 k_2}s^2 + (\dfrac{\mu_1}{k_1} + \dfrac{\mu_2}{k_2} + \dfrac{\mu_1}{k_2})s + 1}$

(b) $\dfrac{U_c(s)}{U_r(s)} = \dfrac{R_1 R_2 C_1 C_2 s^2 + (R_1 C_1 + R_2 C)s + 1}{R_1 R_2 C_1 C_2 s^2 + (R_1 C_1 + R_2 C_2 + R_1 C_2)s + 1}$

所以,两个系统是相似的

2-3

(a) $F(s) = \dfrac{1}{s} + \dfrac{4}{s^2} + \dfrac{2}{s^3}$

(b) $F(s) = \dfrac{s+4}{s^2 + 16}$

(c) $F(s) = \dfrac{3!}{s^4} + \dfrac{1}{s-4}$

(d) $F(s) = \dfrac{n!}{(s-a)^{n+1}}$

(e) $F(s) = e^{-(s-2)} \cdot \dfrac{2}{(s-2)^3}$

2-4

(a) $X(s) = \dfrac{2}{s} + \dfrac{1}{s^2} e^{-t_0 s}$

(b) $X(s) = \dfrac{1}{s} \left[a + (b-a)e^{-t_1 s} - (b-c)e^{-t_2 s} - ce^{-t_3 s} \right]$

(c) $X(s) = \dfrac{4}{T^2 s^2} (1 - 2e^{\frac{-T}{2}s} + e^{-Ts})$

2-5

(a) $f(t) = 2e^{-3t} - e^{-2t}$

(b) $f(t) = 1 + \cos t - 5\sin t$

(c) $f(t) = \dfrac{1}{2} + \dfrac{1}{2} e^{-t}(\sin t - \cos t)$

(d) $f(t) = e^{t-1}$

(e) $f(t) = \dfrac{-t^2}{4} e^{-2t} + \dfrac{t}{4} e^{-2t} - \dfrac{3}{8} e^{-2t} + \dfrac{1}{3} e^{-3t} + \dfrac{1}{24}$

2-6 $\quad G(s) = \dfrac{C(s)}{R(s)} = \dfrac{3s+2}{(s+1)(s+2)}$

2-7 $\quad c(t) = 1 - 2e^{-t} + e^{-2t}$

2-8 $\quad c(t) = 1 - 3e^{-2t} + 2e^{-3t}$

2-9

(a) $\dfrac{U_c(s)}{U_r(s)} = -\dfrac{R_2}{R_1}$

(b) $\dfrac{U_c(s)}{U_r(s)} = -\dfrac{(1+R_1 C_1 s)(1+R_2 C_2 s)}{R_1 C_2 s}$

(c) $\dfrac{U_c(s)}{U_r(s)} = -\dfrac{R_2}{R_1(1+R_2 Cs)}$

2-10

$$\dfrac{Q_c(s)}{Q_r(s)} = \dfrac{0.7(s+0.6)}{s^3 + (0.9+0.7K)s^2 + (1.18+0.42K)s + 0.68}$$

2-11

$$\dfrac{C(s)}{R(s)} = \dfrac{G_1 G_2 G_3 G_4}{1 + G_2 G_3 G_6 + G_3 G_4 G_5 + G_1 G_2 G_3 G_4 G_7 - G_1 G_2 G_3 G_4 G_8}$$

2-12

$$c(t) = L^{-1}\left[\dfrac{2}{s} - \dfrac{3}{s+1} + \dfrac{1}{s+3} \right] = 2 - 3e^{-t} + e^{-3t}$$

2-13

(a) $\dfrac{C(s)}{R(s)} = \dfrac{G_1 - G_2}{1 - G_2 H}$

(b) $\dfrac{C(s)}{R(s)} = \dfrac{G_1 G_2 G_3}{1 + G_1 G_2 + G_2 G_3 + G_1 G_2 G_3}$

(c) $\dfrac{C(s)}{R(s)} = \dfrac{G_1 G_2 G_3 + G_1 G_4}{1 + G_1 G_2 H_1 + G_2 G_3 H_2 + G_1 G_2 G_3 + G_1 G_4 + G_4 H_2}$

(d) $\dfrac{C(s)}{R(s)} = G_4 + \dfrac{G_1 G_2 G_3}{1 + G_1 G_2 H_1 + G_2 H_1 + G_2 G_3 H_2}$

2-14

(a) $\dfrac{C(s)}{R(s)} = \dfrac{G_1 - G_2}{1 - G_2 H}$

(b) $\dfrac{C(s)}{R(s)} = \dfrac{G_1 G_2 G_3}{1 + G_1 G_2 + G_2 G_3 + G_1 G_2 G_3}$

(c) $\dfrac{C(s)}{R(s)} = \dfrac{G_1 G_2 G_3 + G_1 G_4}{1 + G_1 G_2 H_1 + G_2 G_3 H_2 + G_1 G_2 G_3 + G_1 G_4 + G_4 H_2}$

(d) $\dfrac{C(s)}{R(s)} = G_4 + \dfrac{G_1 G_2 G_3}{1 + G_1 G_2 H_1 + G_2 H_1 + G_2 G_3 H_2}$

2-15

(a) $\dfrac{C(s)}{R(s)} = \dfrac{G_1 G_2 G_3 G_4}{1 - G_2 G_3 H_1 + G_1 G_2 G_3 H_3 - G_1 G_2 G_3 G_4 H_4 + G_3 G_4 H_2}$

(b) $\dfrac{C(s)}{R(s)} = \dfrac{G_1 G_2 G_3 + G_3 G_4 (1 + G_1 H_1)}{1 + G_1 H_1 - C_3 H_3 + G_1 G_2 G_3 H_1 H_2 H_3 - G_1 H_1 G_3 H_3}$

(c) $\dfrac{C(s)}{R(s)} = \dfrac{2 G_1 G_2 - G_1 + G_2}{1 - G_1 + G_2 + 3 G_1 G_2}$

(d) $\dfrac{C(s)}{R(s)} = \dfrac{G_1 G_2 + G_3}{1 + G_2 H_1 + G_1 G_2 H_2 + G_1 G_2 + G_3 - G_3 H_1 G_2 H_2}$

(e) $\dfrac{C(s)}{R(s)} = \dfrac{G_1 G_2 G_3 - G_4 G_3 (1 + G_1 G_2 H_1)}{1 + G_1 G_2 H_1 + G_3 H_2 + G_2 H_3 + G_1 G_2 G_3 H_1 H_2}$

2-16

(a) $\dfrac{C(s)}{R(s)} = \dfrac{G_1 G_2 + G_1 G_3 (1 + G_2 H)}{1 + G_2 H + G_1 G_2 + G_1 G_3 + G_1 G_2 G_3 H}$

$\dfrac{C(s)}{N(s)} = \dfrac{-1 - G_2 H + G_4 G_1 G_2 + G_4 G_1 G_3 (1 + G_2 H)}{1 + G_2 H + G_1 G_2 + G_1 G_3 + G_1 G_2 G_3 H}$

(b) $\dfrac{C(s)}{R(s)} = \dfrac{Ks}{(2K+1)s + 2(K+1)}$

$\dfrac{C(s)}{N_1(s)} = \dfrac{s(s+2)}{(2K+1)s + 2(K+1)}$

$\dfrac{C(s)}{N_2(s)} = \dfrac{-2K}{(2K+1)s + 2(K+1)}$

(c) $\dfrac{C(s)}{R(s)} = \dfrac{G_2 G_4 + G_3 G_4 + G_1 G_2 G_4}{1 + G_2 G_4 + G_3 G_4}$

$\dfrac{C(s)}{N(s)} = \dfrac{G_4}{1 + G_2 G_4 + G_3 G_4}$

第 3 章

3-1　$c(t) = \dfrac{K}{K+1}\left(1 - e^{-\frac{K+1}{T}t}\right)$

3-2　$T = 0.25\,\text{min}; e_{ss} = 2.5\,℃$

3-3　$t_s = 0.3\,\text{s}; K_2 = 0.3$

3-4　$c(t) = 1 + \dfrac{1}{3}e^{-4t} - \dfrac{4}{3}e^{-t}$

3-5　$\zeta = 0.627; \omega_n = 4.031\,\text{rad/s}$

3-6　$(1)\, c(t) = 1 - 1.15 e^{-0.5t} \sin(0.866t + 1.047)$

$t_r = 2.42\,\text{sec}; t_p = 3.63\,\text{sec}; t_s = \begin{cases} 6\,\text{sec}\ (\Delta = 5\%) \\ 8\,\text{sec}\ (\Delta = 2\%) \end{cases}; \sigma\% = 16\%$

$(2)\, c(t) = 1.15 e^{-0.5t} \sin 0.866 t$

3-7　略

3-8　　$\zeta = 0.456; \omega_n = 17.65 \text{rad/s}$

3-9　　$K \geqslant 19.24; b \leqslant 0.208$

3-10　$t_p = 1.963 \text{sec}; t_s = \begin{cases} 2.5 \text{sec} \ (\Delta = 5\%) \\ 3.33 \text{sec} \ (\Delta = 2\%) \end{cases}; \sigma\% = 9.5\%$

3-11　存在主导极点 $s_{1,2} = -0.2 \pm j0.5$

3-12　(1)不稳定;(2)不稳定;(3)不稳定;(4)不稳定

3-13　使系统稳定的 a, b 的取值范围是 $a > 0$ 及 $b > 1$

3-14　(1)稳定;(2)稳定

3-15　(a)稳定;(b)稳定

3-16　(a)$0 < K < 2$;(b)$K > 0$;(c)$0 < K < 14$

3-17　$0 < K < 54$

3-18　$\dfrac{5}{9} < K < \dfrac{14}{9}$(提示:令 $s = z - 1$)

3-19　$125 \leqslant K < 150$

3-20　(1)$e_{ss} = \dfrac{1}{2}, \infty, \infty$　　$K_p = 1, K_v = 0, K_a = 0$

　　　　(2)$e_{ss} = 0, \dfrac{1}{5}, \infty$　　$K_p = \infty, K_v = 5, K_a = 0$

　　　　(3)$e_{ss} = 0, 0, \dfrac{16}{15}$　　$K_p = \infty, K_v = \infty, K_a = \dfrac{15}{8}$

3-21　$e_{ss} = 0$

3-22　$e_{ss} = \dfrac{a_2}{5}$　　$K_p = \infty, K_v = \infty, K_a = 10$

3-23　(1) 当 $n(t) = 1(t)$ 时,$e_{Nss} = -\dfrac{1}{K_1}$;当 $n(t) = t, e_{Nss} = \infty$

　　　　(2) 当 $n(t) = 1(t)$ 时,$e_{Nss} = 0$;当 $n(t) = t, e_{Nss} = -\dfrac{1}{K_1}$

第 4 章

4-1　$c(t) = A(1)\sin[t + 30° + \varphi(1)] = \dfrac{10}{\sqrt{122}}\sin(t + 24.81°)$

4-2　幅频特性:$A(\omega) = \dfrac{36}{\sqrt{(\omega^2 + 16)(\omega^2 + 81)}}$;相频特性:$\varphi(\omega) = -\arctan\dfrac{\omega}{4} - \arctan\dfrac{\omega}{9}$

4-3　略

4-4　略

4-5　(a)$G(s) = \dfrac{1}{(s+1)(0.25s+1)}$　　　　(b)$G(s) = \dfrac{100}{s(\frac{s}{0.01}+1)(\frac{s}{100}+1)}$

　　　(c)$G(s) = \dfrac{250}{(s+1)(\frac{s}{10}+1)(\frac{s}{100}+1)}$

　　　(d)$G(s) = \dfrac{100 \times 50.3^2}{s(s^2 + 2 \times 0.3 \times 50.3s + 50.3^2)}$

4-6　(1)$G(s) = \dfrac{60.3(0.5s+1)}{s(2s+1)(10s+1)}$　　　　(2)$G(s) = \dfrac{57(5s+1)}{s^2(s+1)(0.1s+1)}$

　　　(3)$G(s) = \dfrac{1488(0.2s+1)(3s^2+s+1)}{s^2(s^2+s+1)(10s+1)}$　　　(4)$G(s) = \dfrac{1312(\frac{s}{3}+1)}{s(s+1)(10s+1)}$

4-7 (1)不穿越;　　(2)$\omega=0.71\mathrm{rad/s}$,幅值 0.67

　　 (3)不穿越;　　(4)不穿越

4-8 (a)不稳定;　　(b)稳定

　　 (c)不稳定;　　(d)稳定

　　 (e)稳定

4-9 当 $K_1=5$ 时,$\omega_{c1}=2.1\mathrm{rad/s}$,$\omega_{g1}=3.16\mathrm{rad/s}$,$\gamma_1=13.6°>0$,$K_{g1}=6.8\mathrm{dB}>0$,闭环系统稳定

当 $K_2=20$ 时,$\omega_{c2}=4.2\mathrm{rad/s}$,$\omega_{g2}=3.16\mathrm{rad/s}$,$\gamma_2=-9.4°<0$,$K_{g2}=-5.2\mathrm{dB}<0$,闭环系统不稳定

4-10 $\omega_c=4.31\mathrm{rad/s}$,$\gamma=53°$,$\omega_g=\infty$,$K_g=\infty$,闭环系统稳定.

4-11 系统开环放大系数应增大 5.44 倍

4-12 (1)$G(s)=\dfrac{10}{s(\frac{s}{0.1}+1)(\frac{1}{20}s+1)}$

　　 (2)$\gamma=2.85>0$,闭环系统稳定

　　 (3)系统的稳定性改变,调节时间缩短,系统动态响应加快

4-13 (1)$K=1.2703$

　　 (2)$K=0.5748$

　　 (3)$K=1.1$

第 5 章

5-1 $K=1$,未校正系统:$\omega_c{}'=22.4$,$\gamma'=12.5°$

超前校正:$G_c(s)=\dfrac{1+0.062s}{1+0.0158s}$

已校正系统:$\omega_c=31.6$,$\gamma=45°$,$G(s)=\dfrac{100(\frac{s}{15.82}+1)}{s(\frac{s}{5}+1)(\frac{s}{63.2}+1)}$

5-2 $K=100$,超前校正:$G_c(s)=10\dfrac{s+15.8}{s+158}$

已校正系统:$G(s)=\dfrac{100(1+0.06325s)}{s(1+0.1s)(1+0.01s)(1+0.006325s)}$

5-3 $K=1$,滞后校正:$G_c(s)=\dfrac{1+0.2379s}{1+1.133s}$

已校正系统:$\omega_c=21$,$\gamma=45°$,$G(s)=\dfrac{100(1+0.2379s)}{s(1+\frac{s}{25})(1+1.33s)}$

5-4 (1)用对数幅频渐近线计算有 $K=1.4356$,$\omega_c=1.211\mathrm{rad/sec}$

(2)在 $\alpha\geqslant0.1$ 的前提下,在(1)的基础上,增加 $G_c(s)=2.8609\dfrac{1+0.433s}{1+0.0433s}$

5-5 (1)$G_c(s)=\dfrac{3.16(s+1)(\frac{s}{2}+1)(\frac{s}{3}+1)}{s(\frac{s}{10}+1)(\frac{s}{20}+1)}$

(2)闭环稳定的 K 值范围是 $0<K<91.126$

5-6 校正前:$\omega_c{}'=4.1$,$\gamma'=3.7°$;$\omega_g'=4.47$,$20\lg K_g{}'=1.58\mathrm{dB}$

校正后:$\omega_c=5.1$,$\gamma(\omega_c)=37.7°$;$\omega_g=18$,$20\lg K_g=18.6\mathrm{dB}$

5-7 (1)$\gamma=35.15°$

(2)$K_p=25$,$K_D=4$

5-8 $K=10$,未校正系统:$\omega_c{}'=4.47$,$\gamma'=0°$

PID 校正：$G_c(s) = \dfrac{(1+0.5s)(1+2.5s)}{2.5s}$

校正后：$G_c(s) = \dfrac{(1+0.5s)(1+2.5s)}{2.5s}$

5-9　$K_c = 0.005$

5-10　(1) $K = \dfrac{4k_0^2}{k_1^2}$，$a = \dfrac{4l_0^2}{k_1}$

　　　(2) $\tau = k_1$